新世纪高等职业教育数学类课程规划教材

高等应用数学

（第二版） 附模拟卷

主　编 张丽清 刘秀芬 赖满瑢
副主编 林燕红 饶小金 黄　昱 张　华

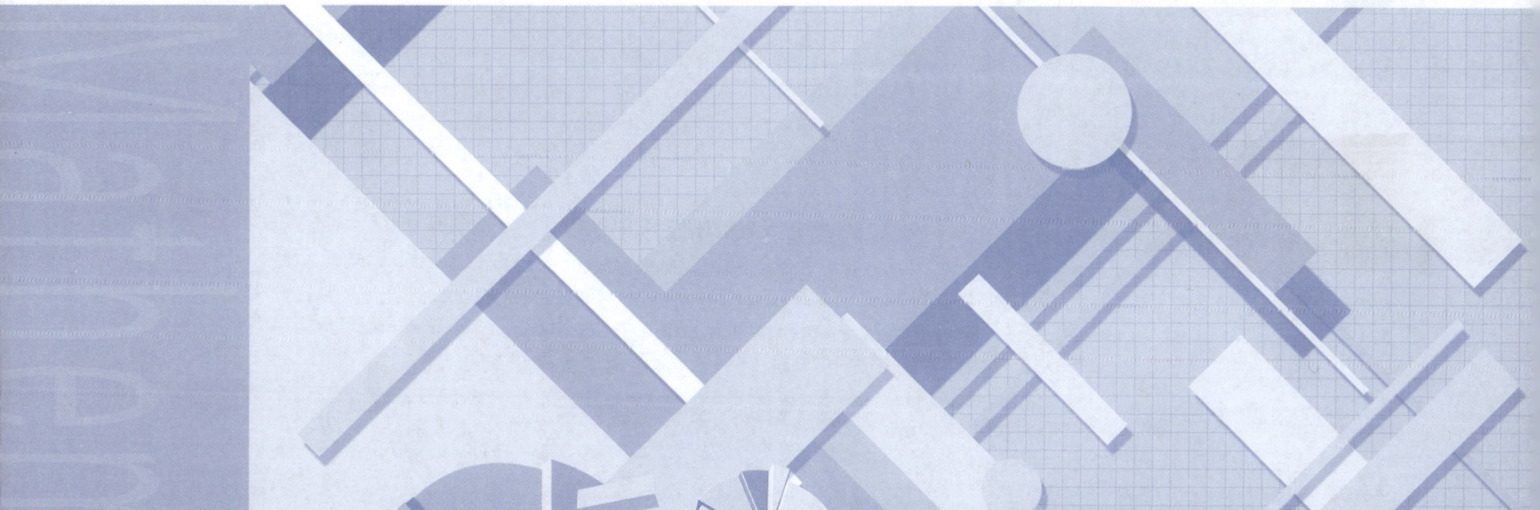

大连理工大学出版社

图书在版编目(CIP)数据

高等应用数学 / 张丽清，刘秀芬，赖满瑢主编. -- 2 版. -- 大连 ：大连理工大学出版社，2024.8(2025.9 重印)
新世纪高等职业教育数学类课程规划教材
ISBN 978-7-5685-4928-8

Ⅰ. ①高… Ⅱ. ①张… ②刘… ③赖… Ⅲ. ①应用数学—高等职业教育—教材 Ⅳ. ①O29

中国国家版本馆 CIP 数据核字(2024)第 073813 号

大连理工大学出版社出版
地址:大连市软件园路 80 号　邮政编码:116023
发行:0411-84708842　邮购:0411-84708943　传真:0411-84701466
E-mail:dutp@dutp.cn　URL:https://www.dutp.cn
大连永盛印业有限公司印刷　大连理工大学出版社发行

幅面尺寸:210mm×285mm　印张:15　字数:423 千字
2020 年 4 月第 1 版　2024 年 8 月第 2 版
2025 年 9 月第 2 次印刷

责任编辑:程砚芳　责任校对:吴媛媛
封面设计:张　莹

ISBN 978-7-5685-4928-8　定　价:49.80 元

前言 Preface

随着高等职业教育的快速发展，相应的教材建设也在不断推进，以适应职业教育教学工作的需要。高等数学是高等职业院校工科各专业必修的一门重要基础课，它不仅为学生后续专业课程学习和解决实际问题提供了必不可少的数学基础知识和数学方法，而且培养了学生的思维能力，发现、分析、解决问题的能力和终身学习的能力。

本教材根据高等职业教育学生的学习特点，结合一线资深教师的教学经验，在第一版的基础上，融入思政元素，结合专业需求，对内容做了优化升级。教材共分为7章：函数与初等函数、极限与连续、导数与微分、导数的应用、积分及其应用、常微分方程与空间解析几何，内容的选取充分体现了高素质高技能人才的培养目标。

本教材在内容编排和教学方法上做了以下几点创新：

1. 落实立德树人根本任务

本教材以微积分概念发展史、数学家简介、应用实例等思政素材渗透课程的学习，正向引导读者理解数学的力量与表现，以广阔的视野看待数学，激发读者对数学的兴趣。

2. 注重由浅入深呈现知识、布置练习

由浅入深呈现知识、布置练习是本教材的亮点之一，更适合当下高等职业教育生源多元化以及学生的基础知识掌握情况，能更好地满足当前的数学教学需求。

3. 兼顾专升本学习需求

在第一版基础上，对章节做了调整与增减，如删除多元微积分、新增空间解析几何等，内容与福建省专升本“高等数学”考试大纲相一致，且给出了期末模拟卷、引用了专升本真题，并附参考答案，便于学生升学考试与后续的深造学习。

本教材是厦门南洋职业学院集体智慧的结晶，由张丽清、刘秀芬、赖满瑢担任主编，由林燕红、饶小金、黄昱、张华担任副主编。主编负责7个章节知识内容的编写：张丽清编写第1、第2、第7章，刘秀芬编写第3、第5章，赖满瑢编写第4、第6章；副主编负责每章校正，编写复习题、期末模拟卷，整理专升本真题等内容：饶小金负责第1、第2章，张华负责第3、第4章，黄昱负责第5、第7章，林燕红负责第6章与期末模拟卷、专升本真题。全书由张丽清统稿和定稿。

在编写本教材的过程中，编者参考、引用和改编了国内外出版物中的相关资料以及网络资源，在此表示深深的谢意！相关著作权人看到本教材后，请与出版社联系，出版社将按照相关法律的规定支付稿酬。

由于编者的水平和学识所限，书中难免有不当或错误之处，恳请各位专家、学者和读者们不吝指正。

编　者

2024 年 8 月

所有意见和建议请发往：dutpgz@163.com

欢迎访问教材服务网站：https://www.dutp.cn/sve/

联系电话：0411-84706581　84706672

目录 Contents

第 1 章　函数与初等函数

微积分是大学高等数学的主要内容之一，是以函数为研究对象，以极限为研究工具的一个数学分支.

函数描述了变量与变量之间的确定关系，是中学数学的重要内容之一，是研究世间万物内在联系的好工具. 本章主要介绍函数的概念、六类基本初等函数与初等函数，为一元微积分的学习打下基础.

1.1　函　数

"函数"一词是转译词，最早是清代数学家李善兰在翻译《代数学》(1859年)一书时，把"function"译成"函数". 古代"函"字与"含"通用，都有"包含"的意思. 书中曰："凡式中含天，为天之函数."古代用天、地、人、物 4 个字来表示 4 个不同的未知数或变量，所以这句话的意思是"凡是公式中含有变量天，则该式子叫作天的函数".

李善兰(1811—1882)

◇原名李心兰，字壬叔，号秋纫，浙江海宁人.

◇中国清代著名的数学、天文学、力学和植物学家.

◇他创立了二次平方根的幂级数展开式，研究各种三角函数，反三角函数和对数函数的幂级数展开式(现称"自然数幂求和公式")，是 19 世纪中国数学界最重大的成就之一.

1.1.1　常量与变量

从"函数"一词的由来中，我们认识了天、地、人、物 4 个变量，并发现变量是用文字表示的. 古代的变量、函数、方程等代数内容用文字形式表示，而不是今天的 x、$y=f(x)$、$F(x,y)=0$.

那么是谁将代数符号化了呢？文艺复兴时期欧洲大地上的某些数学家. 像今天我们用 x、y 和 z 表示变量，用 a、b 和 c 表示常量的方法，是法国数学家勒内·笛卡儿率先使用的；用 $f(x)$表示函数的，则是 1734 年瑞士数学家莱昂哈德·欧拉. 好的数学符号不仅能减少思维的过程，且能促进知识的传播. 因此，符号化后的代数以迅猛之势发展.

下面我们一起认识数量. 数量可分为**常量**和**变量**.

在研究事物运动或变化的某个过程中，数值保持不变的量称为**常量**.

在研究事物运动或变化的某个过程中，数值发生改变的量称为**变量**.

【例 1】 圆的面积与其半径的关系如何用变量关系表示？

解 用 y 表示圆的面积，用 x 表示圆的半径，则 $y=\pi x^2$，其中半径 x 和圆的面积 y 是变量，而圆周率 π 是常量.

圆的半径 x 不同，对应的圆的面积 y 也不同，圆的面积 y 随着半径 x 的变化而变化.

在求圆的面积的过程中，将两个变量 x 和 y 对应着考虑的思想就是函数思想.

1.1.2 函数的概念

狄利克雷（1805—1859）

- 德国数学家.
- 解析数论的创始人之一.
- 对数论、数学分析和数学物理有突出贡献.
- 主要著作：《数论讲义》《定积分》等.

16～17 世纪意大利数学家、科学家伽利略在他的著作《两门新科学》一书中多处使用比例关系和文字表述了量与量之间的依赖关系. 例如，从静止状态自由下落的物体所经过的距离与所用时间的平方成正比，实际上这就蕴含着函数思想. 而函数概念的建立与发展在 19 世纪至 20 世纪初. 1930 年左右德国数学家提出的新的现代函数定义，与我们高中学习的函数概念（"对应说"的定义）大同小异.

先分析以下问题.

饮料厂为控制瓶子用料成本，要求在瓶子容积固定的前提下，使瓶子用料最省. 假设瓶子是圆柱形的，其容积 500 mL 一定，则瓶子的表面积 S（单位：cm^3）与瓶子的瓶底半径 r（单位：cm）的关系可以表示为

$$S=2\pi r^2+2\pi\cdot rh=2\pi r^2+\frac{1\,000}{r}.$$

这里，S 和 r 是两个变量，而且对于 r 的每一个确定值，S 都有唯一确定的值与之对应，所以 S 是 r 的函数. S 的变化范围是 $\{S\mid S\geqslant 150\sqrt[3]{4\pi}\}$，$r$ 的变化范围是 $\{r\mid r>0\}$.

1. 函数的定义

定义 1-1-1 设在某一变化过程中有两个变量 x 和 y，如果当变量 x 在实数的某一范围 D 内，任取一个数值时，变量 y 按照某种对应法则 f，都有唯一确定的值与之对应，则称对应法则 f 为定义在数集 D 上的**函数**.

x 称为**自变量**，y 称为**因变量**，与 x 对应的 y 值称为函数 $f(x)$ 在 x 处的**函数值**，记作 $y=f(x)$.

数集 D 称为函数的**定义域**，数集 $W=\{y\mid y=f(x), x\in D\}$ 称为函数的**值域**，它是全体函数值的集合.

若对于确定的 $x_0\in D$，通过对应法则 f，有唯一确定的 y_0 的值与之对应，则称 y_0 为 x_0 处的函数值，记作 $y_0=f(x_0)$ 或 $y\big|_{x=x_0}=f(x_0)$.

【例 2】 已知函数 $f(x)=x+5$，求 $f(5)$，$f(f(2))$.

解 当 $x=5$ 时，则 $y=f(5)=5+5=10$.

当 $x=2$ 时，则 $y=f(2)=2+5=7$.

当 $x=f(2)=7$ 时，则 $y=f(7)=7+5=12$.

定义域和**对应关系**是函数的两个基本要素.

两函数相同的充要条件是它们的定义域和对应关系完全相同.

2. 函数的定义域

自变量的取值范围 D，称为函数的定义域.

已知函数式,则该函数的定义域一般是指使函数式有意义的实数 x 的集合,由该函数表达式本身自变量的取值范围来确定的定义域,称为该函数的**自然定义域**.

确定这类函数的自变量取值范围常用到下列原则:

(1)在分式中,分母不能为零.

(2)在实数范围内,开偶次方的数大于等于 0.

(3)在对数式中,真数大于零.

(4)在三角函数和反三角函数中,要使三角函数和反三角函数有意义.

(5)若函数表达式中同时含有分式、根式、对数式、三角函数和反三角函数等,则应取各部分定义域的交集.

【例 3】 求下列函数的定义域.

(1)$f(x)=\sqrt{x^2-9}$;　　(2)$f(x)=\dfrac{1}{4-x^2}+\lg(x-1)$;

(3)$f(x)=\dfrac{\sqrt{-x^2+3x+10}}{x-3}$.

解 (1)要使函数式有意义,必须

$$x^2-9\geqslant 0,$$

解得

$$x\geqslant 3 \text{ 或 } x\leqslant -3,$$

所以此函数定义域为$(-\infty,-3]\cup[3,+\infty)$.

(2)要使函数式有意义,必须

$$\begin{cases}4-x^2\neq 0\\ x-1>0\end{cases},$$

解得

$$\begin{cases}x\neq \pm 2\\ x>1\end{cases},$$

所以此函数定义域为$(1,2)\cup(2,+\infty)$.

(3)要使函数式有意义,必须

$$\begin{cases}x-3\neq 0\\ -x^2+3x+10\geqslant 0\end{cases},$$

即

$$\begin{cases}x\neq 3\\ -2\leqslant x\leqslant 5\end{cases},$$

所以此函数定义域为$[-2,3)\cup(3,5]$.

【例 4】 判断下列各组函数是否是相同函数.

(1)$y=\sin^2 x+\cos^2 x$ 与 $y=1$;　　(2)$y=\dfrac{x^2-1}{x+1}$与 $y=x-1$.

解 (1)函数 $y=\sin^2 x+\cos^2 x$ 与 $y=1$ 的定义域都是 $\mathbf{R}$,且对应关系都相同,所以它们是相同函数.

(2)函数 $y=\dfrac{x^2-1}{x+1}$的定义域为$\{x\mid x\neq -1\}$;函数 $y=x-1$ 的定义域为 $\mathbf{R}$,它们的定义域不同,所以是不同的函数.

1.1.3 函数的表示法

皮埃尔·德·费马

(1601—1665)

◈法国律师和业余数学家，被誉为"业余数学家之王".

◈解析几何的创始人之一. 他从方程发现对应轨迹，与笛卡儿研究角度相反.

◈主要成就：费马大定理；解析几何的基本定理.

◈对微积分的贡献：作曲线的切线；计算最大值与最小值.

17 世纪 30 年代左右，两位法国数学家皮埃尔·德·费马和勒内·笛卡儿不约而同地将代数与几何联系在一起，不仅搭建了一个可以让函数、方程变得生动和具体的平面 xOy，也开创了数学的一个新分支学科——解析几何. 解析几何创立之后，变量数学随之创立. 从此，函数的表现形式不再拘泥于一格，可表格，可图象，可式子，只要能呈现出量与量的依存关系即可.

函数的表示法通常有三种，即表格法、图象法和解析法(又称公式法).

1. 表格法. 现实的许多现象中的变量关系不易用常见的初等函数来表示，而只能用通过实验等手段获得的若干组数值作成的表格来表示变量间的对应关系及定义域. 表格法具有易读取所需数据、简单明了的优点，但不易观察出变量间的关系.

例如，1949 年至 2022 年中国总人口数据见表 1-1-1，数据来自国家统计局.

表 1-1-1　　1949 年至 2022 年中国总人口数据

年份	1949	1953	1964	1982	1990	2000	2010	2020	2022
人口数/亿	5.42	5.88	7.05	10.17	11.43	12.67	13.41	14.12	14.118
平均年增长率		2.12%	1.81%	2.46%	1.55%	1.08%	0.58%	0.53%	−0.01%

2. 图象法. 当需直观地表述函数以便观察和讨论函数的某些特性时，我们利用有限的实验计算数据在坐标系中确定若干个点的位置，再按该函数特有的某些规律将这些点用一条曲线连接起来，得到函数的图象，这就是所谓的图象法. 图象法在日常生活、经济、工程实践等方面应用广泛.

例如，1949 年至 2022 年中国总人口数与年份的关系也可以表示成图象，如图 1-1-1 所示.

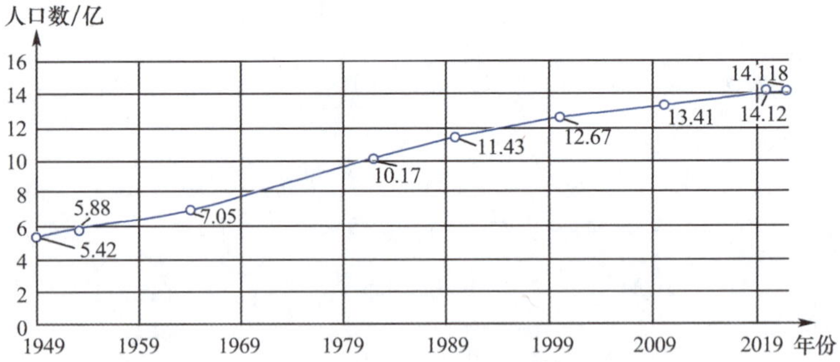

图 1-1-1

3. 解析法. 用解析式表示函数关系的方法称为解析法(公式法).

在中学时，我们学过两种函数.

一种是用一个解析式表示的函数，有以下 5 类.

(1)常数函数：$y=C$(C 为常数)，如 $y=2$；

(2)幂函数 ：$y=x^{\alpha}$(α 为常数)，如 $y=x^2$，$y=\sqrt{x}$，$y=\dfrac{1}{x}$；

(3)指数函数：$y=a^x$(常数 $a>0$，且 $a\neq 0$)，如 $y=2^x$，$y=\mathrm{e}^x$；

(4)对数函数：$y=\log_a x$(常数 $a>0$，且 $a\neq 0$)，如 $y=\log_2 x$，$y=\ln x$；

(5)三角函数：$y=\sin x$，$y=\cos x$，$y=\tan x$.

另外一种是，在自变量的不同变化范围内，对应法则用不同式子来表示的函数，这类函数称为**分段函数**.

【例 5】 函数 $y=|x|$ 的定义域为 $D=(-\infty,+\infty)$，对于定义域中的任意数 x，以它的绝对值为对应值. 即 $y=|x|=\begin{cases}x, & x\geqslant 0\\ -x, & x<0\end{cases}$，它的值域 $W=[0,+\infty)$，它的图形如图 1-1-2 所示.

【例 6】 从 2023 年 9 月 1 日起，某市居民家庭用户综合水价按三档分阶梯计价，其中污水处理费每吨 1.00 元. 第一阶梯户每月用水吨数为 144 吨以下(含 144 吨)，每吨 3.5 元，已含污水处理费；第二阶梯户每月用水吨数为 144～204 吨(含 204 吨)，每吨 4.65 元，含污水处理费；第三阶梯户每月用水吨数为 204 吨以上，每吨 8 元，已含污水处理费. 请按要求列出每月的水费与用水吨数之间的函数关系，并写出它的定义域与值域.

解　设用户每月用水 x 吨的水费为 y 元，依题意，得

$$y=\begin{cases}3.5x, & 0\leqslant x\leqslant 144\\ 4.65x, & 144<x\leqslant 204,\\ 8x, & x>204\end{cases}$$

所以该函数的定义域是 $[0,+\infty)$，值域是 $[0,+\infty)$.

【例 7】 设函数 $f(x)=\begin{cases}x^2, & x>0\\ 3, & x<0\end{cases}$，其图形如图 1-1-3 所示. 求该函数的定义域及 $f(-2)$，$f(f(-1))$.

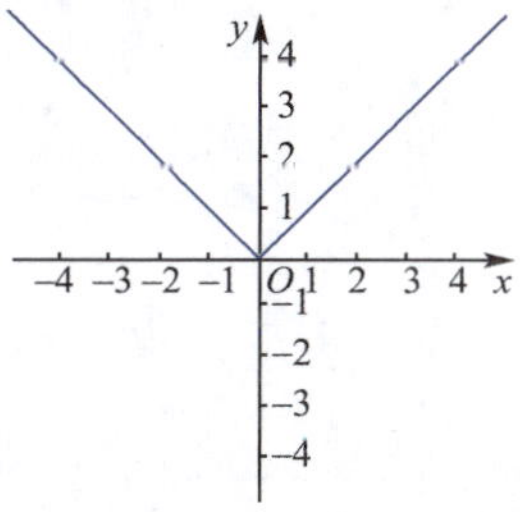

图 1-1-2

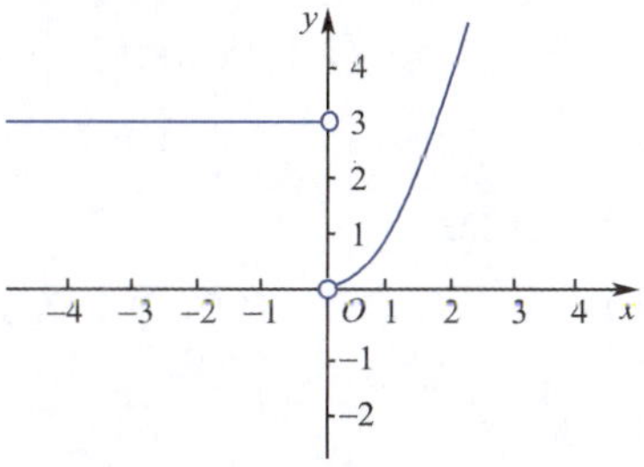

图 1-1-3

解　函数的取值范围包括 $x>0$ 与 $x<0$，所以该函数的定义域是

$$(-\infty,0)\cup(0,+\infty).$$

当 $x=-2$ 时，$f(-2)=3$；

当 $x=-1$ 时，$f(-1)=3$；

当 $x=f(-1)=3$ 时，$f(f(-1))=3^2=9$.

1.1.4　函数的几个特性

1. 函数的奇偶性

定义 1-1-2　设函数 $f(x)$ 定义在对称区间 I 上，若对任意 $x\in I$，

(1)满足

$$f(-x)=-f(x),$$

则称 $f(x)$ 为区间 I 上的**奇函数**.

(2)满足

$$f(-x)=f(x),$$

则称 $f(x)$ 为区间 I 上的**偶函数**.

奇函数的图形关于原点成中心对称图形,偶函数的图形关于 y 轴成轴对称图形.

例如 $f(x)=x^2, f(x)=\cos x$ 为偶函数.

$f(x)=x^3, f(x)=\sin x$ 为奇函数.

性质 1 两个奇函数的和或差是奇函数;两个奇函数的积或商是偶函数.

性质 2 两个偶函数的和、差、积、商皆是偶函数.

性质 3 一个奇函数与一个偶函数的积或商是奇函数;一个奇函数与一个偶函数的和或差是非奇非偶函数.

2. 函数的单调性

定义 1-1-3 设 I 为函数 $f(x)$ 在定义域内的某一区间,若对区间 I 上任意两点 x_1 及 x_2,

(1)如果

当 $x_1<x_2$ 时,恒有 $f(x_1)<f(x_2)$,

则称函数 $f(x)$ 在区间 I 上是**单调增加函数**.

(2)如果

当 $x_1<x_2$ 时,恒有 $f(x_1)>f(x_2)$,

则称函数 $f(x)$ 在区间 I 上是**单调减少函数**.

单调增加和单调减少函数统称为**单调函数**.

例如 $y=x^3, y=\sqrt{x}$ 为增函数.

$f(x)=-x+3, f(x)=x^2(x\in(-\infty,0])$ 为减函数.

3. 函数的周期性

定义 1-1-4 设函数 $f(x)$ 的定义域为 D,若存在一个不为零的常数 T,对于任意 $x\in D$,且 $(x+T)\in D$ 都有

$$f(x+T)=f(x),$$

则称 $f(x)$ 是**周期函数**.

周期函数的周期一般有无穷多个.如果所讨论的函数有最小正周期,那么通常将最小正周期简称为该函数的周期.

例如,$y=\sin x, y=\cos x$ 的最小正周期为 2π.

以 T 为周期的周期函数在它的定义域内,每个长度为 T 的区间上函数图形有相同的形状.

4. 函数的有界性

定义 1-1-5 设 I 为函数 $f(x)$ 的定义域内的某一区间,若存在正数 M,使得对一切 $x\in I$,都有

$$|f(x)|\leqslant M,$$

则称 $f(x)$ 在区间 I 上**有界**,否则称 $f(x)$ 在区间 I 上**无界**.

【例 8】　证明：函数 $f(x)=\sin x$ 在 $(-\infty,+\infty)$ 上有界.

证明　因为存在 $M=1$，使任意 $x\in(-\infty,+\infty)$，都有 $|\sin x|\leqslant 1=M$，所以函数 $f(x)=\sin x$ 在 $(-\infty,+\infty)$ 上有界.

于是正弦函数的整条曲线夹在直线 $y=1$ 与 $y=-1$ 之间，如图 1-1-4 所示.

【例 9】　证明：函数 $y=\dfrac{1}{x}$ 在 $(0,1)$ 无界.

证明　因为函数 $y=\dfrac{1}{x}$ 的值域是 $W=(1,+\infty)$，是无限区间. 值域是无限区间的函数必是无界函数，所以函数 $y=\dfrac{1}{x}$ 在 $(0,1)$ 无界，如图 1-1-5 所示.

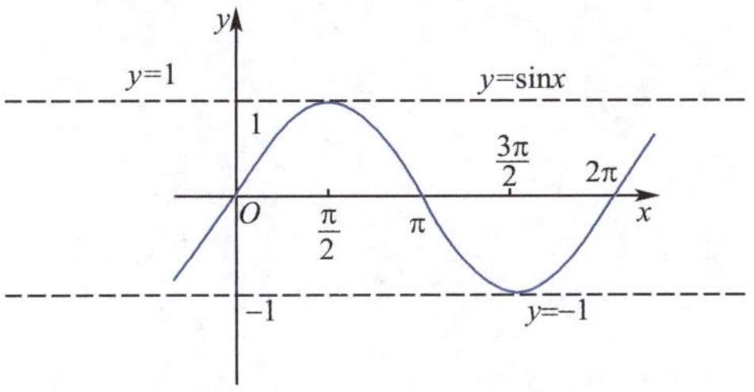

图 1-1-4

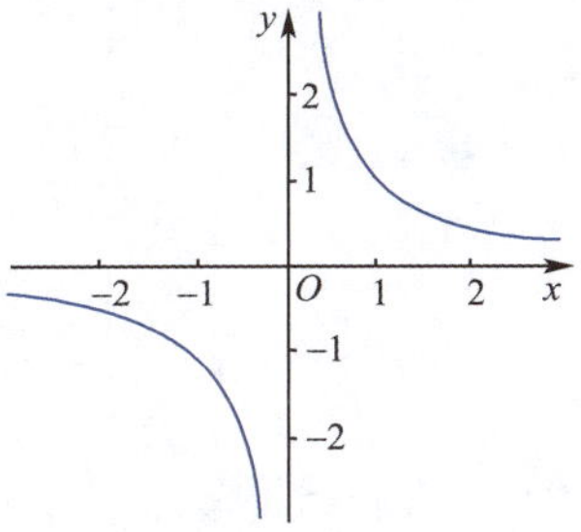

图 1-1-5

【例 10】　某地方依据《最高人民法院、最高人民检察院关于办理盗窃刑事案件适用法律若干问题的解释》第一条与《中华人民共和国刑法》第二百六十四条确定本地区盗窃公私财物刑事案件执行的具体数额标准：盗窃公私财物价值一千元至三千元以上、三万元至十万元以上、三十万元至五十万元以上的，应当分别认定为“数额较大”“数额巨大”“数额特别巨大”. 数额较大的，处三年以下有期徒刑并处或者单处罚金；数额巨大的，处三年以上十年以下有期徒刑，并处罚金；数额特别巨大的，处十年以上有期徒刑或者无期徒刑，并处罚金或者没收财产. 将处罚的有期徒刑年数 y 看作盗窃公私财物价值 x 万元的函数，记为 $y=f(x)$. 则

当 $0.1\leqslant x<3$ 时，y 的取值范围是 $0\leqslant y<3$；

当 $3\leqslant x<30$ 时，y 的取值范围是 $3\leqslant y<10$；

当 $x\geqslant 30$ 时，y 的取值范围是 $y\geqslant 10$.

1.1.5　反函数

定义 1-1-6　设函数 $y=f(x)\,(x\in D)$ 的值域为 W，如果用 y 表示 x，可得到 $x=\varphi(y)$. 若对于每个 $y\in W$，通过法则 $x=\varphi(y)$，都有唯一的 $x\in D$ 与之对应，则称 $x=\varphi(y)$ 为函数 $y=f(x)$ 的**反函数**，记为 $y=f^{-1}(x)$. 函数 $y=f(x)$ 则称为反函数 $y=f^{-1}(x)$ 的**原函数**.

说明：(1) 反函数 $y=f^{-1}(x)$ 的定义域、值域分别是原函数 $y=f(x)$ 的值域、定义域.

(2) 互为反函数的两个函数的图象关于直线 $y=x$ 对称，如图 1-1-6 所示.

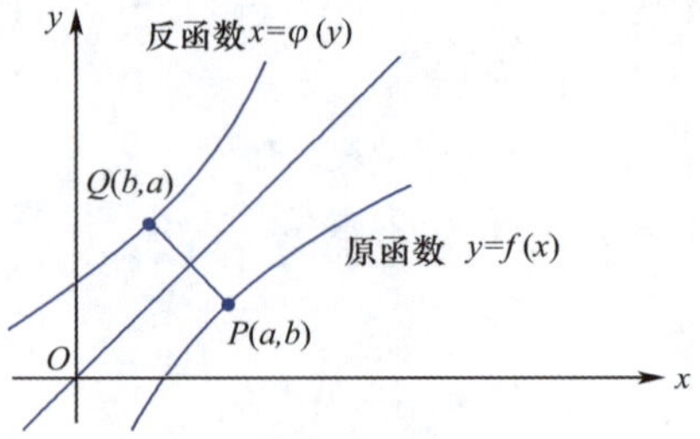

图 1-1-6

【例 11】 求函数 $y=\dfrac{x}{1+x}$ 的反函数.

解 由 $y=\dfrac{x}{1+x}$ 解得 $x=\dfrac{y}{1-y}$，即得到所求反函数为 $y=\dfrac{x}{1-x}$.

·注意· 单调函数才具有反函数. 如 $y=x^2\ (x\leqslant 0)$ 与 $y=-\sqrt{x}\ (x\geqslant 0)$ 互为反函数.

习题 1-1

1. 设 $f(x)=\dfrac{x}{1-x}$，求 $f(0)$，$f(-x)$，$f(x+1)$.

2. 设 $f(x)=\begin{cases}1+x, & x\leqslant 0\\ \ln x, & x>0\end{cases}$，求 $f(0)$，$f(-2)$，$f(1)$.

3. 求下列函数的定义域.

(1) $y=\dfrac{1}{x^2-4x-5}$；　　(2) $y=\dfrac{1}{x}+\sqrt{1-x^2}$；

(3) $y=\ln\dfrac{1+x}{1-x}$；　　(4) $\log_2(x^2-3x-4)$；

(5) $y=e^{\sqrt{1+x}}$；　　(6) $y=\begin{cases}e^x, & x>0\\ x+1, & x<0\end{cases}$.

4. 设函数 $f(x)$ 的定义域 D 关于原点对称，

若对任意 $x\in D$，满足________，则称 $f(x)$ 为奇函数.

若对任意 $x\in D$，满足________，则称 $f(x)$ 为偶函数.

奇函数的图形关于________对称，偶函数的图形关于________对称.

5. 下列 10 个函数中是奇函数的有________，是偶函数的有________，是非奇非偶函数的有________.

①$y=x^2$；②$y=\sqrt{x}$；③$y=x^3-x$；④$y=\dfrac{1}{x}$；⑤$y=\log_{0.5}x$；⑥$y=x^3$；

⑦$f(x)=x\cos x$；⑧$y=6^x$；⑨$y=\dfrac{\sin x}{x}$；⑩$f(x)=\ln(x+\sqrt{1+x^2})$.

6. 下列 8 个函数中周期为 π 的周期函数有________，周期为 2π 的周期函数有________，不是周期函数的有________.

①$y=\cos 2x$；②$y=\sin x$；③$y=|\cos x|$；④$y=\tan x$；⑤$y=\tan\dfrac{x}{2}$；

⑥$y=\dfrac{\sin x}{x}$；⑦$f(x)=x\cos x$；⑧$y=\sin x+\cos x$.

7. 下列 6 个函数中是有界函数的有________，是无界函数的有________.

①$y=x^2-x, x\in(-4,4)$；②$y=\sin x$；③$y=\cos 2x$；④$y=\tan x$；

⑤$y=\ln x, x\in(0,1)$；⑥$y=2^x, x\in[-1,10]$.

1.2　基本初等函数

人们经常需要弄清楚一堆数字背后的规律，去了解一件事会如何影响另一件事. 而想要弄清这样的关系，函数是必不可少的. 中学时我们学过一些简单的函数，那是我们分析事物数量关系的基础. 有些函数很普通、很常见，却是数学领域的"名人"，如$\sqrt{x}$、x^2、10^x、$\lg x$ 等函数，大有用途. 首先我们来学习新的一类函数，名叫反三角函数.

1.2.1　反三角函数

反三角函数，顾名思义，是三角函数的反函数. 反三角函数，包括反正弦函数、反余弦函数、反正切函数等.

定义 1-2-1　正弦函数 $y=\sin x, x\in\left[-\dfrac{\pi}{2},\dfrac{\pi}{2}\right]$ 的反函数，叫作**反正弦函数**，记为

$$y=\arcsin x, x\in[-1,1].$$

定义 1-2-2　余弦函数 $y=\cos x, x\in[0,\pi]$ 的反函数，叫作**反余弦函数**，记为

$$y=\arccos x, x\in[-1,1].$$

定义 1-2-3　正切函数 $y=\tan x, x\in\left(-\dfrac{\pi}{2},\dfrac{\pi}{2}\right)$ 的反函数，叫作**反正切函数**，记为

$$y=\arctan x, x\in\mathbf{R}.$$

下面研究反三角函数的图象.

表 1-2-1 为特殊值与反三角函数值的对应表，请补充完整.

表 1-2-1

x	-1	$-\frac{\sqrt{3}}{2}$	$-\frac{\sqrt{2}}{2}$	$-\frac{1}{2}$	0	$\frac{1}{2}$	$\frac{\sqrt{2}}{2}$	$\frac{\sqrt{3}}{2}$	1
$\arcsin x$		$-\frac{\pi}{3}$		$-\frac{\pi}{6}$	0			$\frac{\pi}{3}$	
$\arccos x$			$\frac{3\pi}{4}$		$\frac{\pi}{2}$				0

x	…	$-\sqrt{3}$	-1	$-\frac{\sqrt{3}}{3}$	0	$\frac{\sqrt{3}}{3}$	1	$\sqrt{3}$	…
$\arctan x$	…	$-\frac{\pi}{3}$		$-\frac{\pi}{6}$	0				…

反正弦函数、反余弦函数与反正切函数的图象分别如图 1-2-1(a)～1-2-1(c)所示.

由图 1-2-1(a)可知，反正弦函数是奇函数，是单调递增函数，且是有界函数；

同理，可写出余下两个函数的性质：

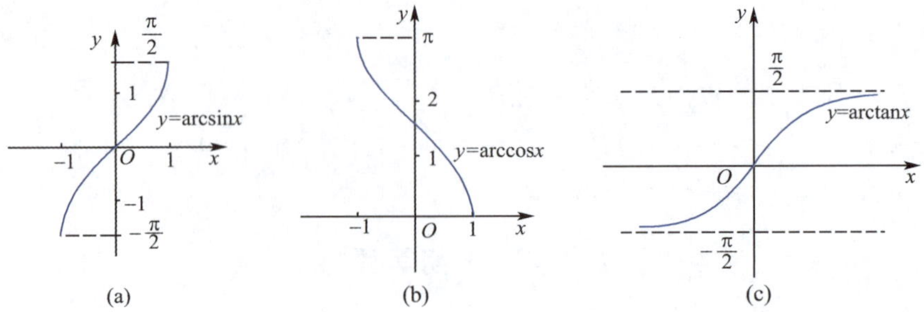

图 1-2-1

反余弦函数是____;

反正切函数是____.

1.2.2 正割函数与余割函数

常见的三角函数有正弦函数 $y=\sin x$、余弦函数 $y=\cos x$、正切函数 $y=\tan x$ 与余切函数 $y=\cot x$，接下来我们来学习新的两种三角函数——正割函数与余割函数.

定义 1-2-4 将余弦函数的倒数构成的新函数，称为**正割函数**，记为 $y=\sec x$，则

$$y=\sec x=\frac{1}{\cos x}.$$

其定义域为 $\left\{x \mid x\neq k\pi+\frac{1}{2}\pi(k\in\mathbf{Z})\right\}$，值域为 $(-\infty,-1]\cup[1,+\infty)$. 图形如图 1-2-2 所示.

定义 1-2-5 将正弦函数的倒数构成的新函数，称为**余割函数**，记为 $y=\csc x$，则

$$y=\csc x=\frac{1}{\sin x}.$$

其定义域为 $\{x \mid x\neq k\pi(k\in\mathbf{Z})\}$，值域为 $(-\infty,-1]\cup[1,+\infty)$. 图形如图 1-2-3 所示.

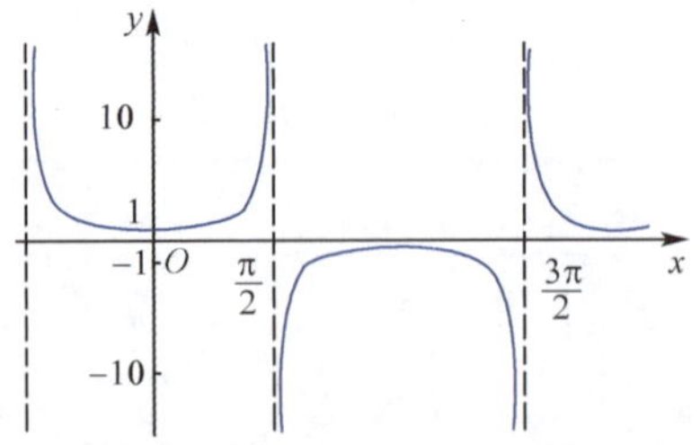

图 1-2-2

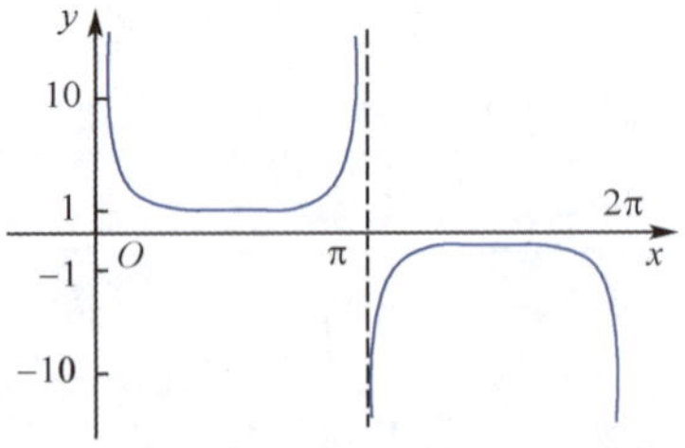

图 1-2-3

由图 1-2-2 和图 1-2-3 可知，正割函数是偶函数，且是周期函数；余割函数是奇函数，且是周期函数.

1.2.3 基本初等函数的概念和特征

定义 1-2-6 将常数函数、幂函数、指数函数、对数函数、三角函数与反三角函数六类函数统称为**基本初等函数**，其主要性质与图象见表 1-2-2.

表 1-2-2

名　称	表达式	定义域与值域	图　象	特　性
常数函数	$y=C$（C 为常数）	$x\in(-\infty,+\infty)$ $y\in\{C\}$	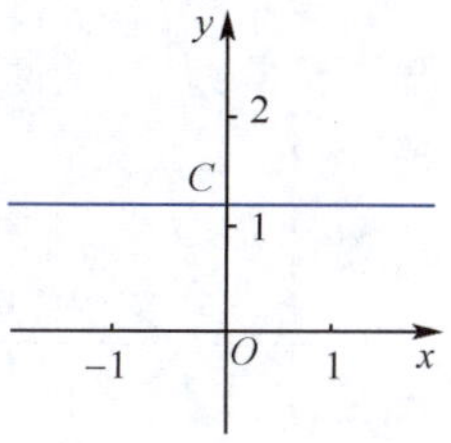	1. 偶函数 2. 有界
幂函数	$y=x$ $y=x^2$ $y=x^3$	$x\in(-\infty,+\infty)$ $y\in(-\infty,+\infty)$ $x\in(-\infty,+\infty)$ $y\in[0,+\infty)$ $x\in(-\infty,+\infty)$ $y\in(-\infty,+\infty)$	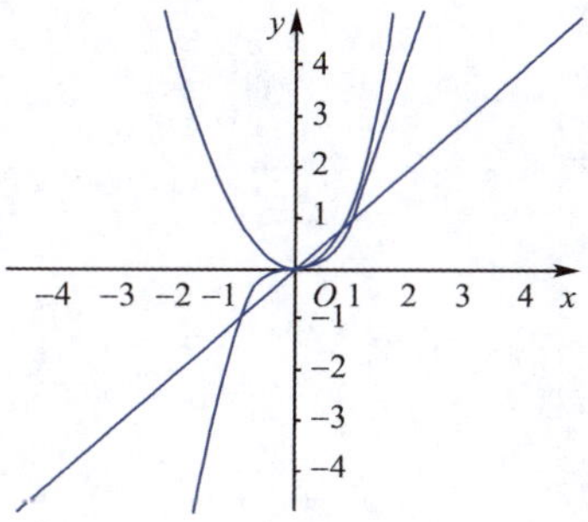	1. 图象都过点(0,0)和(1,1) 2. 在[0,+∞)内单调递增 3. 无界
	$y=\sqrt{x}$	$x\in[0,+\infty)$ $y\in[0,+\infty)$	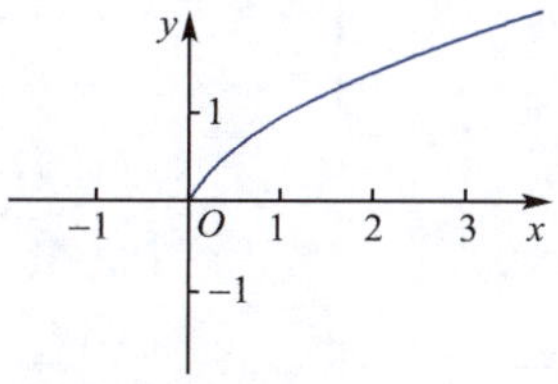	1. 单调增加 2. 无界
	$y=\frac{1}{x}$	$x\in(-\infty,0)\cup(0,+\infty)$ $y\in(-\infty,0)\cup(0,+\infty)$	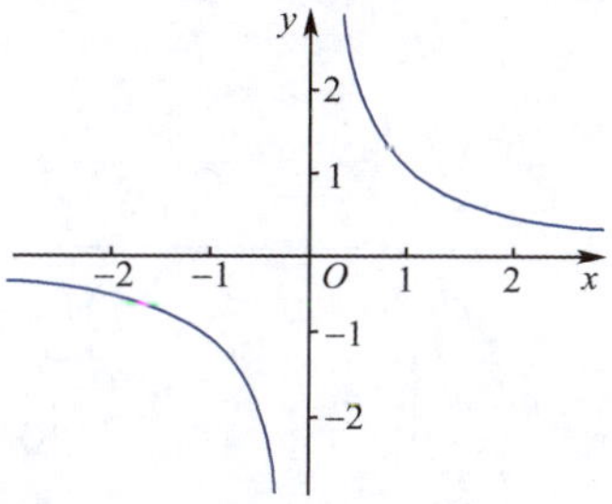	1. 奇函数 2. 单调减少 3. 无界
指数函数	$y=a^x$ $(a>1)$	$x\in(-\infty,+\infty)$ $y\in(0,+\infty)$	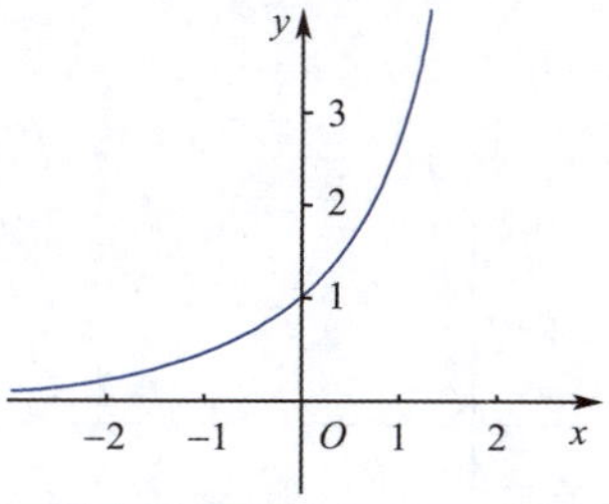	1. 单调增加 2. 无界
	$y=a^x$ $(0<a<1)$	$x\in(-\infty,+\infty)$ $y\in(0,+\infty)$	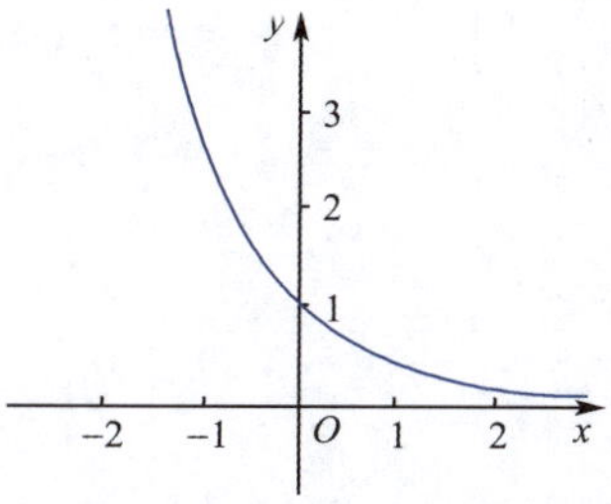	1. 单调减少 2. 无界

（续表）

名　称	表达式	定义域与值域	图　象	特　性
对数函数	$y=\log_a x$ $(a>1)$	$x\in(0,+\infty)$ $y\in(-\infty,+\infty)$	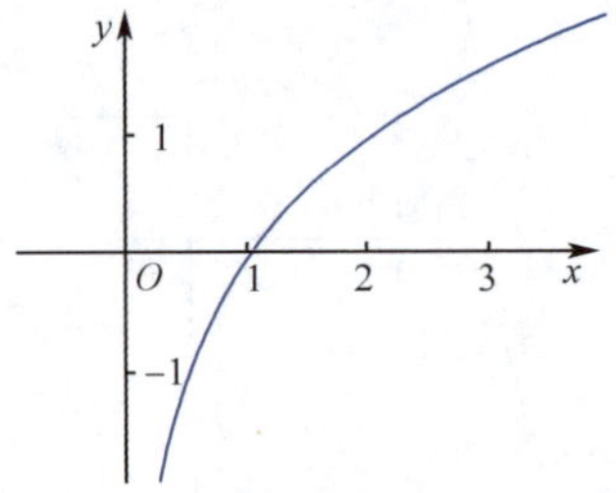	1. 单调增加 2. 无界
	$y=\log_a x$ $(0<a<1)$	$x\in(0,+\infty)$ $y\in(-\infty,+\infty)$	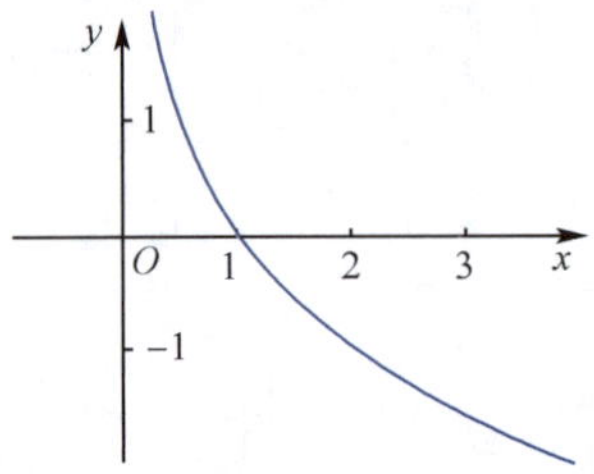	1. 单调减少 2. 无界
三角函数	$y=\sin x$	$x\in(-\infty,+\infty)$ $y\in[-1,1]$	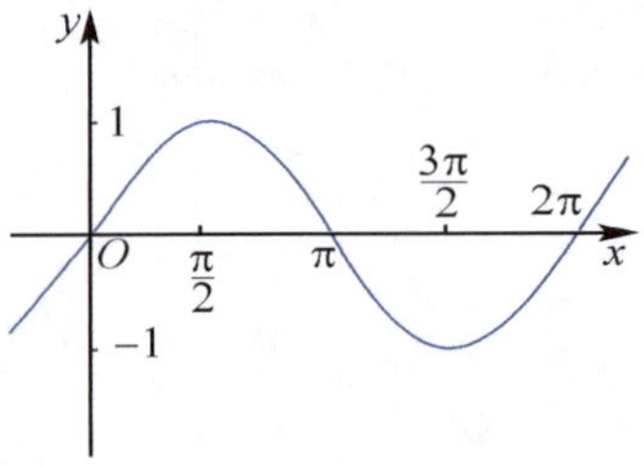	1. 奇函数 2. 周期 2π 3. 有界
	$y=\cos x$	$x\in(-\infty,+\infty)$ $y\in[-1,1]$	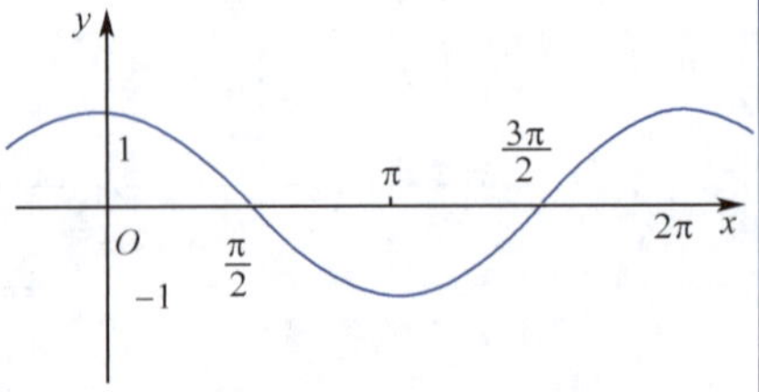	1. 偶函数 2. 周期 2π 3. 有界

（续表）

名 称	表达式	定义域与值域	图 象	特 性
三角函数	$y=\tan x$	$x\neq k\pi+\frac{1}{2}\pi(k\in\mathbf{Z})$ $y\in(-\infty,+\infty)$	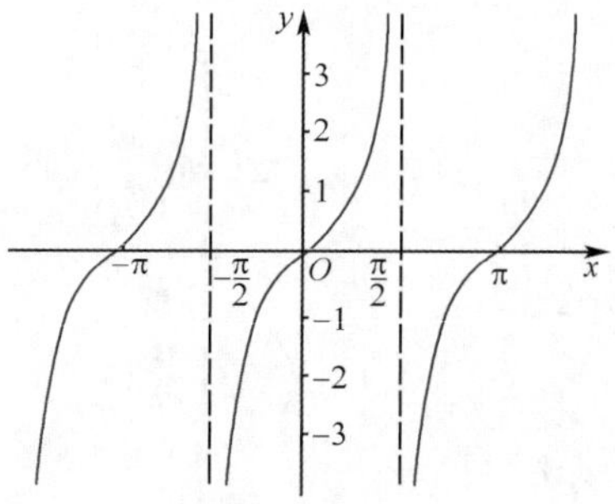	1. 奇函数 2. 周期 π 3. 无界 4. 在$(k\pi-\frac{1}{2}\pi,k\pi+\frac{1}{2}\pi)$单增
	$y=\cot x$	$x\neq k\pi(k\in\mathbf{Z})$ $y\in(-\infty,+\infty)$	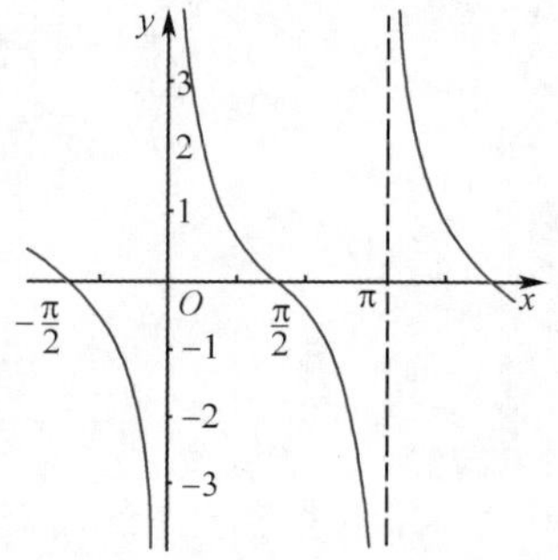	1. 奇函数 2. 周期 π 3. 无界 4. 在$(k\pi,k\pi+\pi)$单减
	$y=\sec x$	$x\neq k\pi+\frac{1}{2}\pi(k\in\mathbf{Z})$ $y\in(-\infty,-1]\cup[1,+\infty)$	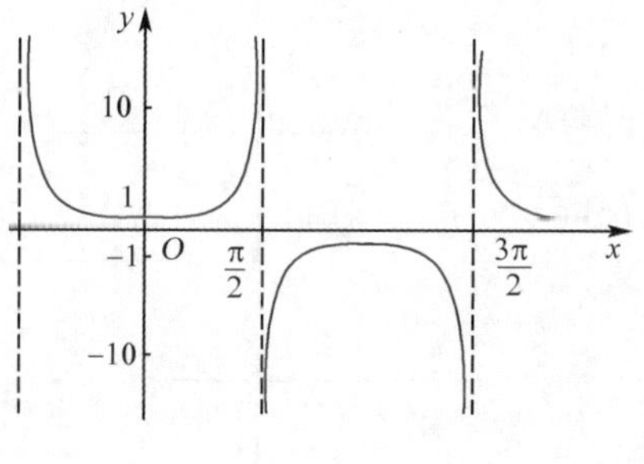	1. 偶函数 2. 周期 2π 3. 无界
	$y=\csc x$	$x\neq k\pi(k\in\mathbf{Z})$ $y\in(-\infty,-1]\cup[1,+\infty)$	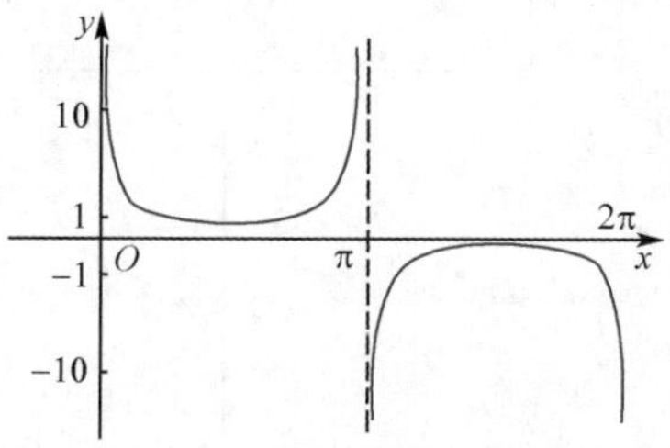	1. 奇函数 2. 周期 2π 3. 无界

（续表）

名　称	表达式	定义域与值域	图　象	特　性
反三角函数	$y=\arcsin x$	$x\in[-1,1]$ $y\in[-\frac{1}{2}\pi,\frac{1}{2}\pi]$	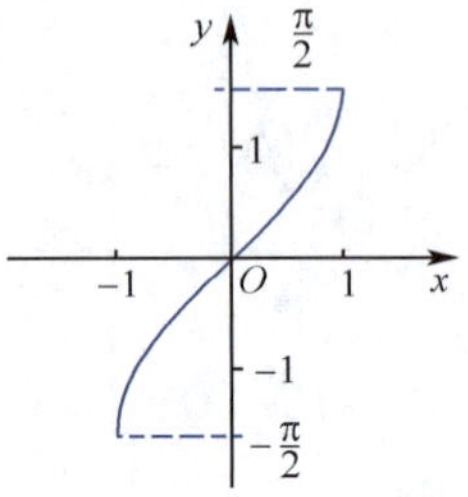	1. 奇函数 2. 有界 3. 单调增加
	$y=\arccos x$	$x\in[-1,1]$ $y\in[0,\pi]$	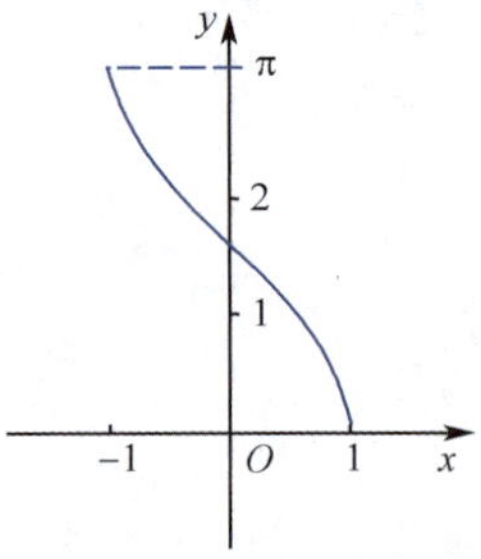	1. 有界 2. 单调减少
	$y=\arctan x$	$x\in(-\infty,+\infty)$ $y\in\left(-\frac{1}{2}\pi,\frac{1}{2}\pi\right)$	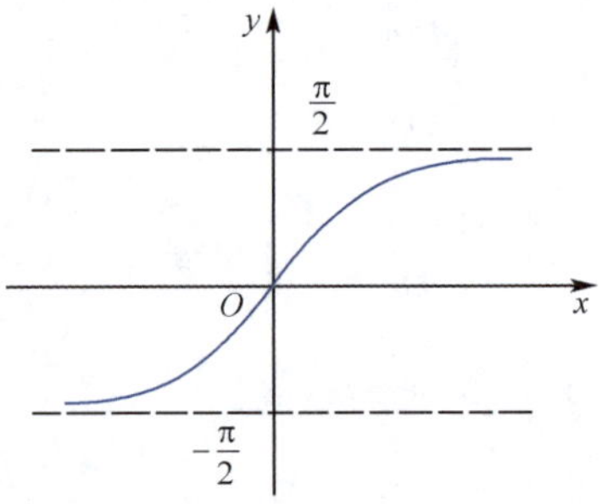	1. 奇函数 2. 有界 3. 单调增加
	$y=\text{arccot}\, x$	$x\in(-\infty,+\infty)$ $y\in(0,\pi)$	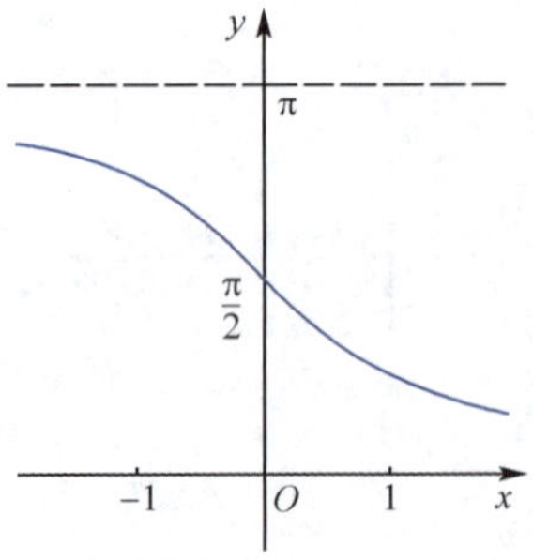	1. 有界 2. 单调减少

1.2.4 函数的应用价值举例

不同类的函数，具有不同的应用价值. 下面我们来重点介绍数学“名人” $\lg x$ 的某些用途.

1. 对数是由数学家约翰·纳皮尔(1550—1617)发明的，用途是简化大数计算，这个意义无论对于当时还是现在都是非常重大的. 对数可以将乘除运算转换为加减运算，解决大数运算难题.

2. $\lg x$ 不仅仅将数据简单化，也推进了科学理论大众化、通俗化.

实例 1：国内国际地震新闻报道一般采用的是国际通用地震震级——里氏震级，即被测地震的最大振幅为 X 时，对应的里氏震级为 Y，满足

$$Y=\lg X-\lg A,$$

其中 A 为“标准地震”的振幅(可以查表计算)，将复杂的地震数据转化为简单的震级，用 0～9 以内的保留一位小数的数字表示. 如 5·12 汶川地震震级为里氏 8.0 级，即巨大地震.

实例 2：溶液酸碱度 PH 的概念在 1909 年由丹麦生物化学家瑟伦·索伦森首次提出，当时他在实验室研究啤酒. 设溶液对应的 PH 值为 y，溶液中带正电荷的氢离子的浓度为 x mol/L，满足

$$y=-\lg[x].$$

将复杂的小数转化为简单的 PH 值，用 0～14 以内的保留一位小数的数表示. 如中性酸碱度用 PH 值 7.0 表示.

实例 3：声音的分贝(声压级)测量，声压级 L 的计算公式之一：

$$L=10\lg\left(\frac{p}{10^{-12}}\right),$$

其中 p 为声压，单位 $\mathrm{W/m^2}$.

一般正常人听觉能忍受的最高声压是 1 $\mathrm{W/m^2}$，能听到的最低声压是 10^{-12} $\mathrm{W/m^2}$(基准声压). 将声压数据转化为简单的声压级，用 0～150 dB 表示. 如 60 分贝为正常交谈的声音，正常居民楼白天超过 55 分贝，晚上超过 45 分贝的情况算扰民.

习题 1-2

1. 下列 10 个函数中是幂函数的有________；是指数函数的有________；是三角函数的有________；是对数函数的有________；是反三角函数的有________.

①$y=0.8^x$；②$y=\sec x$；③$y=\lg x$；④$y=\sqrt{x}$；⑤$y=\log_{0.5}x$；

⑥$y=\arctan x$；⑦$y=x^{\frac{2}{3}}$；⑧$y=x^2$；⑨$y=6^{-x}$；⑩$y=\sin x$.

2. 下列函数是幂函数的是(　　).

A. $y=x+4$　　B. $y=3^x$　　C. $y=\ln x$　　D. $y=x^{-2}$

3. 下列等式错误的是(　　).

A. $\sin\left(-\frac{\pi}{3}\right)=-\frac{\sqrt{3}}{2}$　　B. $\arccos\frac{\pi}{4}=\frac{\sqrt{2}}{2}$

C. $\tan\frac{\pi}{3}=\sqrt{3}$　　D. $\arcsin 1=\frac{\pi}{2}$

4. 下列函数是增函数的是(　　).

A. $y=\left(\frac{3}{4}\right)^x$　B. $y=x^2$

C. $y=\lg x$　　D. $y=\sin x$

5. 下列函数在区间$(0,+\infty)$上有界的是(　　).

A. $y=\arctan x$　B. $y=x^2$　C. $y=0.8^x$　D. $y=x^{-1}$

6. 下列函数不是周期函数的是(　　).

A. $y=\sin x$　B. $y=\arcsin x$　C. $y=\sec x$　D. $y=\csc x$

7. 下列算式运算正确的是(　　).

A. $5^{10}\cdot 2^{10}=7^{10}$　　B. $8^3\div 8^{\frac{1}{3}}=8$

C. $15^{-4}\cdot 15^4=1$　　D. $(4^{-\frac{1}{3}})^{\frac{1}{3}}=4^0$

8. 下列算式运算不正确的是(　　).

A. $\ln 1=0$　　B. $\log_{25}5+\log_{25}125=\log_{25}625=2$

C. $\lg 0.1\cdot\lg 10=\lg 10.1$　　D. $e^{\ln 50}=50$

9. 下列结论正确的是(　　).

A. 幂函数 $y=x^\alpha$(α 为常数)一定过点(1,1),且是单调递增函数

B. $\sec\frac{\pi}{6}=2$

C. 反正弦函数 $y=\arcsin x$ 的定义域为$[-1,1]$

D. 对数函数 $y=\log_2 x$ 过点(8,3),图形分布在第一二象限

10. 下列命题中正确的有(　　).

①正弦函数 $y=\sin x$ 在$\left[-\frac{\pi}{2},\frac{\pi}{2}\right]$上单调递增

②指数函数 $y=a^x$ $(a>0,a\neq 1)$必过点(1,0)

③$\log_2 8.8>\log_2 8$

④$\left(\frac{1}{2}\right)^{-10}>1$

A. ①②　B. ②③　C. ①③④　D. ①②③④

11. 下列结论正确的是(　　).

A. $\csc\frac{\pi}{3}>\csc\frac{\pi}{4}$　　B. $\sec\frac{\pi}{6}>\sec\frac{\pi}{3}$

C. $\arccos(-0.8)<\arccos 0.9$　　D. $\arcsin 0.8<\arcsin 0.9$

1.3　初等函数

数学家傅里叶曾说过,每一个数学函数,无论多复杂,总可以表示为某些简单的基本的函数之和.可见,学好简单的基本的函数的重要性.那么如何用简单函数表示较复杂的函数呢?

1.3.1 复合函数

对于一些函数，例如 $y=\sqrt{x^2+1}$，可以将它看作把 $u=x^2+1$ 代入 $y=\sqrt{u}$ 中得到. 在一定条件下，将一个函数"代入"到另一个函数中去，称之为这两个函数的"复合". 如 $y=u^2$，而 $u=\sin x$，把 $u=\sin x$ 代入到 $y=u^2$ 中去，就得到这两个函数的复合函数 $y=\sin^2 x$.

定义 1-3-1 一般地，若 $y=f(u)$ 是 u 的函数，u 又是 x 的函数，$u=g(x)$. 如果对于自变量 x 的取值，通过 u，能有唯一的 y 与之对应，则 y 通过 u 构成 x 的函数，称 y 为 x 的**复合函数**，记作 $y=f[g(x)]$. 其中 u 为中间变量.

构成复合函数的这两个函数，称为**简单函数**.

·注意· 简单函数一般是基本初等函数，或基本初等函数的加、减、乘、除组合. 比如简单函数可以是多项式函数.

【例 1】 (1)由函数 $y=\cos u$，$u=x^2$ 构成了复合函数 $y=\cos x^2$，且新函数的定义域为 $\mathbf{R}$.

(2)由函数 $y=\mathrm{e}^u$，$u=\dfrac{1}{x}$ 构成了复合函数 $y=\mathrm{e}^{\frac{1}{x}}$，且新函数的定义域为 $\{x\,|\,x\neq 0\}$.

但是，不是任意两个函数都可以构成一个复合函数. 要构成复合函数，函数 $u=g(x)$ 的值域与函数 $f(u)$ 的定义域的交集不能为空集. 这个方面不用特别研究，只要对构成的新函数直接求定义域，就可以发现函数是否有意义. 若定义域为空集，说明构成的复合函数不存在；若定义域为非空集合，说明构成的复合函数有意义.

【例 2】 指出下列各复合函数的复合过程和定义域.

(1)$y=\sqrt{1+x^2}$；　(2)$y=\lg(1-x)$；　(3)$y=\arccos(3x-2)$.

解 (1)$y=\sqrt{1+x^2}$ 是由 $y=\sqrt{u}$ 与 $u=1+x^2$ 复合而成的.

要使函数有意义，必须 $1+x^2\geqslant 0$，即 x 为任意实数. 所以它的定义域为 $(-\infty,+\infty)$.

(2)$y=\lg(1-x)$是由 $y=\lg u$ 与 $u=1-x$ 复合而成的.

要使函数有意义，必须 $1-x>0$，即 $x<1$. 所以它的定义域为$(-\infty,1)$.

(3)$y=\arccos(3x-2)$是由 $y=\arccos u$ 与 $u=3x-2$ 复合而成的.

要使函数有意义，必须$-1\leqslant 3x-2\leqslant 1$，即$\dfrac{1}{3}\leqslant x\leqslant 1$. 所以它的定义域为 $\left[\dfrac{1}{3},1\right]$.

1.3.2 初等函数的定义

定义 1-3-2 由基本初等函数经过有限次四则运算与有限次复合运算后得到的，并可用一个式子表示的函数，称为**初等函数**.

目前，所见所学的用一个解析式表示的函数，一般都是初等函数.

如函数 $y=1+\sqrt{x}$、$y=2\sin\dfrac{x}{2}$、$y=x\ln x$、$y=4^{x^2}$、$y=\sqrt{\cot\dfrac{x}{2}}$.

习题 1-3

1. 指出下列各函数的复合过程.

(1) $y=(x^3-2x-1)^{10}$；　　(2) $y=\tan^3 x$；

(3) $y=\cos\dfrac{3x}{2}$；　　(4) $y=\arcsin(1-x^2)$.

2. 下列 10 个函数中是基本初等函数的有____________；是初等函数的有____________.

①$y=\log_5(x+3)$；②$y=5\sin x$；③$y=1-\lg x$；④$y=\sqrt{x}$；⑤$y=10^x$；

⑥$y=\arctan(2x)$；⑦$y=(x-3)^5$；⑧$y=x^7$；⑨$y=6^{-x}$；⑩$y=\cos x$.

3. 设 $y=f(x)$ 的定义域是$[0,1]$，求下列函数的定义域.

(1) $f(x^2)$；　　(2) $f(\cos x)$；

(3) $f(x+2)$；　　(4) $f\left(x+\dfrac{1}{4}\right)+f\left(x-\dfrac{1}{4}\right)$.

本章小结

一、思维导图

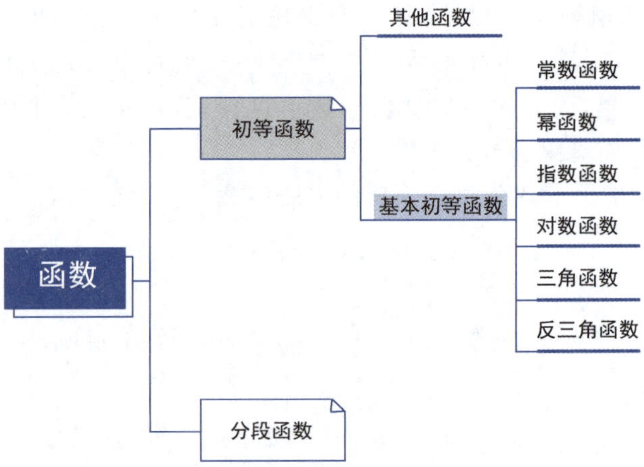

二、主要内容

(一)函数的概念

1. 函数的定义与两要素

2. 函数的定义域

3. 分段函数及其定义域

(二)基本初等函数

六类函数的图象与性质

(三)初等函数

1. 复合函数的定义，以及复合分解

2. 初等函数的定义

复习题 1

一、选择题.

1. 下列函数不是奇函数的是(　　).

A. $y=x$　　B. $y=4^x$　　C. $y=\tan x+x$　　D. $y=x^3$

2. 下列各组中,函数 $f(x)$ 与 $g(x)$ 一样的是(　　).

A. $f(x)=x, g(x)=\sqrt[3]{x^3}$　　B. $f(x)=1, g(x)=\sec^2 x-\tan^2 x$

C. $f(x)=x-1, g(x)=\dfrac{x^2-1}{x+1}$　　D. $f(x)=2\ln x, g(x)=\ln x^2$

3. 下列函数中,在定义域内是单调增加、有界的函数是(　　).

A. $y=x+\arctan x$　　B. $y=\cos x$

C. $y=\arcsin x$　　D. $y=x\cdot\sin x$

4. 下列函数中,定义域是 $(-\infty,+\infty)$ 且是单调递增的是(　　).

A. $y=\arcsin x$　　B. $y=\arccos x$　　C. $y=\arctan x$　　D. $y=\operatorname{arccot} x$

5. 函数 $y=\arctan x$ 的定义域是(　　).

A. $(0,\pi)$　　B. $\left[-\dfrac{\pi}{2},\dfrac{\pi}{2}\right]$　　C. $\left(-\dfrac{\pi}{2},\dfrac{\pi}{2}\right)$　　D. $(-\infty,+\infty)$

6. 下列函数中,定义域为 $[-1,1]$ 且单调减少的是(　　).

A. $y=\arcsin x$　　B. $y=\arccos x$　　C. $y=\arctan x$　　D. $y=\operatorname{arccot} x$

7. 已知函数 $y=\arcsin(x+1)$,则函数的定义域是(　　).

A. $(-\infty,+\infty)$　　B. $[-1,1]$　　C. $(-\pi,\pi)$　　D. $[-2,0]$

8. 下列算式运算正确的是(　　).

A. $4^{10}\cdot 2^{10}=6^{10}$　　B. $2^3\div 8^{2^{\frac{1}{3}}}=8$

C. $3^{-4}\cdot 3^4=1$　　D. $(4^{-\frac{2}{3}})^{\frac{2}{3}}-4^0$

9. 下列函数是偶函数的是(　　).

A. $y=x^2$　　B. $y=5^x$　　C. $y=\ln x+3x$　　D. $y=2x^5+5$

10. 下列函数为周期函数的是(　　).

A. $y=\arcsin x$　　B. $y=\sin x$　　C. $y=x\sin x$　　D. $y=x^2$

二、填空题.

1. $y=\dfrac{\ln(x+3)}{\sqrt{x-3}}$ 的定义域是________.

2. 由 $y=\sqrt{u}$, $u=\sin x$ 复合而成的复合函数为________.

3. 函数 $y=\tan(1+e^x)$ 是由简单函数________复合而成的.

4. 函数 $y=x+2$ 的反函数是________.

5. $f(x)=x+\ln x$,则 $f(1)=$________.

三、简答题.

1. 求函数 $y=\sqrt{3-x}$ 的定义域.

2. 指出函数 $y=\sin^3(2x+2)$ 的复合过程.

复习题 2

一、选择题.

1. 下列函数是指数函数的是(　　).

A. $y=x+8$　　B. $y=4^x$　　C. $y=\ln x$　　D. $y=x^{-3}$

2. 函数 $f(x)=\dfrac{1}{4-x^2}+\lg(x+1)$ 的定义域是(　　).

A. $(-1,2)\cup(2,+\infty)$　　B. $(-1,+\infty)$

C. $(1,2)\cup(2,+\infty)$　　D. $(-1,2)$

3. 下列各组函数中 $f(x)$ 与 $g(x)$ 相同的是(　　).

A. $f(x)=\dfrac{x^2}{x}, g(x)=x$　　B. $f(x)=\sqrt{x^2}, g(x)=x$

C. $f(x)=(\sqrt{x})^2, g(x)=x$　　D. $f(x)=\sin^2x+\cos^2x, g(x)=1$

4. 函数 $y=\cos 2x$ 不具备以下(　　)特性.

A. 有界性　　B. 奇偶性　　C. 周期性　　D. 单调性

5. 下列函数对中互为反函数的是(　　).

A. $y=\sin x,\ y=\cos x$　　B. $y=x^3, y=x^{-3}$

C. $y=\tan x, y=\cot x$　　D. $y=x^3, y=\sqrt[3]{x}$

6. 函数 $f(x)=x\sin x\,e^{\cos x}$ 是(　　).

A. 有界函数　　B. 单调函数　　C. 周期函数　　D. 偶函数

7. 下列结论正确的是(　　).

A. $\sin\dfrac{\pi}{13}>\sin\dfrac{\pi}{5}$　　B. $\cos 3>\cos 3.1$

C. $\arccos(-0.8)<\arccos 0.9$　　D. $\arcsin 0.6<\arcsin(-0.8)$

8. 函数 $y=\ln(\cos e^x)$ 是由初等函数(　　)复合而成的.

A. $y=\cos u, u=e^v, v=\ln x$　　B. $y=e^u, u=e^v, v=\cos x$

C. $y=\ln u, u=\cos v, v=e^x$　　D. $y=\ln u, u=\ln(\cos v), v=e^x$

9. 函数 $f(x)=\begin{cases}2x-1, & x>0\\ 0, & x=0\\ \sin x-1, & x<0\end{cases}$ 的值域是(　　).

A. $(-\infty,+\infty)$　　B. $(-\infty,-1)\cup(-1,+\infty)$

C. $[-2,+\infty)$　　D. $[-1,-1]$

10. 下列函数在其定义域内为有界函数的是(　　).

A. $y=e^x$　　B. $y=1+\sin x$　　C. $y=\ln x$　　D. $y=\tan x$

二、填空题.

1. 函数 $y=\dfrac{\sqrt{121-x^2}}{11-x}$ 的定义域为________.

2. 函数 $y=|\cos x|$ 的周期是________.

3. 函数 $y=\arcsin^3[\ln(x^2-1)]$ 的复合过程是________.

4. 由 $y=u^2, u=\ln v, v=5^x$ 构成的复合函数为________.

5.设 $f(x)=\begin{cases} x^2, & x>0 \\ 2, & x=0 \\ 0, & x<0 \end{cases}$,则 $f\{f[f(-3)]\}=$________.

6.函数 $y=\lg\dfrac{x}{1-x}$ 的反函数是________.

7.函数 $y=\sin x+\cos x$ 的最小正周期是________.

8.设 $f(x)=\begin{cases} \sin x, & |x|\leqslant 2 \\ x, & x>2 \end{cases}$,则 $f\left(\dfrac{\pi}{2}\right)=$________,$f(\pi)=$________.

三、计算题.

1.求下列函数的定义域.

(1)$y=\sqrt{\ln(3x+4)}$；　　(2)$y=\dfrac{1}{1-x^2}+\sqrt{x+2}$；

(3)$y=\dfrac{\sqrt{x+2}}{\sqrt{x^2+x}}$；　　(4)$y=\dfrac{\arccos(2x+3)}{\sqrt{x^2+x}}$.

2.(1)已知函数 $f(x)$的定义域为[3,5],求函数 $f(4x-3)$的定义域；

(2)已知函数 $f(2x-3)$的定义域为[0,1],求函数 $f(x)$的定义域.

3.(1)设一次函数 $f(x)$满足 $f(x)+3f(-x)=2x+1$,求 $f(x)$.

(2)设 $f(\sin x)=\cos^2 x+1$,求 $f(x)$.

4.判断下列函数的奇偶性.

(1)$f(x)=x\cdot\dfrac{2^x-1}{2^x+1}$；　　(2)$f(x)=x\cdot\sin^2 x$.

5.求出下列函数的反函数.

(1)$f(x)=2+\arcsin(3+x)$；　　(2)$f(x)=\sqrt{4-x^2}$,$-2\leqslant x\leqslant 0$.

6.指出下列函数的复合结构.

(1)$f(x)=(1+2x)^{10}$；　　(2)$f(x)=\cos(4x+2)$.

第 2 章　极限与连续

极限，即最大的限度.人们做事追求最大的限度，而这往往是一个漫长的无限（无穷）的动态过程.数学中的极限也不例外.

极限是微积分的理论基础，是微积分的核心概念. 17 世纪牛顿与莱布尼茨创立的微积分，在自然科学中有广泛的应用，被高度重视，但由于理论逻辑矛盾，引发了“第二次数学危机”. 19 世纪下半叶，极限理论的建立从根本上解决了危机，完善了微积分理论.

2.1　数列极限

我们的祖先早在战国时期和古希腊时期就认识到无限（无穷）的强大，利用无穷搭建了曲线世界和直线世界之间的桥梁，解决了包括圆面积、圆周率等曲线问题.这是极限思想的萌芽.所谓极限思想，是指用极限概念分析问题和解决问题的一种数学思想.

刘徽（约 225 年—约 295 年）

◈魏晋期间伟大的数学家，中国古典数学理论的奠基人之一.

◈在中国数学史上作出过极大的贡献，他的杰作《九章算术注》和《海岛算经》，是中国古代最宝贵的数学遗产之一.

2.1.1　阿基米德求圆面积 & 刘徽的割圆术

古时候，几何学发展较快，缘于现实土木工程测量的需要，讲究实用性，多研究有棱角的形状.但有“最完美的曲线”美誉的圆始终引人注目，不仅在大自然中无处不在，如太阳、圆月、水滴引起的涟漪、瞳孔等，也有“美好、圆满”的寓意.这必然引起数学家们的关注.

古希腊数学家阿基米德在《圆的度量》中断言：“任意圆的面积，与两条直角边分别为该圆半径和周长的直角三角形的面积相等.”这个定理论证方法与下列做法相似.

将圆分为足够多个同心圆，再将每个同心圆切口，拉直，后再从大到小排列成一个直角三角形，如图 2-1-1 所示.

图 2-1-1 相传还可将圆分成足够多份的小扇形（图 2-1-2(a)），用图 2-1-2(b)的方法重新组合，就成了有荷叶边形状的图形.若圆分成的小扇形达到无穷多份，有荷叶边形状的图形的终极样子，估计就是魔法矩形（图 2-1-2(c)）.

魏晋期间中国杰出数学家刘徽在《九章算术》“圆田术”注中论割圆术时写道：“割之弥细，所失弥少，割之又割，以至于不可割，则与圆周合体而无所失

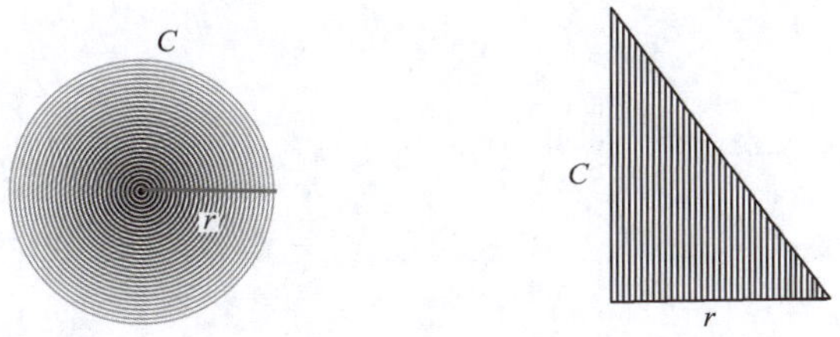

图 2-1-1

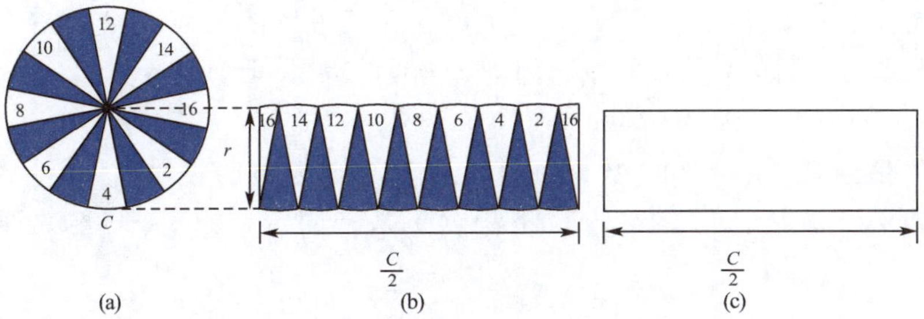

图 2-1-2

矣.”意思是圆的内接正多边形的边越多,正多边形的面积就与圆的面积误差越少,当边数为无穷多时,正多边形的面积就与圆的面积一样了.他首先从圆内接六边形开始割圆,每次边数倍增(图 2-1-3),算到 192 边形的面积,得到 $\pi=\frac{157}{50}=3.14$,又算到 3 072 边形的面积,得到 $\pi=\frac{3\,927}{1\,250}=3.141\,6$,称为“徽率”.后来南北朝时期的数学家祖冲之对圆周率再次研究计算,将 π 值计算到小数点后七位,即 3.141 592 6 到 3.141 592 7 之间,并提出了约率 $\frac{22}{7}$ 和密率 $\frac{355}{113}$.这是世界上最早提出的密率值,比欧洲早一千多年.

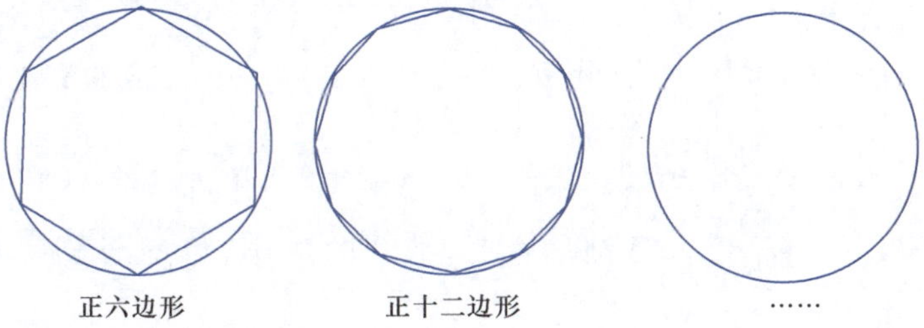

图 2-1-3

阿基米德求圆面积的方法和刘徽的割圆术,都利用了无限细分再求和的方法,化圆为方求解,体现了极限思想.那么到底什么是极限呢?

2.1.2　数列极限的概念

战国时期的思想家庄子在其《庄子·天下篇》中有这么一句话“一尺之棰,日取其半,万世不竭.”说的是“一尺长的棰子,每天取一半,永远取不完.”对此观点,用数学的眼光来理解,为设棰子长 1 尺,天数为 n,随着天数 n 不断变化,剩余的棰子长分别为

$$\frac{1}{2},\frac{1}{4},\frac{1}{8},\frac{1}{16},\cdots,\frac{1}{2^n},\cdots$$

n 越来越大，$\frac{1}{2^n}$就会越来越小，最后趋于零.

以上言论，是妥妥的极限. 极限就是在自变量的某个变化的运动形势下对因变量变化的最终趋势的描述. n 是自变量，$\frac{1}{2^n}$是因变量，也可以理解为数列，一类特殊的函数.

下面我们一起学习数列极限的描述性定义.

定义 2-1-1 设$\{x_n\}$为数列. 若项数 n 无限增大时，x_n 无限趋近于某一固定的常数 A，则称 A 是数列$\{x_n\}$当 $n\to\infty$时的极限. 记为

$$\lim_{n\to\infty}x_n=A \text{ 或 } x_n\to A(n\to\infty).$$

这时也称当 $n\to\infty$时，数列$\{x_n\}$收敛于 A. 该数列为收敛数列；

如果当 $n\to\infty$时，数列$\{x_n\}$不趋近于某一固定常数 A，则称数列$\{x_n\}$发散.

【例 1】 观察并求数列 $x_n=\frac{1}{2^n}$的极限.

解 可借助 Excel 工具，取部分数据观察，数据见表 2-1-1.

表 2-1-1

n	3	6	9	13	16	19	23	26	29
$\frac{1}{2^n}$	0.125	0.015 625	0.001 953 125	0.000 122 07	1.525 88 $\times10^{-5}$	1.907 35 $\times10^{-6}$	1.192 09 $\times10^{-7}$	1.490 12 $\times10^{-8}$	1.862 65 $\times10^{-9}$

可以看出，当项数 n 逐渐增大时，数列的项 x_n 逐渐减小，逐渐趋近于 0；

当项数 n 无限增大时，数列的项 x_n 会无限趋近于 0.

即数列 $x_n=\frac{1}{2^n}$的极限为 0，记为$\lim\limits_{n\to\infty}\frac{1}{2^n}=0$.

【例 2】 观察并求数列 $x_n=\frac{n}{n+1}$的极限.

解 当项数 n 增大时，运用列举法，数列 $x_n=\frac{n}{n+1}$的值的变化趋势如下：

$x_1=\frac{1}{2}$，$x_9=\frac{9}{9+1}=0.9$，$x_{99}=0.99$，$x_{999}=0.999$，$x_{9\,999}=0.999\,9$，…

可以看出，当项数 n 逐渐增大时，数列的项 x_n 也逐渐增大，逐渐趋近于 1；

当项数 n 无限增大时，数列的项 x_n 会无限趋近于 1.

即数列 $x_n=\frac{n}{n+1}$的极限为 1，记为$\lim\limits_{n\to\infty}\frac{n}{n+1}=1$.

【例 3】 观察并求下列数列的极限.

(1)$x_n=\frac{1}{n}$；　　(2)$x_n=\frac{(-1)^n}{n}$；

(3)$x_n=2n-1$；　　(4)$x_n=(-1)^{n+1}$.

解 用列举法，观察以上 4 个数列在 $n\to\infty$时的变化趋势，可得

(1)$x_1=1$，$x_{10}=0.1$，$x_{100}=0.01$，$x_{1\,000}=0.001$，$x_{10\,000}=0.000\,1$，…

所以

$$\lim_{n\to\infty}\frac{1}{n}=0.$$

(2) $x_1=-1, x_9=-0.\dot{1}, x_{99}=-0.\dot{0}\dot{1}, x_{999}=-0.\dot{0}\dot{0}\dot{1}, x_{9999}=-0.\dot{0}\dot{0}\dot{0}\dot{1}, \cdots$

$x_2=0.5, x_{10}=0.1, x_{100}=0.01, x_{1\,000}=0.001, x_{10\,000}=0.000\,1, \cdots$

所以

$$\lim_{n\to\infty}\frac{(-1)^n}{n}=0.$$

(3) $x_1=1, x_{10}=19, x_{100}=199, x_{1\,000}=1\,999, x_{10\,000}=19\,999, \cdots$

所以

$$\lim_{n\to\infty}(2n-1)\text{不存在}.$$

(4)数列为 $1,-1,1,-1,1,-1,1,-1,\cdots$ 所以

$$\lim_{n\to\infty}(-1)^{n+1}\text{不存在}.$$

卡尔·特奥多尔·威廉·魏尔斯特拉斯(1815—1897)

❖德国数学家,被誉为"现代分析之父".

❖对微积分的主要贡献:给出了极限的严格定义.

综上,我们会发现极限不存在,有两种情况 $\begin{cases}\to\infty\\ \to\text{多个值}\end{cases}$.

数列极限的另一种定义,即严格定义,读者可依自身水平理解掌握.

定义 2-1-2 对于事先指定的无论多么小的正数 ε,若总存在正数 M,使当 $n>M$ 时,$|x_n-a|<\varepsilon$ 恒成立,即称常数 a 为数列 $\{x_n\}$ 的**极限**,记作

$$\lim_{n\to\infty}x_n=a.$$

我们也常这样叙述这个定义:对于事先指定的无论多么小的正数 ε,在自变量 n 的变化过程中(n 值逐渐增大的过程中),若总存在某一个时刻(存在有一正数 M),使得在那个时刻之后($n>M$ 后),$|x_n-a|<\varepsilon$ 恒成立,即称常数 a 为数列 $\{x_n\}$ 的极限,记作 $\lim\limits_{n\to\infty}x_n=a$.

习题 2-1

1. 观察下列数列的变化趋势,并求出数列极限.

(1) $x_n=\dfrac{1}{3^n}$;　　(2) $x_n=(-1)^n\cdot n$;

(3) $x_n=\dfrac{1}{n^2}$;　　(4) $x_n=\dfrac{(-1)^n}{n+1}$;

(5) $x_n=2n$;　　(6) $x_n=\begin{cases}1, & n\text{ 为奇数}\\ \dfrac{1}{n}, & n\text{ 为偶数}\end{cases}$.

2. 观察下列数列 $\{x_n\}$,当 $n\to\infty$ 时的变化趋势,判定它们是否收敛,若收敛,指出它们的极限.

(1) $x_n=\dfrac{2n}{3n-1}$;　　(2) $x_n=(-1)^{n-1}\dfrac{1}{n+3}$;

(3) $x_n=3^{(-1)^n}$;　　(4) $x_n-\ln\dfrac{1}{n}$.

2.2 函数极限

在数列极限的学习中,我们探索了神秘的无穷远的项.我们意识到,在微积分的世界里,空间、时间、物质、实数等均被视为连续的,可以无限细分.运用类比思想,在研究普通函数的过程中,我们可以让自变量 x 无限增大或无限

减小，观察因变量 $y=f(x)$ 的变化趋势；可以让自变量 x 的值无限趋于定值 x_0，观察因变量 $y=f(x)$ 的变化趋势.

2.2.1 当 $x\to\infty$ 时，函数 $f(x)$ 的极限

现观察函数 $f(x)=\dfrac{1}{x^2}$ 当 x 的绝对值无限增大时，函数值的变化趋势.

方法 1 列举法，见表 2-2-1.

表 2-2-1

x	±1	±10	±15	±20	±100	$\pm1\ 000$	$\pm10\ 000$	…
$f(x)$	1	0.01	$0.00\dot{4}$	0.002 5	0.000 1	0.000 001	0.000 000 01	…

奥古斯丁·路易斯·柯西(1789—1857)

◎法国数学家.

◎柯西在数学领域有较高造诣，有许多定理和公式，以他的名字来命名，如柯西不等式、柯西积分公式.

◎柯西是最先给出极限的描述性定义的数学家.

◎柯西在数学上的最大贡献是在微积分中引进了极限概念，并以极限为基础建立了逻辑清晰的分析体系.

由表 2-2-1 可知，当 x 无限增大或无限减小时，$f(x)$ 无限趋近于 0.

由此，我们看到函数存在极限.

方法 2 作出函数的图象，如图 2-2-1 所示. 由图可知，

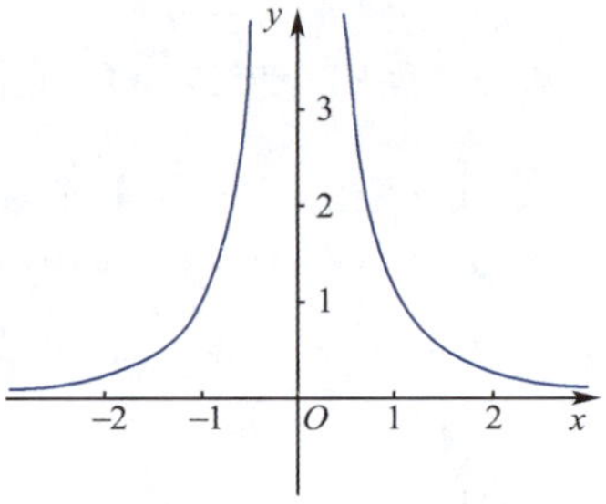

图 2-2-1

当 x 无限增大时，曲线无限地贴近 x 轴，$f(x)$ 无限趋近于 0；

当 x 无限减小时，曲线无限地贴近 x 轴，$f(x)$ 无限趋近于 0，

综上两种情况，当 x 的绝对值无限增大时，$f(x)$ 无限趋近于 0.

接下来，我们将用到部分符号，在此说明"x 的绝对值无限增大"用符号表示为"$x\to\infty$"；"x 无限增大"用符号表示为"$x\to+\infty$"；"x 无限减小"用符号表示为"$x\to-\infty$".

下面我们一起学习当 $x\to\infty$ 时，函数极限的描述性定义.

定义 2-2-1 设函数 $y=f(x)$ 在 $|x|>b$（b 是某个正数）有定义，如果当自变量 x 的绝对值无限增大时，相应的函数值 $f(x)$ 无限趋近于一个固定的常数 A，那么称 A 为当 $x\to\infty$ 时函数 $f(x)$ 的**极限**，记为

$$\lim_{x\to\infty}f(x)=A \text{ 或 } f(x)\to A\ (x\to\infty).$$

如果这时不存在一个固定的常数 A，则称当 $x\to\infty$ 时函数 $f(x)$ 的极限不存在.

【例 1】 当 $x\to\infty$ 时，$f(x)=\dfrac{1}{x^2}$ 无限趋近于 0. 用极限符号如何表示.

解 当 $x\to\infty$ 时，$f(x)=\dfrac{1}{x^2}$ 的极限为 0. 即 $\lim\limits_{x\to\infty}\dfrac{1}{x^2}=0$.

【例 2】 观察当 $x\to\infty$ 时，$f(x)=\dfrac{1}{x}$ 的变化趋势，并表示出这种情况下的极限.

解 函数 $f(x)=\dfrac{1}{x}$ 的图形，如图 2-2-2 所示. 由图可知，

当 x 无限增大时，曲线无限地贴近 x 轴，$f(x)$ 无限趋近于 0；

当 x 无限减小时，曲线无限地贴近 x 轴，$f(x)$ 无限趋近于 0，

综上两种情况，当 x 的绝对值无限增大时，$f(x)$ 无限趋近于 0. 即 $\lim\limits_{x\to\infty}\dfrac{1}{x}=0$.

研究当 $x\to\infty$ 时，$f(x)$ 的变化趋势，我们需要做双向观察，包括 $x\to+\infty$ 与 $x\to-\infty$ 两种情况. 而每一种情况又可以是独立进行的.

定义 2-2-2　设函数 $y=f(x)$ 在 $(a,+\infty)$（a 为某个实数）有定义，如果当 $x\to+\infty$ 时，相应的函数值 $f(x)$ 无限趋近于某一个固定的常数 A，则称 A 为 $x\to+\infty$ 时 $f(x)$ 的极限，记为

$$\lim_{x\to+\infty}f(x)=A\ \text{或}\ f(x)\to A\ (x\to+\infty).$$

如果这时不存在一个固定的常数 A，则称当 $x\to+\infty$ 时函数 $f(x)$ 的极限不存在.

定义 2-2-3　设函数 $y=f(x)$ 在 $(-\infty,a)$（a 为某个实数）有定义，如果当 $x\to-\infty$ 时，相应的函数值 $f(x)$ 无限趋近于某一个固定的常数 A，则称 A 为 $x\to-\infty$ 时 $f(x)$ 的极限，记为

$$\lim_{x\to-\infty}f(x)=A\ \text{或}\ f(x)\to A\ (x\to-\infty).$$

如果这时不存在一个固定的常数 A，则称当 $x\to-\infty$ 时函数 $f(x)$ 的极限不存在.

【例 3】　观察当 $x\to+\infty$ 或 $x\to-\infty$ 时，$f(x)=\arctan x$ 的变化趋势，并表示出这两种情况下的极限.

解　函数 $f(x)=\arctan x$ 的图形，如图 2-2-3 所示. 由图可知，

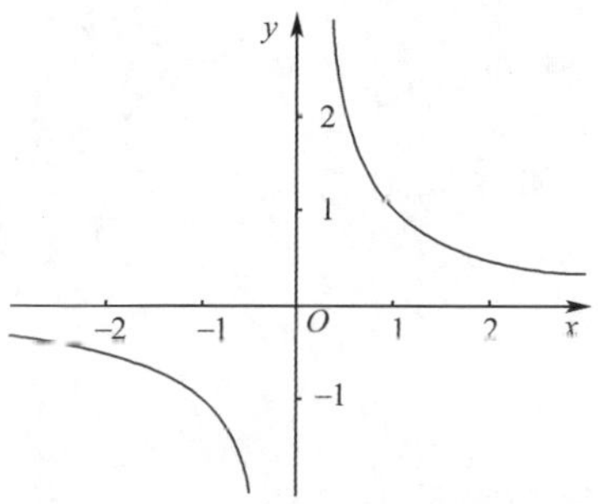

图 2-2-2

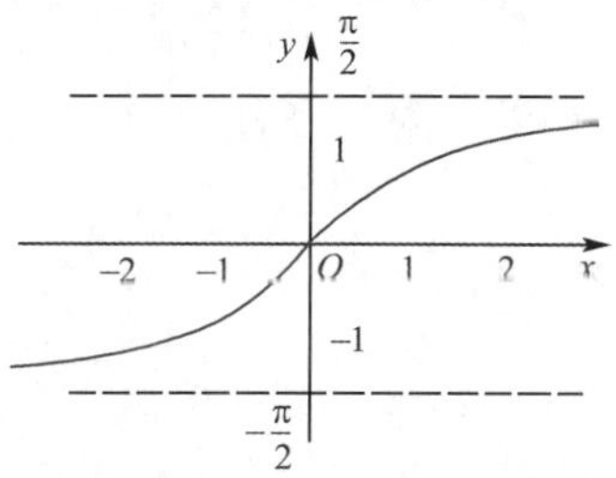

图 2-2-3

当 x 无限增大时，曲线无限地贴近直线 $y=\dfrac{\pi}{2}$，$f(x)$ 无限趋近于 $\dfrac{\pi}{2}$；

当 x 无限减小时，曲线无限地贴近直线 $y=-\dfrac{\pi}{2}$，$f(x)$ 无限趋近于 $-\dfrac{\pi}{2}$，

所以

$$\lim_{x\to+\infty}\arctan x=\frac{\pi}{2},$$

$$\lim_{x\to-\infty}\arctan x=-\frac{\pi}{2}.$$

【例 4】　求极限 $\lim\limits_{x\to+\infty}2^{-x}$.

解　函数 $f(x)=\left(\dfrac{1}{2}\right)^{x}$ 的图形，如图 2-2-4

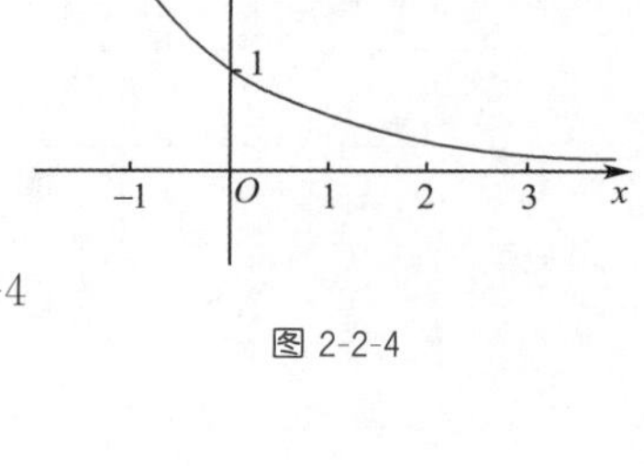

图 2-2-4

所示.

$$\lim_{x\to+\infty} 2^{-x}=0.$$

定理 2-2-1 $\lim\limits_{x\to\infty} f(x)=A$ 的充分必要条件为 $\lim\limits_{x\to-\infty} f(x)=\lim\limits_{x\to+\infty} f(x)=A$.

为了方便继续研究函数极限,下面介绍邻域的概念.

2.2.2 邻　域

在接下来的函数极限研究中,需要研究某因变量在某点附近的变化情况,从而产生了邻域的概念.

定义 2-2-4 设 $a,\delta\in\mathbf{R}$ 且 $\delta>0$,则数集

$$\{x \mid |x-a|<\delta\}=(a-\delta,a+\delta)$$

称为**点 a 的 δ 邻域**(图 2-2-5),记为 $U(a,\delta)$. 其中 a 称为邻域 $U(a,\delta)$ 的**中心**,δ 称为邻域 $U(a,\delta)$ 的**半径**. 邻域的实质是以点 a 为中心,以 δ 为半径的不等式数集.

定义 2-2-5 将邻域 $U(a,\delta)$ 的中心点 a 去除,即得数集

$$\{x \mid 0<|x-a|<\delta\}=(a-\delta,a)\cup(a,a+\delta),$$

称为**点 a 的去心邻域**,记作 $\mathring{U}(a,\delta)$(图 2-2-6).

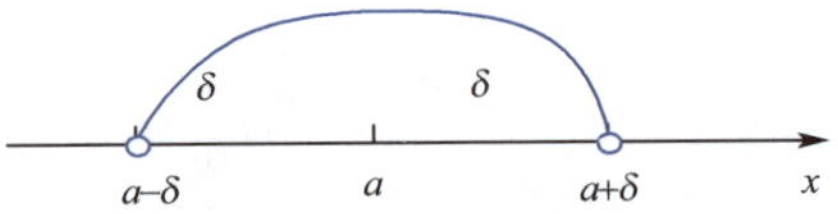

图 2-2-5

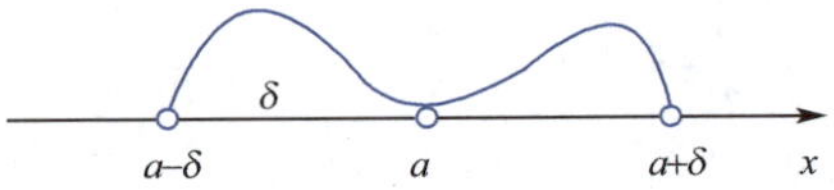

图 2-2-6

【例 5】 写出下列邻域所表示的数集.

(1)以 0 为中心,以 0.1 为半径的邻域 $U(0,0.1)$;

(2)以 1 为中心,以 0.01 为半径的去心邻域 $\mathring{U}(1,0.01)$;

(3)以 -3 为中心,以 1 为半径的邻域 $U(-3,1)$.

解 (1)$U(0,0.1)=(-0.1,0.1)$;

(2)$\mathring{U}(1,0.01)=(0.99,1)\cup(1,1.01)$;

(3)$U(-3,1)=(-4,-2)$.

2.2.3 当 $x\to x_0$ 时,函数 $f(x)$ 的极限

现在讨论 x 无限趋近于 1(记为 $x\to1$)时,函数 $f(x)=x+1$ 和 $g(x)=\dfrac{x^2-1}{x-1}$ 的变化趋势.

为此,我们选一串靠近 1 的点与这些点对应的函数值列成表 2-2-2,并画出函数 $f(x)=x+1$ 和 $g(x)=\dfrac{x^2-1}{x-1}$ 的图象,如图 2-2-7 与图 2-2-8 所示.

表 2-2-2

x	…	0.9	0.99	0.999	1	1.000 1	1.001	1.01	…
$f(x)$	…	1.9	1.99	1.999	2	2.000 1	2.001	2.01	…
$g(x)$	…	1.9	1.99	1.999	不存在	2.000 1	2.001	2.01	…

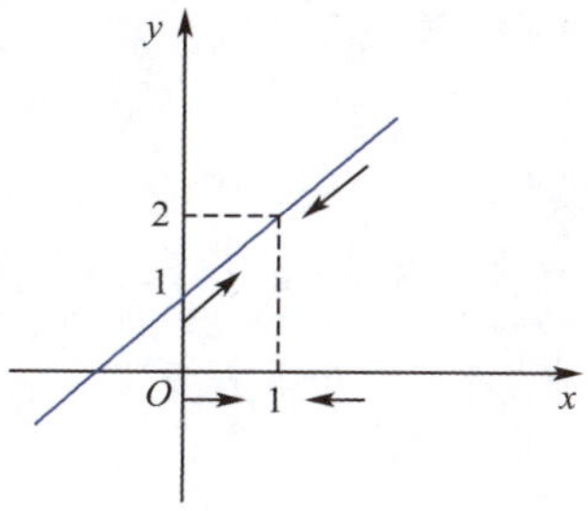

图 2-2-7

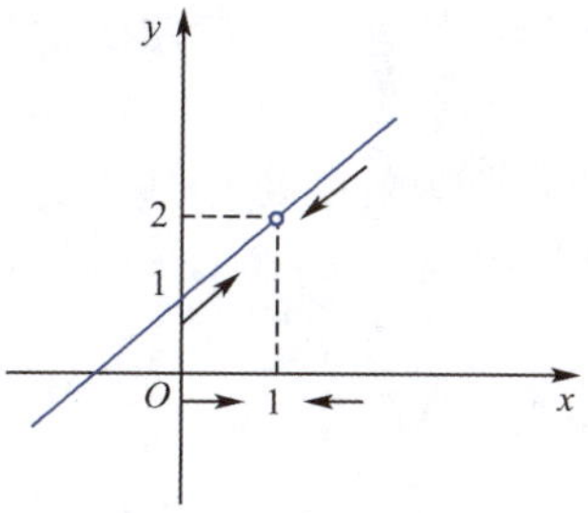

图 2-2-8

由表 2-2-2 和图 2-2-7 与图 2-2-8 可以看出，当自变量从点 $x_0=1$ 的左边无限趋近于 1 时，函数 $f(x)=x+1$ 和 $g(x)=\dfrac{x^2-1}{x-1}$ 的值都无限趋近于常数 2.

当自变量从点 $x_0=1$ 的右边无限趋近于 1 时，函数 $f(x)=x+1$ 和 $g(x)=\dfrac{x^2-1}{x-1}$ 的值都无限趋近于常数 2.

综上所述，当 x 无限趋近于 1 时，函数 $f(x)=x+1$ 无限趋近于 2；

当 x 无限趋近于 1 时，函数 $g(x)=\dfrac{x^2-1}{x-1}$ 无限趋近于 2；

我们发现，在研究 $x\to1$ 时函数 $f(x)$ 的变化趋势问题中：

(1) $x\to1$，说的是 x 分别从 1 的左右无限趋近于 1；

(2)我们不考虑函数在点 1 处取什么值，甚至 $f(x)$ 可以在点 1 处无定义；

(3)若函数 $f(x)$ 是初等函数，且在 1 的某个邻域 $U(1,\delta)$ 内有定义，则当 $x\to1$ 时，$f(x)$ 一定无限趋近于 $f(1)$.

定义 2-2-6　设函数 $y=f(x)$ 在点 x_0 的去心邻域 $\mathring{U}(x_0,\delta)$ 内有定义，如果当自变量 x 在 $\mathring{U}(x_0,\delta)$ 内无限趋近于 x_0 时，相应的函数值 $f(x)$ 无限趋近于一个确定的常数 A，那么称常数 A 为**函数 $f(x)$ 当 $x\to x_0$ 时的极限**，记为

$$\lim_{x\to x_0} f(x)=A \text{ 或 } f(x)\to A(x\to x_0).$$

如果不存在这样一个确定的常数 A，则称**函数 $f(x)$ 当 $x\to x_0$ 时的极限不存在.**

定义 2-2-7　设函数 $y=f(x)$ 在点 x_0 的右半邻域 $(x_0,x_0+\delta)$ 内有定义，如果当自变量 x 在此半邻域内从右侧无限趋近于 x_0 时，相应的函数值 $f(x)$ 无限趋近于某一个确定的常数 A，则称常数 A 为**函数 $f(x)$ 在点 x_0 处的右极限**，记为

$$\lim_{x\to x_0^+} f(x)=A \text{ 或 } f(x)\to A(x\to x_0^+).$$

如果不存在这样一个确定的常数 A，则称**函数 $f(x)$ 在点 x_0 处的右极限不存在.**

定义 2-2-8　设函数 $y=f(x)$ 在点 x_0 的左半邻域 $(x_0-\delta,x_0)$ 内有定义，如果当自变量 x 在此半邻域内从左侧无限趋近于 x_0 时，相应的函数值 $f(x)$ 无限趋近于某一个确定的常数 A，则称常数 A 为**函数 $f(x)$ 在点 x_0 处的左极限**，记为

$$\lim_{x\to x_0^-} f(x)=A \text{ 或 } f(x)\to A(x\to x_0^-).$$

如果不存在这样一个确定的常数 A，则称函数 $f(x)$ 在点 x_0 处的左极限不存在.

函数的左极限和右极限统称为**单边极限**.

【例 6】 当 $x\to1$ 时，函数 $f(x)=x+1$ 无限趋近于 2；当 $x\to1$ 时，函数 $g(x)=\dfrac{x^2-1}{x-1}$ 无限趋近于 2，请用极限符号表示这两种情况.

解

$$\lim_{x\to1}(x+1)=2,$$

$$\lim_{x\to1}\frac{x^2-1}{x-1}=2.$$

【例 7】 试计算下列极限.

(1) $\lim\limits_{x\to2}(-5x^2+3x+6)$；　　(2) $\lim\limits_{x\to\frac{\pi}{3}}\cos\left(x+\dfrac{\pi}{6}\right)$.

解 (1) 因为 $y=-5x^2+3x+6$ 的定义域为 $\mathbf{R}$，所以

$$\lim_{x\to2}(-5x^2+3x+6)=-5\times2^2+3\times2+6=-8.$$

(2) 因为 $y=\cos\left(x+\dfrac{\pi}{6}\right)$ 的定义域为 $\mathbf{R}$，所以

$$\lim_{x\to\frac{\pi}{3}}\cos\left(x+\frac{\pi}{6}\right)=\cos\left(\frac{\pi}{3}+\frac{\pi}{6}\right)=\cos\frac{\pi}{2}=0.$$

归纳例 6、例 7 求极限的方法.

(1) 若函数 $f(x)$ 是初等函数，且在 x_0 的某个邻域 $U(x_0,\delta)$ 内有定义，则 $\lim\limits_{x\to x_0}f(x)=f(x_0)$；

(2) 若函数 $f(x)$ 是初等函数，且不是最简形式，可先化简后再计算极限.

【例 8】 设函数 $f(x)=\begin{cases}-x, & x<0\\ x, & x\geqslant0\end{cases}$，画出该函数的图形，并求 $\lim\limits_{x\to0^-}f(x)$，$\lim\limits_{x\to0^+}f(x)$，$\lim\limits_{x\to0}f(x)$.

解 函数 $f(x)$ 的图形，如图 2-2-9 所示. 由图形可推得

$$\lim_{x\to0^-}f(x)=\lim_{x\to0^-}(-x)=0,$$

$$\lim_{x\to0^+}f(x)=\lim_{x\to0^+}x=0,$$

$$\lim_{x\to0}f(x)=0.$$

【例 9】 设 $f(x)=\begin{cases}x^2, & x\geqslant0\\ 2x+1, & x<0\end{cases}$，画出该函数的图形，并求 $\lim\limits_{x\to0^-}f(x)$，$\lim\limits_{x\to0^+}f(x)$，$\lim\limits_{x\to0}f(x)$.

解 函数 $f(x)$ 的图形，如图 2-2-10 所示. 由图形可推得

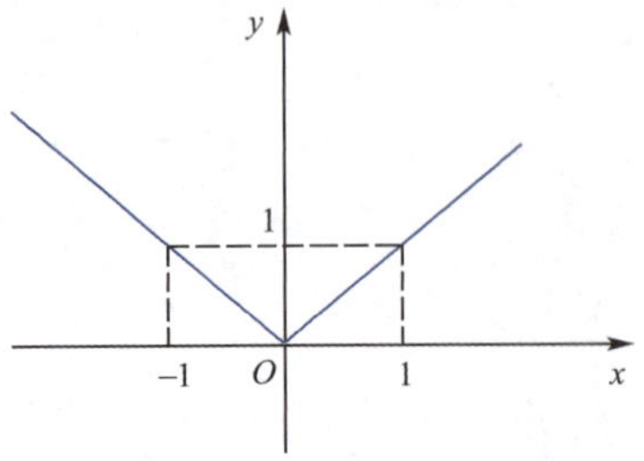

图 2-2-9

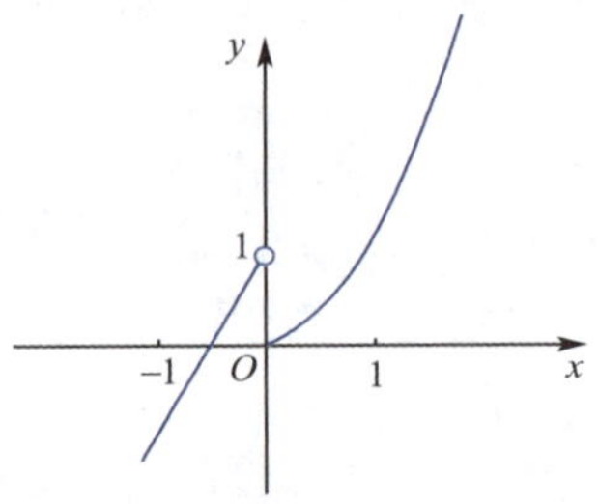

图 2-2-10

$$\lim_{x\to0^-}f(x)=\lim_{x\to0^-}(2x+1)=1,$$

$$\lim_{x\to0^+}f(x)=\lim_{x\to0^+}x^2=0,$$

$$\lim_{x\to0}f(x)\text{不存在}.$$

定理 2-2-2 函数 $f(x)$ 在 x_0 处的极限为 A 的充分必要条件是 $f(x)$ 在 x_0 处的左右极限均存在且都为 A. 即

$$\lim_{x\to x_0}f(x)=A\Leftrightarrow\lim_{x\to x_0^-}f(x)=\lim_{x\to x_0^+}f(x)=A.$$

2.2.4 极限的性质

下面我们简单介绍自变量 $x\to x_0$ 时函数极限的一些性质, 自变量的其他变化过程的极限也有类似的性质.

定理 2-2-3 极限的性质

性质 1(唯一性) 若 $\lim\limits_{x\to x_0}f(x)=A$, $\lim\limits_{x\to x_0}f(x)=B$, 则 $A=B$.

性质 2(有界性) 若 $\lim\limits_{x\to x_0}f(x)=A$, 则函数 $f(x)$ 在 $\mathring{U}(x_0,\delta)$ 有界.

性质 3(保号性) 若 $\lim\limits_{x\to x_0}f(x)=A$, 且 $A>0$(或 $A<0$), 则在 $\mathring{U}(x_0,\delta)$ 有 $f(x)>0$(或 $f(x)<0$).

性质 4(夹逼性) 若在 $\mathring{U}(x_0,\delta)$ 有 $g(x)\leqslant f(x)\leqslant h(x)$, 且

$$\lim_{x\to x_0}g(x)=\lim_{x\to x_0}h(x)=A,$$

则 $\lim\limits_{x\to x_0}f(x)$ 存在, 且 $\lim\limits_{x\to x_0}f(x)=A$.

习题 2-2

1. 填空题.

(1) 以 3 为中心, 以 0.01 为半径的邻域 $U(3,0.01)$ 用区间可以表示为________;

(2) 以 -1 为中心, 以 0.03 为半径的邻域 $U(-1,0.03)$ 用区间可以表示为________;

(3) $\mathring{U}(1,2)$ 用区间可以表示为________;

(4) 函数 $y=f(x)$ 在点 x_0 处有定义是该函数在点 x_0 处有极限的________条件;

(5) $\lim\limits_{x\to0}(x^2+1)=$________;

(6) $\lim\limits_{x\to\pi}\cos x=$________;

(7) $\lim\limits_{x\to1}4=$________;

(8) $\lim\limits_{x\to-3}\dfrac{x^2-9}{x+3}=$________;

(9) 函数 $y=f(x)$ 在点 x_0 处极限为常数 A 的充要条件是________.

2. 设 $f(x)=\begin{cases}x^2, & x<1\\ x+1, & x\geqslant1\end{cases}$,

(1)作出 $f(x)$ 的图象；

(2) $\lim\limits_{x\to 1^-} f(x)=$________，$\lim\limits_{x\to 1^+} f(x)=$________；

(3)当 $x\to 1$ 时，$f(x)$ 的极限是否存在？

3. 求下列函数在指定点处的左、右极限，并判定函数在该点的极限是否存在？

(1) $f(x)=\begin{cases}2x^2, & x<1\\ 3x-1, & x\geqslant 1\end{cases}, x=1$；

(2) $f(x)=\begin{cases}2^x, & x\leqslant 0\\ \cos x+1, & x>0\end{cases}, x=0$；

(3) $f(x)=\begin{cases}\dfrac{2(x+3)}{x-3}, & x\geqslant 5\\ \dfrac{(x-5)(x+3)}{x-5}, & x<5\end{cases}, x=5$；

(4) $f(x)=\begin{cases}2x, & x<2\\ 3x-1, & x\geqslant 2\end{cases}, x=2$.

2.3 极限运算

为了进一步计算变量的极限，下面给出极限的四则运算法则.

2.3.1 极限四则运算

定理 2-3-1 设函数 $f(x)$、$g(x)$ 在自变量 x 的同一变化过程中都有极限 $\lim f(x)=A$，$\lim g(x)=B$，则有

(1) $\lim[f(x)\pm g(x)]=\lim f(x)\pm\lim g(x)=A\pm B$；

(2) $\lim[f(x)\cdot g(x)]=\lim f(x)\cdot\lim g(x)=A\cdot B$；

(3) $\lim\dfrac{f(x)}{g(x)}=\dfrac{\lim f(x)}{\lim g(x)}=\dfrac{A}{B}$（其中 $B\neq 0$）.

证明 （略）.

上述运算法则不难推广到有限多个函数的代数和及乘法的情况，此外还有如下推论.

推论 1 设 C 为常数，且 $\lim f(x)=A$，则 $\lim[C\cdot f(x)]=C\cdot\lim f(x)=CA$.

推论 2 设 $\lim f(x)=A$ 存在，则对任意正整数 n，有 $\lim[f(x)]^n=[\lim f(x)]^n=A^n$.

【例 1】 求 $\lim\limits_{x\to 2}(4x^2-3x-1)$.

解 $\lim\limits_{x\to 2}(4x^2-3x-1)=4\times 2^2-3\times 2-1=9$.

【例 2】 求 $\lim\limits_{x\to 2}\dfrac{x^5-30}{x^2-5x+3}$.

解 因为分母的极限 $\lim\limits_{x\to 2}(x^2-5x+3)=2^2-2\times 5+3=-3\neq 0$，所以由定理 2-3-1 得

$$\lim_{x\to 2}\frac{x^5-30}{x^2-5x+3}=\frac{\lim\limits_{x\to 2}(x^5-30)}{\lim\limits_{x\to 2}(x^2-5x+3)}=\frac{32-30}{4-10+3}=-\frac{2}{3}.$$

【例 3】 求$\lim\limits_{x\to1}\dfrac{x^2-1}{2x^2-x-1}$.

解 当$x\to1$时，分子和分母的极限均为零，极限类型属于“$\dfrac{0}{0}$”型，故不能用商的极限的运算法则. 但是，在求$x\to1$的过程中$x\neq1$，故$x-1\neq0$，所以函数式可以约去公因式$x-1$，再求极限.

$$\begin{aligned}&\lim_{x\to1}\frac{x^2-1}{2x^2-x-1}\quad\left(\frac{0}{0}\right)\\&=\lim_{x\to1}\frac{(x+1)(x-1)}{(2x+1)(x-1)}\\&=\lim_{x\to1}\frac{x+1}{2x+1}=\frac{2}{3}.\end{aligned}$$

【例 4】 求$\lim\limits_{x\to0}\dfrac{1-\sqrt{1+x}}{x}$.

解 此极限属于“$\dfrac{0}{0}$”型未定式极限.

$$\begin{aligned}&\lim_{x\to0}\frac{1-\sqrt{1+x}}{x}\quad\left(\frac{0}{0}\right)\\&=\lim_{x\to0}\frac{(1-\sqrt{1+x})(1+\sqrt{1+x})}{x(1+\sqrt{1+x})}\\&=\lim_{x\to0}\frac{-x}{x(1+\sqrt{1+x})}\\&=\lim_{x\to0}\frac{-1}{1+\sqrt{1+x}}=-\frac{1}{2}.\end{aligned}$$

【例 5】 求$\lim\limits_{x\to2}\left(\dfrac{x^2}{x^2-4}-\dfrac{1}{x-2}\right)$.

解 此极限属于“$\infty-\infty$”型未定式极限.

$$\begin{aligned}&\lim_{x\to2}\left(\frac{x^2}{x^2-4}-\frac{1}{x-2}\right)\quad(\infty-\infty)\\&=\lim_{x\to2}\frac{x^2-(x+2)}{(x-2)(x+2)}\quad\left(\frac{0}{0}\right)\\&=\lim_{x\to2}\frac{x^2-x-2}{(x-2)(x+2)}\\&=\lim_{x\to2}\frac{(x-2)(x+1)}{(x-2)(x+2)}\\&=\lim_{x\to2}\frac{(x+1)}{(x+2)}=\frac{3}{4}.\end{aligned}$$

2.3.2 无穷小量与无穷大量

无穷，永无止境也.《愚公移山》中曰：“虽我之死，有子存焉；子又生孙，孙又生子；子又有子，子又有孙. 子子孙孙，无穷匮也，而山不加增，何苦而不平？”

1. 无穷小的渊源

大约公元前450年芝诺提出了关于时空的有限与无限的四个悖论，是对

“无穷是不是有限，无穷小是不是很小很小？”的深刻思考，其后果是，希腊几何证明中从此就排除了无穷小．希腊哲学家亚里士多德强烈反对实无穷，并认为只有潜无穷才有意义．希腊数学家欧几里得和阿基米德研究数学时证明均避开提及无穷小．无穷小的力量只可意会不可言传．

直到文艺复兴时期，伽利略、开普勒、费马和巴斯卡等科学家经过努力才将无穷小用到了运动的研究中，但仍不能驾驭无穷小．

17 世纪的微积分又因为无穷小等理论不清楚引发了第二次数学危机．关键矛盾问题就是无穷小量究竟是不是零？当时的牛顿和莱布尼茨等数学家都解决不了这个问题．

可见，无穷小神秘又可怕．

直到 19 世纪，数学家波尔查诺、阿贝尔、柯西、狄利克雷、威尔斯特拉斯等致力于微积分的严格理论基础的研究，才取得了可喜的成果．柯西在 1821 年的《代数分析教程》中从定义变量出发，认识到函数不一定要有解析表达式；他抓住极限的概念，指出无穷小量和无穷大量都不是固定的量而是变量，无穷小量是以零为极限的变量；并且定义了导数和积分；后来数学家威尔斯特拉斯消除了其中不确切的地方，给出现在通用的极限的严格定义、连续的定义，并把导数、积分严格地建立在极限的基础上．

2. 无穷小量的定义

定义 2-3-1　在自变量的某一变化过程中，以零为极限的变量称为在此变化过程中的**无穷小量**，简称**无穷小**．

例如，数列 $x_n=\frac{1}{n}$ 有 $\lim\limits_{n\to\infty}\frac{1}{n}=0$，所以数列 $x_n=\frac{1}{n}$ 是在 $n\to\infty$ 时的无穷小量；类似地，

$\lim\limits_{x\to1}(x-1)=0$，所以变量 $f(x)=x-1$ 是在 $x\to1$ 时的无穷小量；

$\lim\limits_{x\to-\infty}\mathrm{e}^x=0$，所以变量 $f(x)=\mathrm{e}^x$ 是在 $x\to-\infty$ 时的无穷小量．

> 李白在《黄鹤楼送孟浩然之广陵》中一句美妙的诗句“孤帆远影碧空尽，唯见长江天际流．”藏着一个无穷小，是什么呢？

· 注意 ·

(1)无穷小量是变量，不是很小很小的数，是与自变量的变化过程相联系的；

(2)说一个变量是无穷小量时必须指出自变量的变化过程．

定理 2-3-2　函数 $f(x)$ 在某一变化过程中以常数 A 为极限的充分必要条件是变量 $\alpha(x)=f(x)-A$ 在此变化过程中是无穷小量．即

$$\lim f(x)=A\Leftrightarrow\alpha(x)=f(x)-A，且\lim\alpha(x)=0.$$

3. 无穷小量的性质

性质 1　有限个在同一变化过程中的无穷小量的和、差、积仍是无穷小量．

性质 2　有界函数与无穷小量的积仍是无穷小量．

【例 6】　求 $\lim\limits_{x\to\infty}\frac{1}{x}\sin x$．

解　因为 $\frac{1}{x}\to0(x\to\infty)$ 是无穷小量，而 $|\sin x|\leqslant1$，由无穷小量的性质 2，知 $\frac{1}{x}\sin x$ 在 $x\to\infty$ 的变化过程中是无穷小量．

所以 $\lim\limits_{x\to\infty}\dfrac{1}{x}\sin x=0$.

4. 无穷小量的比较

任意两个无穷小量的和、差、积都还是无穷小量，但商呢？还是无穷小量吗？

【例 7】 已知 $\lim\limits_{x\to0}x^2=0$，$\lim\limits_{x\to0}x^3=0$，$\lim\limits_{x\to0}2x^2=0$，求它们各自商的极限值.

解 $\lim\limits_{x\to0}\dfrac{x^2}{x^3}=\infty$，$\lim\limits_{x\to0}\dfrac{x^3}{x^2}=0$，$\lim\limits_{x\to0}\dfrac{2x^2}{x^2}=2$，$\lim\limits_{x\to0}\dfrac{x^2}{x^2}=1$.

由例 7 可知，商的极限说明了在同一个 x 的变化过程中，一个变量相对于另一个变量的变化速度. 变化速度的不同，进一步说明无穷小量的大小不一样.

为了方便比较无穷小量，我们引入阶的概念.

定义 2-3-2 设 $\alpha(x)$，$\beta(x)$ 是同一变化过程中的两个无穷小量，如果 $\lim\dfrac{\alpha(x)}{\beta(x)}=0$，那么称 $\alpha(x)$ 是比 $\beta(x)$ **高阶的无穷小量**，记作 $\alpha(x)=o(\beta(x))$；

如果 $\lim\dfrac{\alpha(x)}{\beta(x)}=\infty$，那么称 $\alpha(x)$ 是比 $\beta(x)$ **低阶的无穷小量**，记作 $\beta(x)=o(\alpha(x))$；

如果 $\lim\dfrac{\alpha(x)}{\beta(x)}=C\neq0$，那么称 $\alpha(x)$ 与 $\beta(x)$ 是**同阶的无穷小量**；

特别地，$C=1$，则称 $\alpha(x)$ 与 $\beta(x)$ 是**等价的无穷小量**，记作 $\alpha(x)\sim\beta(x)$.

【例 8】 试比较下列无穷小量的阶.

(1) 当 $x\to0$ 时，$3x^2-x^3$ 与 x；

(2) 当 $x\to3$ 时，x^2-9 与 $x-3$.

解 (1) 因为 $\lim\limits_{x\to0}\dfrac{3x^2-x^3}{x}=\lim\limits_{x\to0}(3x-x^2)=0$，所以当 $x\to0$ 时，$3x^2-x^3$ 是比 x 高阶的无穷小，即 $3x^2-x^3=o(x)$；

(2) 因为 $\lim\limits_{x\to3}\dfrac{x^2-9}{x-3}=\lim\limits_{x\to3}(x+3)=6$，所以当 $x\to3$ 时，x^2-9 与 $x-3$ 是同阶无穷小.

5. 无穷大量的定义

定义 2-3-3 在自变量的某一变化过程中，绝对值无限增大的变量称为在此变化过程中的**无穷大量**，简称**无穷大**，记作 $\lim f(x)=\infty$.

注意

(1) 无穷大量是变量，不是很大很大的数，是与自变量的变化过程相联系的；

(2) 说一个变量是无穷大量时必须指出自变量的变化过程.

6. 无穷大量与无穷小量的关系

定理 2-3-3 在自变量 x 的一变化过程中，如果 $f(x)$ 是无穷大量，那么 $\dfrac{1}{f(x)}$ 是无穷小量；如果 $f(x)$ 是无穷小量，且 $f(x)\neq0$，那么 $\dfrac{1}{f(x)}$ 是无穷大量.

【例 9】 求$\lim\limits_{x\to1}\dfrac{2x-3}{x^2-5x+4}$.

解 因为分母的极限$\lim\limits_{x\to1}(x^2-5x+4)=1-5+4=0$,所以不能用商的极限的运算法则.

但是$\lim\limits_{x\to1}\dfrac{x^2-5x+4}{2x-3}=\dfrac{1^2-5\times1+4}{2\times1-3}=0$,即变量$\dfrac{x^2-5x+4}{2x-3}$在 $x\to1$ 时是无穷小量,由定理 2-3-3 知

$$\lim_{x\to1}\frac{2x-3}{x^2-5x+4}=\infty.$$

【例 10】 求 $\lim\limits_{x\to\infty}\dfrac{2x^7-x^5+1}{3x^7+x^3-1}$.

解 此极限为"$\dfrac{\infty}{\infty}$"型未定式极限.

用分子分母 x 的最高次幂 x^7 去除分子及分母,然后求极限,得

$$\lim_{x\to\infty}\frac{2x^7-x^5+1}{3x^7+x^3-1}=\lim_{x\to\infty}\frac{2-\dfrac{1}{x^2}+\dfrac{1}{x^7}}{3+\dfrac{1}{x^4}-\dfrac{1}{x^7}}=\frac{2-0+0}{3+0-0}=\frac{2}{3}.$$

【例 11】 求$\lim\limits_{x\to\infty}\dfrac{3x^2-2x-1}{7x^3-x^2+5}$.

解 此极限为"$\dfrac{\infty}{\infty}$"型未定式极限.

用分子分母 x 的最高次幂 x^3 去除分子及分母,然后求极限,得

$$\lim_{x\to\infty}\frac{3x^2-2x-1}{7x^3-x^2+5}=\lim_{x\to\infty}\frac{\dfrac{3}{x}-\dfrac{2}{x^2}-\dfrac{1}{x^3}}{7-\dfrac{1}{x}+\dfrac{5}{x^3}}=\frac{0-0-0}{7-0+0}=0.$$

习题 2-3

1. 求下列极限.

(1)$\lim\limits_{x\to0}\dfrac{x^2+7}{x-3}$;

(2)$\lim\limits_{x\to\sqrt{2}}\dfrac{x^2-2}{x^4+2}$;

(3)$\lim\limits_{x\to2}\dfrac{x^2+2x-8}{x^2-4}$;

(4)$\lim\limits_{x\to1}\dfrac{x^2-1}{x^2+2x-3}$;

(5)$\lim\limits_{x\to+\infty}(\sqrt{4x+1}-2\sqrt{x})$;

(6)$\lim\limits_{x\to0^+}\dfrac{x}{\sqrt{2x+1}-\sqrt{1-x}}$;

(7)$\lim\limits_{x\to1}\left(\dfrac{1}{1-x}-\dfrac{3}{1-x^3}\right)$;

(8)$\lim\limits_{x\to\infty}\dfrac{3x^2-5}{1-4x^2}$;

(9)$\lim\limits_{x\to\infty}\dfrac{x^{90}-3x^4-5}{5x^{91}-x^{80}}$;

(10)$\lim\limits_{x\to\infty}\dfrac{5+\cos x}{x^3}$.

2. 当 $x\to0$ 时,下列函数是无穷小的是(　　).

A. $y=\dfrac{x+2}{x}$

B. $y=\dfrac{1}{x^3}$

C. $y=\cos x$　　　　D. $y=x\sin\frac{1}{x}$

3. 填空题.

(1)变量 $y=\ln x$ 是当 $x\to$________时的无穷小量；

(2)变量 $y=\frac{1}{1-x}$；是当 $x\to$________时的无穷大量；

(3)变量 $y=2^x-1$ 是当 $x\to$________时的无穷小量；

(4)变量 $y=\frac{\arctan x}{x^2}$是当 $x\to$________时的无穷小量.

4. 当 $x\to 0$ 时，下列函数中函数(　　)与 x^2 是等价无穷小，函数(　　)与 x^2 是同阶无穷，函数(　　)与 x^2 相比是高阶无穷小，函数(　　)与 x^2 相比是低阶无穷小？

A. x^5　　　　B. x^2+2

C. $\sqrt{1+x}-\sqrt{1-x}$　　　　D. $2x^2+3$.

2.4　两个重要极限

两个重要极限的算式结构具有代表性，具解法具有一般性，在解题过程中能起到化繁为简、化难为易的作用，为科学研究节约时间.

2.4.1　$\lim\limits_{x\to 0}\frac{\sin x}{x}=1$

为了观察当 $x\to 0$ 时函数 $\frac{\sin x}{x}$ 的变化趋势，用列表法，取部分数据，见表 2-4-1.

表 2-4-1

x	$\pm\frac{\pi}{9}$	$\pm\frac{\pi}{18}$	$\pm\frac{\pi}{36}$	$\pm\frac{\pi}{72}$	$\pm\frac{\pi}{144}$	$\pm\frac{\pi}{288}$	…
$\frac{\sin x}{x}$	0.979 82	0.994 93	0.998 73	0.999 68	0.999 92	0.999 98	…

由表 2-4-1 可以看出，随着 x 越来越趋近于 0，$\frac{\sin x}{x}$的值越来越趋近于 1.

$$\lim_{x\to 0}\frac{\sin x}{x}=1.$$

证明　略.

当 $x\to 0$ 时，变量 $\alpha(x)=\sin x$ 与 $\beta(x)=x$ 是等价无穷小量，即 $\sin x\sim x$.

为了便于用此公式求极限，我们把公式改写为

$$\lim_{u\to 0}\frac{\sin u}{u}=1 \text{ 或} \lim_{\Delta\to 0}\frac{\sin\Delta}{\Delta}=1,$$

其中 u、Δ 均代表同一变量.

【例 1】　求$\lim\limits_{x\to 0}\frac{\sin 3x}{2x}$.

解　此极限为“$\frac{0}{0}$”型未定式极限.

$$\lim_{x\to 0}\frac{\sin 3x}{2x}=\lim_{x\to 0}\left(\frac{\sin 3x}{3x}\cdot\frac{3}{2}\right)\xlongequal{\text{令 } u=3x}\frac{3}{2}\lim_{u\to 0}\frac{\sin u}{u}=\frac{3}{2}.$$

【例 2】 求$\lim\limits_{x\to 0}\dfrac{\sin(\sin x)}{\sin x}$.

解　此极限为“$\dfrac{0}{0}$”型未定式极限.

$$\lim_{x\to 0}\frac{\sin(\sin x)}{\sin x}\xlongequal{令 u=\sin x}\lim_{u\to 0}\frac{\sin u}{u}=1.$$

【例 3】 求$\lim\limits_{x\to 0}\dfrac{\tan x}{x}$.

解　此极限为“$\dfrac{0}{0}$”型未定式极限.

$$\lim_{x\to 0}\frac{\tan x}{x}=\lim_{x\to 0}\frac{\frac{\sin x}{\cos x}}{x}=\lim_{x\to 0}\left(\frac{\sin x}{x}\cdot\frac{1}{\cos x}\right)=1\cdot\frac{1}{\cos 0}=1.$$

即 $x\to 0$ 时,$\tan x\sim x$.

【例 4】 求$\lim\limits_{x\to 0}\dfrac{1-\cos x}{x^2}$.

解　此极限为“$\dfrac{0}{0}$”型未定式极限.

$$\lim_{x\to 0}\frac{1-\cos x}{x^2}=\lim_{x\to 0}\frac{2\sin^2\frac{x}{2}}{x^2}=\lim_{x\to 0}\frac{\left(\sin\frac{x}{2}\right)^2}{\left(\frac{x}{2}\right)^2\cdot 2}$$

$$\xlongequal{令 u=\frac{x}{2}}\lim_{u\to 0}\left[\left(\frac{\sin u}{u}\right)^2\cdot\frac{1}{2}\right]=\frac{1}{2}.$$

注意到$\lim\limits_{x\to 0}\dfrac{1-\cos x}{\frac{1}{2}x^2}=1$,即 $x\to 0$ 时,$1-\cos x\sim\dfrac{1}{2}x^2$.

【例 5】 求$\lim\limits_{x\to \frac{\pi}{2}}\dfrac{\cos x}{\frac{\pi}{2}-x}$.

解　此极限为“$\dfrac{0}{0}$”型未定式极限.

$$\lim_{x\to \frac{\pi}{2}}\frac{\cos x}{\frac{\pi}{2}-x}=\lim_{x\to \frac{\pi}{2}}\frac{\sin\left(\frac{\pi}{2}-x\right)}{\frac{\pi}{2}-x}\xlongequal{令 u=\frac{\pi}{2}-x}\lim_{u\to 0}\frac{\sin u}{u}=1.$$

【例 6】 求$\lim\limits_{x\to 0}\dfrac{x}{\arcsin x}$.

解　此极限为“$\dfrac{0}{0}$”型未定式极限.

$$\lim_{x\to 0}\frac{x}{\arcsin x}\xlongequal{令 u=\arcsin x}\lim_{u\to 0}\frac{\sin u}{u}=1.$$

即 $x\to 0$ 时,$\arcsin x\sim x$.

归纳例 3、例 4、例 6 的结论,可得 $x\to 0$ 时,

$$\sin x\sim x,\tan x\sim x,1-\cos x\sim\frac{1}{2}x^2,\arcsin x\sim x.$$

定理 2-4-1(等价无穷小替换定理) 在极限的运算过程中,若遇到如下情况:

(1)变量 α 的极限结果为 0;

(2)变量 α 作为被乘或被除的对象,

则在此极限运算过程中,变量 α 可以用它的等价无穷小替换运算.

等价无穷小替换定理的发明者是 19 世纪瑞士数学家莱昂哈德·欧拉.

·注意· 若变量 α 作为被减或被加对象的一部分,则变量 α 不可以用它的等价无穷小替换运算.

【例 7】 求 $\lim\limits_{x\to 0}\dfrac{\sin 6x}{7x}$.

解 此极限为“$\dfrac{0}{0}$”型未定式极限.且 $x\to 0$ 时,$\sin 6x\sim 6x$.所以

$$\lim_{x\to 0}\frac{\sin 6x}{7x}=\lim_{x\to 0}\frac{6x}{7x}=\frac{6}{7}.$$

【例 8】 求 $\lim\limits_{x\to 0}\dfrac{1-\cos x}{\sin x^2}$.

解 此极限为“$\dfrac{0}{0}$”型未定式极限.且 $x\to 0$ 时,$1-\cos x\sim\dfrac{1}{2}x^2$,$\sin x^2\sim x^2$.所以

$$\lim_{x\to 0}\frac{1-\cos x}{\sin x^2}=\lim_{x\to 0}\frac{\frac{1}{2}x^2}{x^2}=\frac{1}{2}.$$

【例 9】 求 $\lim\limits_{x\to 0}\dfrac{\sin x-\tan x}{x^3}$.

解 此极限为“$\dfrac{0}{0}$”型未定式极限.

$$\lim_{x\to 0}\frac{\sin x-\tan x}{x^3}=\lim_{x\to 0}\frac{\sin x-\frac{\sin x}{\cos x}}{x^3}=\lim_{x\to 0}\frac{\sin x(\cos x-1)}{\cos x\cdot x^3}.$$

因为 $x\to 0$ 时,$1-\cos x\sim\dfrac{1}{2}x^2$;$\sin x\sim x$.所以

$$原式=\lim_{x\to 0}\frac{x\cdot\left(-\frac{1}{2}x^2\right)}{x^3}=-\frac{1}{2}.$$

2.4.2 $\lim\limits_{x\to\infty}\left(1+\dfrac{1}{x}\right)^x=\mathrm{e}$

数学“名人”e,与圆周率 π 齐名,被称为自然常数、超越数、欧拉常数,是一个无理数,约等于 2.71828,由数学家欧拉(Euler)发明,所以以 Euler 的首字母命名.

1. e 的历史故事

早在 17 世纪著名数学家雅各布·伯努利在研究复利时就涉及.

例如,我们有 1 万元存入银行,若银行的年利率是 100%,一年计息一次,则 1 年后的本息和是 $1\times(1+100\%)=2$ 万元;

现在若一年计息 2 次，即六个月就计息一次，每次的利率为 50%，则 1 年后的本息和是 $1\times(1+50\%)^2=2.25$ 万元；

若一年计息 4 次，即三个月就计息一次，每次的利率为 25%，则 1 年后的本息和是 $1\times(1+25\%)^4\approx2.44$ 万元；

若一年计息 8 次，即 1.5 个月就计息一次，每次的利率为 12.5%，则 1 年后的本息和是 $1\times(1+12.5\%)^8\approx2.57$ 万元；

……

莱昂哈德·欧拉(1707—1783)

瑞士数学家.

一位多产的数学家，一位全才数学家. 有许多以欧拉命名的定理、公式.

欧拉定理：在一凸多面体中，顶点数－棱边数＋面数＝2，即 $V-E+F=2$.

欧拉数：e.

欧拉公式：$e^{ix}=\cos x+i\sin x$.

我们发现一年计息次数越多，可以 1 天一次，1 小时一次，或 1 秒一次，则我们获得的本息和就越多，那么计息无穷多次，本息和是多少呢？

这也是数学家雅各布·伯努利想知道的，但他没能获得答案，只知道这个数介于 2 与 3 之间.

50 多年后，雅各布·伯努利的弟子欧拉找到了答案.

若一年计息 n 次，每次的利率为 $\frac{1}{n}$，则 1 年后的本息和是 $1\times\left(1+\frac{1}{n}\right)^n$ 万元.

n 取不同的值，越取越大，数据见表 2-4-2.

表 2-4-2

n	1	2	5	10	100	10 000	1 000 000	…
$\left(1+\frac{1}{n}\right)^n$	2	2.25	2.486	2.593 7	2.704 9	2.718 1	2.718 280	…

若 n 趋近于无穷大，则 $1\times\left(1+\frac{1}{n}\right)^n$ 的值无限接近于 e，即 $\lim\limits_{n\to\infty}\left(1+\frac{1}{n}\right)^n=e$.

意思是 1 万元，年利率为 100%，无论一年计息几次，最多也只能得到 e 万元，即原来的 e 倍，不会一直增长，是有限制的增长.

若年利率不是 100%，结果会与 e 相关吗？答案是肯定的，这个问题的求解留给读者.

e 表示了某种增长倍数的极限、复利的极限、利滚利的极限.

为什么 e 称为自然常数，与圆周率齐名？

世间万事万物具有“利滚利”特征的有许多. 如：

(1)自然界中动植物的繁衍. 老生小，接着老和小同时生小小，接着老、小和小小一起生小小小……像不像利滚利. 所以自然界动植物的生长与 e 相关.

(2)经济生活中的品牌宣传与产品销售. 甲有好东西告诉(推荐给)乙，接着甲和乙分别告诉(推荐给)一堆人，接着甲乙和这一堆人分别告诉(推荐给)另一大堆人……与利滚利异曲同工. 这就是为什么 e 叫作自然常数了.

另一件神奇的事，自然界中最常见的螺线是对数螺线(等角螺线)，它的极坐标下的函数式是 $r=ae^{b\theta}$. 比如鹦鹉螺的螺线、旋涡星系的旋臂、低气压的外观图等，甚至与飞蛾扑火有关.

e 身上还存在着许多秘密，等着读者去发现.

2. 公式的应用

为了观察当 $x\to\infty$ 时函数 $\left(1+\frac{1}{x}\right)^x$ 的变化情况，取部分值列表 2-4-3.

表 2-4-3

x	-10	-100	$-1\ 000$	$-100\ 000$	$-10\ 000\ 000$	$-1\ 000\ 000\ 000$
$\left(1+\frac{1}{x}\right)^x$	2.867 971 991	2.731 999 026	2.719 642 216	2.718 295 42	2.718 281 963	2.718 281 753
x	10	100	1 000	100 000	10 000 000	1 000 000 000
$\left(1+\frac{1}{x}\right)^x$	2.593 742 46	2.704 813 829	2.716 923 932	2.718 268 237	2.718 281 694	2.718 282 052

可以看出，当 x 的绝对值无限增大时，函数 $\left(1+\frac{1}{x}\right)^x$ 越来越趋近于无理数 e(e=2.718 281 828 45…)，即

$$\lim_{x\to\infty}\left(1+\frac{1}{x}\right)^x=\mathrm{e}.$$

为了便于用此公式求极限，我们把公式改为

$$\lim_{u\to\infty}\left(1+\frac{1}{u}\right)^u=\mathrm{e} \text{ 或 } \lim_{\Delta\to\infty}\left(1+\frac{1}{\Delta}\right)^\Delta=\mathrm{e},$$

其中 u、Δ 均代表同一变量.

【例 10】 求 $\lim\limits_{x\to\infty}\left(1+\frac{2}{x}\right)^x$.

解 $\lim\limits_{x\to\infty}\left(1+\frac{2}{x}\right)^x=\lim\limits_{x\to\infty}\left[\left(1+\frac{1}{x/2}\right)^{\frac{x}{2}}\right]^2 \xlongequal{令 u=\frac{x}{2}} \lim\limits_{u\to\infty}\left[\left(1+\frac{1}{u}\right)^u\right]^2=\mathrm{e}^2.$

【例 11】 求 $\lim\limits_{x\to\infty}\left(1+\frac{1}{x}\right)^{\frac{3}{2}x}$.

解 $\lim\limits_{x\to\infty}\left(1+\frac{1}{x}\right)^{\frac{3}{2}x}=\lim\limits_{x\to\infty}\left[\left(1+\frac{1}{x}\right)^x\right]^{\frac{3}{2}}=\mathrm{e}^{\frac{3}{2}}.$

【例 12】 求 $\lim\limits_{x\to\infty}\left(1-\frac{1}{x}\right)^x$.

解 $\lim\limits_{x\to\infty}\left(1-\frac{1}{x}\right)^x=\lim\limits_{x\to\infty}\left(1+\frac{1}{-x}\right)^{-x\cdot(-1)}$

$$\xlongequal{令 u=-x}\lim_{u\to\infty}\left[\left(1+\frac{1}{u}\right)^u\right]^{-1}=\mathrm{e}^{-1}=\frac{1}{\mathrm{e}}.$$

【例 13】 求 $\lim\limits_{x\to\infty}\left(\frac{2x-1}{2x+1}\right)^{x+\frac{1}{2}}$.

解 $\lim\limits_{x\to\infty}\left(\frac{2x-1}{2x+1}\right)^{x+\frac{1}{2}}=\lim\limits_{x\to\infty}\left(1-\frac{2}{2x+1}\right)^{\frac{2x+1}{2}}$

$$=\lim_{x\to\infty}\left(1+\frac{1}{-\frac{2x+1}{2}}\right)^{-\frac{2x+1}{2}\cdot(-1)}$$

$$=c^{-1}-\frac{1}{\mathrm{e}}.$$

【例 14】 求 $\lim\limits_{x\to 0}(1+x)^{\frac{1}{x}}$.

解 令 $u=\frac{1}{x}$ 则 $x=\frac{1}{u}$. 当 $x\to 0$ 时，$u=\frac{1}{x}\to\infty$，

$$\lim_{x\to 0}(1+x)^{\frac{1}{x}}=\lim_{u\to\infty}\left(1+\frac{1}{u}\right)^u=\mathrm{e}.$$

【例 15】 求$\lim\limits_{x\to0}(1-x)^{\frac{1}{x}}$，

解 令 $u=\frac{1}{x}$则 $x=\frac{1}{u}$. 当 $x\to0$ 时，$u=\frac{1}{x}\to\infty$.

$$\lim_{x\to0}(1-x)^{\frac{1}{x}}=\lim_{u\to\infty}\left(1-\frac{1}{u}\right)^{u}=\frac{1}{e}.$$

归纳例 12、例 14、例 15 的结论，三个极限式均可作为公式使用.

$$\lim_{x\to\infty}\left(1-\frac{1}{x}\right)^{x}=\frac{1}{e},$$

$$\lim_{x\to0}(1+x)^{\frac{1}{x}}=e,$$

$$\lim_{x\to0}(1-x)^{\frac{1}{x}}=\frac{1}{e}.$$

【例 16】 求$\lim\limits_{x\to0}(1-3x)^{\frac{2}{x}}$.

解 $\lim\limits_{x\to0}(1-3x)^{\frac{2}{x}}=\lim\limits_{x\to0}[1+(-3x)]^{\frac{1}{-3x}\cdot(-6)}$

$$\xlongequal{\text{令 } u=-3x}\lim_{u\to0}[(1+u)^{\frac{1}{u}}]^{-6}=e^{-6}=\frac{1}{e^{6}}.$$

2.4.3 常见极限运算方法总结

常用的变量极限的 8 种求法：

1. 利用函数图形.

2. 运用极限的四则运算法则.

3. 将极限式变形(如消去分子和分母中趋于零的公因子、分子或分母有理化、通分等).

4. 将无穷大量化为无穷小量.

5. 使用无穷小量的性质.

(1)有限多个无穷小量之和、差、积仍是无穷小量；

(2)有界变量与无穷小量之积是无穷小量.

6. 运用两个重要极限(含使用等价无穷小替换定理).

当 $x\to0$ 时，$x\sim\sin x\sim\tan x\sim\arcsin x\sim\arctan x\sim\ln(1+x)\sim e^{x}-1$；

$$1-\cos x\sim\frac{1}{2}x^{2};(1+x)^{a}-1\sim ax(a\neq0).$$

7. 运用初等函数的连续性.(第 2.5 节内容)

8. 运用洛必达法则.(第 4.2 节内容)

习题 2-4

1. 求下列极限.

(1)$\lim\limits_{x\to0}\frac{\sin7x}{x}$； (2)$\lim\limits_{x\to0}\frac{\sin2x}{\sin5x}$；

(3)$\lim\limits_{x\to0}x\cot x$； (4)$\lim\limits_{x\to0}\frac{1-\cos2x}{x\sin x}$；

(5)$\lim\limits_{x\to0}x^{2}\sin^{2}\frac{1}{x}$； (6)$\lim\limits_{x\to0^{+}}\frac{x}{\sqrt{1-\cos x}}$.

2. 求下列极限.

(1) $\lim\limits_{x\to\infty}\left(1+\dfrac{1}{5x}\right)^{\frac{5}{2}x}$；　　(2) $\lim\limits_{x\to\infty}\left(1-\dfrac{2}{x}\right)^{\frac{3}{2}x}$；

(3) $\lim\limits_{x\to\infty}\left(\dfrac{1+x}{x}\right)^{2x}$；　　(4) $\lim\limits_{x\to 0}(1+3x)^{\frac{1}{x}}$；

(5) $\lim\limits_{x\to 0}(1-4x)^{\frac{1}{x}}$；　　(6) $\lim\limits_{x\to\infty}\left(\dfrac{2x+3}{2x+1}\right)^{x+\frac{1}{2}}$.

2.5　函数的连续性

连续，中文的意思是一个接一个，连续不断. 数学中的“连续”大同小异，表示连贯变化，不间断. 一元函数的连续性研究，形象地讲是研究一根线的完整性，有没有断？二元函数的连续性，形象地讲是一个面有没有破洞或裂痕？毕达哥拉斯说万物皆数. 不妨说万物可用“函数”指代. 本章研究的函数是一元函数. 不妨用一元函数指代万物，万物就化为一个解析式或一条线.

2.5.1　连续的概念

许多自然现象存在连续性. 昼夜的气温、水库水位、动植物的生长、潮汐涨落……都是连贯不断地运动变化着的. 如一定量的水加热的过程中，水温 x（$\geqslant 4$ ℃）缓缓升高，水的体积 y 逐渐增大. 但当水温达到 100 ℃时，水温不再变化，水的体积会出现转折性的变化，这时部分的水会气化，水的体积会减小.

这个过程可能存在“渐变”和“突变”两种现象，数学上可用“连续”来描述渐变现象，用“间断” 来描述突变现象.

下面来考查水的体积与水温的函数 $y=f(x)$ 在点 $x=x_0(0<x_0<100)$ 附近的变化情况：

如果自变量（水温）从初始值 x_0 变化到另一个值 x 时，对应的函数值（水的体积）由 $f(x_0)$ 变为 $f(x)$，则有

$$\Delta x=x-x_0,\Delta y=f(x)-f(x_0),$$

称 Δx 为水温的**改变量**（也称**增量**），Δy 为体积对应的**改变量**（也称**增量**）.

这里 Δx，Δy 是完整的记号，它可正、可负，也可为零.

若记 $x=x_0+\Delta x$，则体积的改变量可表示为

$$\Delta y=f(x)-f(x_0)=f(x_0+\Delta x)-f(x_0).$$

当初始的水温 x_0 确定时，体积的改变量随水温改变量的变化而变化，当水温的改变量 Δx 逐渐趋近于零时，体积对应的改变量 Δy 也趋近于零，则函数 $f(x)$ 在 x_0 处是连续的.

下面我们一起学习，函数在点 x_0 处连续的定义.

定义 2-5-1　如果函数 $y=f(x)$ 在 x_0 的某一个邻域内有定义，且

$$\lim_{\Delta x\to 0}\Delta y=0,$$

则称函数 $y=f(x)$ 在点 x_0 处**连续**.

设 $x=x_0+\Delta x$，当 $\Delta x\to 0$ 时 $x\to x_0$，所以 $y=f(x)$ 在 x_0 处连续也可写为

$$\lim_{x\to x_0}[f(x)-f(x_0)]=0,\text{即}\lim_{x\to x_0}f(x)=f(x_0).$$

定义 2-5-2 如果函数 $y=f(x)$ 在 x_0 的某一个邻域内有定义，且

$$\lim_{x\to x_0}f(x)=f(x_0),$$

则称函数 $y=f(x)$ 在点 x_0 处**连续**.

由定义 2-5-2 可见，函数 $f(x)$ 在点 x_0 连续必须满足下列三个条件：

(1)函数 $f(x)$ 在点 x_0 有定义；

(2)当 $x\to x_0$ 时，函数 $f(x)$ 的极限存在；

(3)这个极限值等于函数在该点的函数值，即 $\lim\limits_{x\to x_0}f(x)=f(x_0)$.

如果上述条件有一个不满足，那么函数在点 x_0 不连续.

定义 2-5-3 右连续和左连续.

如果 $\lim\limits_{x\to x_0^+}f(x)=f(x_0)$，则称函数 $y=f(x)$ 在点 x_0 **右连续**；

如果 $\lim\limits_{x\to x_0^-}f(x)=f(x_0)$，则称函数 $y=f(x)$ 在点 x_0 **左连续**.

定义 2-5-4 如果函数 $y=f(x)$ 在开区间 (a,b) 内每一点连续，则称函数 $y=f(x)$ 在**开区间** (a,b) **内连续**；如果函数 $y=f(x)$ 在开区间 (a,b) 内连续，且在左端点处右连续，在右端点处左连续，则函数 $y=f(x)$ 在**闭区间** $[a,b]$ **内连续**.

定义 2-5-5 如果函数 $y=f(x)$ 在点 x_0 处不连续，则称点 x_0 为函数 $f(x)$ 的**间断点**.

由定义 2-5-2 知，如果函数出现下列三种情况中的一种：

(1)在点 $x=x_0$ 处函数无定义；

(2) $f(x)$ 在 x_0 处有定义，但 $\lim\limits_{x\to x_0}f(x)$ 不存在；

(3)虽然在点 $x=x_0$ 处函数有定义，且 $\lim\limits_{x\to x_0}f(x)$ 存在，但是

$$\lim_{x\to x_0}f(x)\neq f(x_0),$$

则函数在点 $x=x_0$ 处间断，即 $x=x_0$ 是函数 $f(x)$ 的**间断点**.

定义 2-5-6(间断点的分类) 设函数在点 $x=x_0$ 处间断，若函数 $y=f(x)$ 在 x_0 处左右极限都存在，称 x_0 是函数 $y=f(x)$ 的**第一类间断点**. 特别地，

(1) $\lim\limits_{x\to x_0}f(x)$ 存在，称 x_0 是函数 $y=f(x)$ 的**可去间断点**；

(2)函数 $y=f(x)$ 在 x_0 处左右极限都存在但不相等，称 x_0 是函数 $y=f(x)$ 的**跳跃间断点**.

若函数 $y=f(x)$ 在 x_0 处左右极限至少有一个不存在，称 x_0 是函数 $y=f(x)$ 的**第二类间断点**. 特别地，

其中有一个极限为无穷大，称 x_0 是函数 $y=f(x)$ 的**无穷间断点**.

【例 1】 讨论函数 $f(x)=2x+1$ 在点 $x=1$ 处的连续性.

解 因为函数 $f(x)=2x+1$ 在点 $x=1$ 的任一邻域内有定义，且 $\lim\limits_{x\to 1}f(x)=3=f(1)$，所以函数 $f(x)=2x+1$ 在点 $x=1$ 处连续.

【例 2】 判断下列函数在指定点处的连续性.

(1) $y=\dfrac{1}{x^2-1}$ 在 $x=1$ 处；

(2) $y=\begin{cases} x+1, & x<0 \\ 0, & x=0 \\ x-1, & x>0 \end{cases}$ 在 $x=0$ 处.

(3) $y=\begin{cases} x+2, & x\neq 0 \\ 3, & x=0 \end{cases}$ 在 $x=0$ 处.

解 (1)因为 $y=\dfrac{1}{x^2-1}$ 在 $x=1$ 处无定义，所以函数在 $x=1$ 处不连续，即 $x=1$ 是 $y=\dfrac{1}{x^2-1}$ 的一个间断点.

(2)虽然 $f(x)$ 在 $x=0$ 处有定义，即 $f(0)=0$，但

$$\lim_{x\to 0^+}f(x)=\lim_{x\to 0^+}(x-1)=-1,\ \lim_{x\to 0^-}f(x)=\lim_{x\to 0^-}(x+1)=1.$$

即 $f(x)$ 在 $x=0$ 处的左右极限不相等，故 $f(x)$ 在 $x=0$ 处极限不存在.

所以 $x=0$ 是 $f(x)$ 的一个间断点.

(3)虽然 $f(x)$ 在 $x=0$ 处有定义，即 $f(0)=3$，但

$$\lim_{x\to 0}f(x)=\lim_{x\to 0}(x+2)=2,$$

所以

$$\lim_{x\to 0}f(x)\neq f(0).$$

故 $x=0$ 是 $f(x)$ 的一个间断点.

2.5.2 初等函数的连续性

根据基本初等函数的性质，可以得出

定理 2-5-1 基本初等函数在其定义区间内都是连续的.

定理 2-5-2 若函数 $f(x)$ 和 $g(x)$ 在点 x_0 处连续，则它们的和、差、积、商 $(g(x)\neq 0)$ 在点 x_0 处连续.

定理 2-5-3 若函数 $u=g(x)$ 在点 x_0 处连续，且 $y=f(u)$ 在点 $u_0=g(x_0)$ 连续，则复合函数 $y=f[g(x)]$ 在点 x_0 连续，且

$$\lim_{x\to x_0}f[g(x)]=f[\lim_{x\to x_0}g(x)].$$

推论 所有初等函数在其定义区间内都是连续函数.

2.5.3 闭区间上连续函数的性质

定理 2-5-4(最值定理) 若函数 $f(x)$ 在闭区间 $[a,b]$ 上连续，则函数 $f(x)$ 在闭区间 $[a,b]$ 上一定有最大值和最小值. 即至少有 $x_1,x_2\in[a,b]$ 使

$$f(x_1)=\max_{a\leqslant x\leqslant b}\{f(x)\},\ f(x_2)=\min_{a\leqslant x\leqslant b}\{f(x)\}.$$

定理 2-5-5(有界定理) 在闭区间$[a,b]$上连续的函数一定在该区间上有界.

定理 2-5-6(介值定理) 若函数$f(x)$在闭区间$[a,b]$上连续,m和M表示$f(x)$在闭区间$[a,b]$上的最小值和最大值,则对介于m和M之间的任意一个数η,至少存在一点$\xi\in(a,b)$使得$f(\xi)=\eta$.

推论(零点定理) 设函数$f(x)$在闭区间$[a,b]$上连续,且$f(a)\cdot f(b)<0$,则在开区间(a,b)内至少存在一点ξ,使得$f(\xi)=0$.

【例 3】 证明方程$8x^3-12x^2+6x+1=0$至少有一个根介于-1和0之间.

证明 设$f(x)=8x^3-12x^2+6x+1$,则$f(x)=8x^3-12x^2+6x+1$在$[-1,0]$上连续,又$f(-1)=-25<0$,$f(0)=1>0$,由零点定理,得在$(-1,0)$内至少存在一点ξ,使得$f(\xi)=0$.

即方程$8x^3-12x^2+6x+1=0$至少有一个根介于-1和0之间.

习题 2-5

1. 填空题.

(1)根据定义 2-5-1 知,函数$y=f(x)$在点x_0连续的充要条件是______________________________;

(2)根据定义 2-5-2 知,函数$y=f(x)$在点x_0连续的充要条件是______________________________;

(3)根据定义 2-5-3 知,函数$y=f(x)$在点x_0连续的充要条件是______________________________.

2. 判断题.

(1)函数$y=f(x)$在点x_0处的极限存在,则该函数在点x_0处连续. (　　)

(2)函数$y=f(x)$在点x_0处不连续,则点x_0为该函数的间断点. (　　)

(3)函数$y=f(x)$在闭区间$[a,b]$上连续,则该函数在$[a,b]$内一定是有界函数. (　　)

(4)初等函数的间断点一定是定义外的点. (　　)

3. 选择题.

(1)函数$y=\sin\dfrac{1}{x}$的间断点是(　　).

A. $x=1$　　B. $x=1$, $x=\pi$

C. 0　　D. $x=\pi$

(2)函数$y=\dfrac{x^2-1}{x^2-3x+2}$的间断点是(　　).

A. $x=1$　　B. $x=1$, $x=2$

C. $x=2$　　D. $x=1,x=2,x=-1$

(3)函数 $y=\begin{cases}x-1, & x\leqslant 1\\ 3-x, & x>1\end{cases}$ 的间断点是(　　).

A. $x=1$　　　　B. $x=2$

C. $x=3$　　　　D. $x=1,x=2,x=3$

4.已知函数 $f(x)=\begin{cases}\dfrac{\sin 3x}{x}, & x\neq 0\\ x+k, & x=0\end{cases}$ 在 $x=0$ 处连续,求常数 k.

5.已知函数 $f(x)=\begin{cases}\dfrac{x^2-2x-8}{x+2}, & x\geqslant -2\\ \dfrac{\tan(x+2)}{k(x+2)}, & x<-2\end{cases}$ 在 $x=-2$ 处连续,求常数 k.

6.证明方程 $x^5-3x=1$ 至少有一个根介于1和2之间.

本章小结

一、思维导图

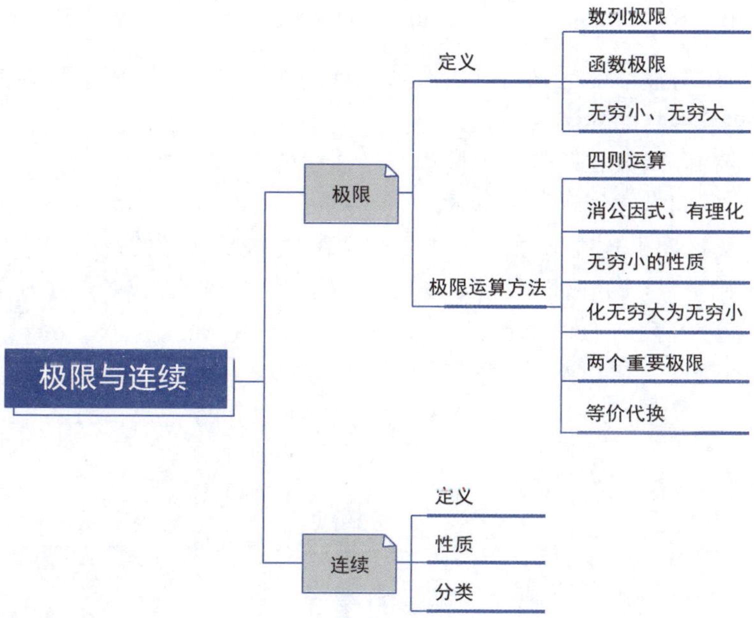

二、主要内容

(一)极限的概念

1.根据 x 的不同变化过程,函数的自变量有以下几种不同的变化趋势.

(1)x 的绝对值 $|x|$ 无限增大:$x\to\infty$;

$x<0$ 且绝对值 $|x|$ 无限增大:$x\to-\infty$;

$x>0$ 且绝对值 $|x|$ 无限增大:$x\to+\infty$.

(2)x 无限接近 x_0:$x\to x_0$;

x 从 x_0 的左侧($x<x_0$)无限接近 x_0:$x\to x_0^-$;

x 从 x_0 的右侧($x>x_0$)无限接近 x_0:$x\to x_0^+$.

2.极限存在的充要条件有两种:

$$\lim_{x\to\infty}f(x)=A\Leftrightarrow \lim_{x\to+\infty}f(x)=A \text{ 且 } \lim_{x\to-\infty}f(x)=A;$$

$$\lim_{x\to x_0} f(x)=A \Leftrightarrow \lim_{x\to x_0^-} f(x)=A \text{ 且 } \lim_{x\to x_0^+} f(x)=A.$$

(二)极限的运算方法

1. 极限的四则运算法则:适用前提是各自函数的极限均存在.

2. 极限式变形:“$\dfrac{0}{0}$”型未定式可用分解因式消去公因式,遇到根式可选择分子(分母)有理化.

3. 无穷小性质.

4. “$\dfrac{\infty}{\infty}$”型未定式可用化无穷大为无穷小.

5. 两个重要极限.

6. 等价无穷小替换定理.

当 $x\to 0$ 时,$x\sim\sin x\sim\tan x\sim\arcsin x\sim\arctan x\sim\ln(1+x)\sim e^x-1$;

$$1-\cos x\sim\frac{1}{2}x^2;(1+x)^a-1\sim ax(a\neq 0).$$

(三)连续的概念

1. 函数在某点连续的充要条件是

$$\lim_{x\to x_0} f(x)=A=f(x_0)\Leftrightarrow \lim_{x\to x_0^+} f(x)=\lim_{x\to x_0^-} f(x)=A=f(x_0).$$

2. 极限与连续的区别:极限存在,不一定连续;但连续,则极限必存在.

3. 初等函数的连续性:

基本初等函数在其定义区间内都是连续的.

4. 闭区间上连续函数的性质.

(1)闭区间上连续函数存在最大值和最小值,是有界的;

(2)函数 $f(x)$ 在闭区间 $[a,b]$ 上连续,且 $f(a)\cdot f(b)<0$,则在开区间 (a,b) 内至少存在一点 ξ,使得 $f(\xi)=0$.

5. 间断点及其分类:

- 间断点
  - 第一类间断点
    - 可去间断点
    - 跳跃间断点
  - 第二类间断点
    - 其他
    - 无穷间断点

复习题 3

一、选择题.

1. $\lim\limits_{x\to+\infty}\dfrac{2\sin x^2}{\sqrt{x}}=($　　$)$.

A. 0　　B. 1　　C. 2　　D. ∞

2. $\lim\limits_{x\to\frac{\pi}{3}}\sin\left(x+\dfrac{\pi}{6}\right)=($　　$)$.

A. 1　　B. 0　　C. -1　　D. 3

3. 邻域 $U(-1,0.02)$ 用区间可表示为(　　).

A. $(-1.02,-0.98)$　　B. $(-1,1.02)$

C. $(-1.02,1.02)$　　D. $(1.02,0.98)$

4. 邻域 $\mathring{U}(1,3)$ 用区间可表示为(　　).

A. $(-2,4)$　　B. $(-2,1)\cup(1,4)$

C. $(1,3)$　　D. $(-2,1)$

5. 计算 $\lim\limits_{x\to 2}\dfrac{x^2-1}{2x^2-x-1}=$(　　).

A. $\dfrac{3}{5}$　　B. $\dfrac{2}{3}$　　C. -1　　D. 4

6. 从 $\lim\limits_{x\to x_0}f(x)=1$ 不能推出(　　).

A. $\lim\limits_{x\to x_0^+}f(x)=1$　　B. $\lim\limits_{x\to x_0^-}f(x)=1$

C. $f(x_0)=1$　　D. $\lim\limits_{x\to x_0}[f(x)-1]=0$

7. $\lim\limits_{x\to x_0}f(x)=f(x_0)$ 是 $f(x)$ 在 $x=x_0$ 连续的(　　)条件.

A. 必要非充分　　B. 充分非必要

C. 充分必要　　D. 无关

8. 下列极限中,极限值不为 0 的是(　　).

A. $\lim\limits_{x\to\infty}\dfrac{\arctan x}{x}$　　B. $\lim\limits_{x\to\infty}\dfrac{2\sin x+3\cos x}{x}$

C. $\lim\limits_{x\to 0}x^2\sin\dfrac{1}{x}$　　D. $\lim\limits_{x\to 0}\dfrac{x^2}{x^4+x^2}$

9. 变量 $y=\log_2 x$ 是当 $x\to$(　　)时的无穷小量.

A. 1　　B. 0　　C. 2　　D. $+\infty$

10. 函数 $y=\dfrac{1}{x^2-2}$ 的间断点为(　　).

A. 2　　B. $\sqrt{2}$　　C. $\sqrt{2}$　　D. $\pm\sqrt{2}$

二、计算题.

1. 求 $\lim\limits_{x\to 5}\dfrac{x^2-2x-15}{x^2-25}$.

2. 求 $\lim\limits_{n\to\infty}\dfrac{n^3-n+1}{5n^3+n^2+n}$.

3. 求 $\lim\limits_{x\to 0}\dfrac{\sin 4x}{\tan 2x}$.

4. 求 $\lim\limits_{x\to\infty}\left(1+\dfrac{4}{x}\right)^{2x}$.

5. 求 $\lim\limits_{x\to 0}\dfrac{1-\cos 3x}{x\sin 3x}$.

6. 求函数 $f(x)=\begin{cases}x-1, & x\in[-1,1]\\ 3-x, & x\in(1,3]\end{cases}$ 的间断点.

三、应用题.

假设某种传染病流行 t 天后,传染的人数 $N(t)=\dfrac{10^6}{1+5\times 10^3 e^{-0.1t}}$,求:

(1) t 为多少天时,会有 50 万人传染上这种疾病?

(2)若从长远考虑,将有多少人传染上这种疾病?

四、证明题.

证明方程 $x^3-2x=3$ 至少有一个根介于 1 和 2 之间.

复习题 4

一、选择题.

1. 下列数列发散的是(　　).

A. $\frac{1}{2},0,\frac{1}{8},0,\frac{1}{32},0,\cdots,\left(\frac{1}{2}\right)^n,0,\cdots$

B. $0.9,0.99,0.999,0.9999,1-\left(\frac{1}{10}\right)^n,\cdots$

C. $1,-\frac{1}{2},\frac{1}{3},-\frac{1}{4},\frac{1}{5},-\frac{1}{6},\cdots,(-1)^{n+1}\frac{1}{n},\cdots$

D. $\sin1,\sin2,\sin3,\sin4,\cdots,\sin n,\cdots$

2. 下列极限计算正确的是(　　).

A. $\lim\limits_{n\to\infty}\left(1+\frac{1}{n}\right)^2=e$　　B. $\lim\limits_{n\to\infty}\frac{\sin n}{n}=1$

C. $\lim\limits_{n\to\infty}\frac{1}{2^n}=0$　　D. $\lim\limits_{n\to\infty}\frac{n}{e^n}=\infty$

3. 当 $x\to0$ 时,下列函数为无穷小量的是(　　).

A. $\frac{\sin x}{x}$　　B. $x\sin x$　　C. $\frac{\cos x}{x}$　　D. $1-\sin x$

4. 当 $x\to0$ 时,无穷小 $\sin x$ 与 x^3 比较是(　　).

A. 同阶无穷小　B. 等价无穷小　C. 高阶无穷小　D. 低阶无穷小

5. 当(　　)时 $e^{-\frac{1}{x}}$ 为无穷小量.

A. $x\to0^+$　　B. $x\to0^-$　　C. $x\to+\infty$　　D. $x\to-\infty$

6. 下列各式正确的是(　　).

A. $\lim\limits_{x\to0}\frac{\sin(x^3)}{x^3}=1$　　B. $\lim\limits_{x\to1}\cos(x^2-1)=0$

C. $\lim\limits_{x\to\infty}x\sin\frac{1}{x}=1$　　D. $\lim\limits_{x\to0}\frac{\sin\frac{1}{x}}{x}=1$

7. 函数 $f(x)$ 在 $x\to x_0$ 时极限存在是 $f(x)$ 在 $x=x_0$ 处连续的(　　).

A. 必要条件　　B. 充分条件

C. 充要条件　　D. 既不充分也不必要条件

8. $f(x)=\frac{(x+2)(x-1)}{(x-1)(x-5)}$ 的所有间断点是(　　).

A. $x=-2,x=1,x=5$　　B. $x=1,x=5$

C. $x=5$　　D. $x=-2$

9. $x=1$ 是函数 $f(x)=\frac{x^2-1}{x^2+3x-4}$ 的(　　).

A. 可去间断点　　B. 跳跃间断点

C. 无穷间断点　　D. 振荡间断点

10. 设 $f(x)=\begin{cases} x^2+1, & x<0 \\ x, & 0\leqslant x\leqslant 1 \\ 2-x, & 1<x\leqslant 2 \end{cases}$，则 $f(x)$（　　）.

A. 在 $x=0$，$x=1$ 处都间断　　B. 在 $x=0$，$x=1$ 处都连续

C. 在 $x=0$ 处间断，$x=1$ 处连续　　D. 在 $x=0$ 处连续，在 $x=1$ 处间断

二、填空题.

1. 极限 $\lim\limits_{x\to\infty}\left(1-\dfrac{2}{x}\right)^x=$________.

2. 若 $\lim\limits_{x\to 0}\dfrac{1}{x}\sin kx=3$，则 $k=$________.

3. 设 $\lim\limits_{x\to\infty}f(x)=3$，$\lim\limits_{x\to\infty}\dfrac{f(x)}{g(x)}=1$，则 $\lim\limits_{x\to\infty}g(x)=$________.

4. 当 $x\to 0$ 时，函数 $f(x)=\ln(1+x)+x$ 是函数 $y=x$ 的________阶无穷小（填“高”“低”或“同”）

5. 设 $f(x)=\begin{cases} \sin x, & x<0 \\ 1, & x=0 \\ x, & x>0 \end{cases}$，则 $\lim\limits_{x\to 0}f(x)=$________.

6. 已知当 $x\to 2$ 时 x^3-8 与 $a\ln(x-1)^6$ 是等价无穷小，则常数 a 的值是________.

7. 函数 $f(x)=\ln(1-x^2)$ 的连续区间为________.

8. 函数 $f(x)=e^{\frac{1}{x}}$ 的间断点是 $x=$________，其为第________类间断点.

三、计算题.

1. 计算下列极限.

(1) $\lim\limits_{x\to\infty}\dfrac{x^3-2x^2+1}{x^3+x^2+1}$；　　(2) $\lim\limits_{x\to 1}\left(\dfrac{1}{x-1}-\dfrac{2}{x^2-1}\right)$；

(3) $\lim\limits_{x\to 0}\dfrac{1-\cos x}{3x^2}$；　　(4) $\lim\limits_{x\to 0}\dfrac{1-\cos x}{1-\sqrt{1+2x}}$；

(5) $\lim\limits_{x\to 0}(1+2x)^{\frac{1}{x}}$；　　(6) $\lim\limits_{x\to\infty}\left(1-\dfrac{3}{x}\right)^{\frac{x}{3}}$.

2. 设 $f(x)=\begin{cases} 3x+4, & x\leqslant 0 \\ 2x^2+1, & 0<x\leqslant 1 \\ \dfrac{3}{x}, & x>1 \end{cases}$，求 $\lim\limits_{x\to 0}f(x)$，$\lim\limits_{x\to 1}f(x)$.

3. 已知 $\lim\limits_{x\to\infty}\left(\dfrac{x^2}{x+1}-ax-b\right)=0$，求常数 a，b.

4. 若函数 $f(x)=\begin{cases} \dfrac{1-e^x}{x}, & x\neq 0 \\ a, & x=0 \end{cases}$ 在点 $x=0$ 处连续，求常数 a 的值.

5. 讨论函数 $f(x)=\begin{cases} \dfrac{\cos x}{x+4}, & x\geqslant 0 \\ \dfrac{2-\sqrt{4-x}}{x}, & x<0 \end{cases}$ 在其定义域内的连续性.

第 3 章　导数与微分

微分学是微积分学的两大组成部分之一，是积分学的基础. 导数与微分是微分学的两个重要概念，它们能够从根本上解析函数的细微变化情况. 导数是瞬时变化率的化身，可以回答“多快？”“多敏感？”之类的问题；微分则是事物无限细分后每一部分的代表，可以回答事物变化过程中微小量变化的问题.

3.1　导数的概念

牛顿(1642—1727)

◈英国数学家、物理学家和天文学家.

◈数学方面的主要贡献是建立了二项式定理，并创立了微积分理论.

◈自然科学方面的贡献是创立了经典力学体系，发现了牛顿运动定律和万有引力定律；用三棱镜分析日光，奠定了光谱分析的基础.

◈天文学方面的贡献是创制了反射望远镜，并考察了行星运动规律，解释了潮汐现象.

3.1.1　导数产生的背景

16、17 世纪欧洲的文艺复兴带来了人们的觉醒，生产力的解放. 机器生产、航海发展、天文学的迅猛发展等现实需要，促使技术科学和数学急速发展. 变量数学顺势而生. 解析几何的诞生，为函数插上了强壮的翅膀，让函数大放光彩. 科学家们对可视化后的函数更感兴趣了.

大约在 1629 年，法国数学家费马研究了作曲线的切线和求函数极值的方法. 1637 年左右，他的手稿《求最大值与最小值的方法》阐述了求切线的方法. 在作切线时，他通过相似三角形，构造了$[f(A+E)-f(A)]:E$，令 $E=0$ 获得切线的斜率. 这个算式结构与牛顿的“流数”的算式结构相似.

英国数学家、物理学家牛顿曾经说过：“我从费马的切线作法中得到了这个方法的启示，我推广了它，把它直接地并且反过来应用于抽象的方程.”牛顿的微积分理论被称为“流数术”，他称“变量”为“流量”，称“变量的变化率”为“流数”，相当于现在的导数. 牛顿的“流数术”具有一般性，利于传播与应用，其实质概括为：他的重点在于一个变量的函数；在于自变量的变化与函数的变化的比的构成；最在于决定这个比当变化趋于零时的趋势值(极限值).

导数的核心问题是变量的变化率问题. 数学专业术语中，变化率指两个变化量的商，也就是 y 的变化量除以 x 的变化量，写作$\frac{\Delta y}{\Delta x}$. 现实世界中的“变化率”林林总总，有速度、加速度、斜坡的坡度、吸收率、曲线的斜率等. 曲线斜率是使用范围广泛的可以代替其他变化率的一种变化率. 所以导数的核心问题，具体可以说是已知一条曲线，求它各处的斜率.

3.1.2　导数概念的导入

微积分的两位创始人牛顿和莱布尼茨分别从运动学与几何学独立研究和建立了微积分.在导数的研究中,他们分别研究了来源于实际生活中的两个典型的实际问题,即瞬时速度与曲线切线.

1.瞬时速度问题

【例 1】 设汽车在马路上做变速直线运动,其移动的路程 S 是时间 t 的函数 $S=S(t)$,且 $S(0)=0$,如图 3-1-1 所示,问汽车在时刻 t_0 的速度为多少?

解　速度,普遍被认为是平均速度.

$$\text{车速}\overline{v}=\frac{S}{t}.$$

但平均速度只能说明汽车在整个行驶过程中的速度的平均值,不能准确地反映汽车在时刻 t_0 开得快,或开得慢.

所以求时刻 t_0 的瞬时速度,我们可以使用如下解法:

(1)当物体在时刻 $t=t_0$ 附近有小段时间 Δt,相应的路程的改变量为 $\Delta S=S(t_0+\Delta t)-S(t_0)$,在$[t_0,t_0+\Delta t]$这段时间内物体的平均速度为

$$\overline{v}=\frac{\Delta S}{\Delta t}=\frac{S(t_0+\Delta t)-S(t_0)}{\Delta t}.$$

如果时间间隔 Δt 越取越小,平均速度 $\overline{v}$ 就会越来越接近汽车在时刻 $t=t_0$ 的瞬时速度 $v(t_0)$.根据极限的作用,Δt 无限趋近于 0,$\overline{v}$ 将无限趋于 $v(t_0)$.

(2)如果平均速度的极限 $\lim\limits_{\Delta t\to 0}\overline{v}=\lim\limits_{\Delta t\to 0}\frac{\Delta S}{\Delta t}$ 存在,则此极限值为物体在时刻 $t=t_0$ 的瞬时速度 $v(t_0)$,即

$$v(t_0)=\lim_{\Delta t\to 0}\overline{v}=\lim_{\Delta t\to 0}\frac{\Delta S}{\Delta t}=\lim_{\Delta t\to 0}\frac{S(t_0+\Delta t)-S(t_0)}{\Delta t}.\qquad(3\text{-}1\text{-}1)$$

2.平面曲线的切线斜率问题

首先,我们从运动和极限的角度给平面曲线的切线下一个定义.

定义 3-1-1　在曲线 L 上点 P 附近任取一点 Q,作割线 PQ,当点 Q 沿曲线 L 移动而趋向于点 P 时,割线 PQ 的极限位置 PT 定义为曲线 L 在点 P 的切线,如图 3-1-2 所示.

【例 2】 设曲线 L 是函数 $y=f(x)$的图象.$P(x_0,f(x_0))$是曲线 L 上的一个定点,$Q(x,f(x))$为曲线 L 上的另一点,如图 3-1-2 所示.求割线 PQ 的斜率和过点 P 的曲线的切线 PT 的斜率.

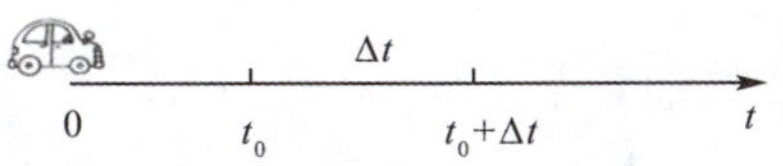

图 3-1-1

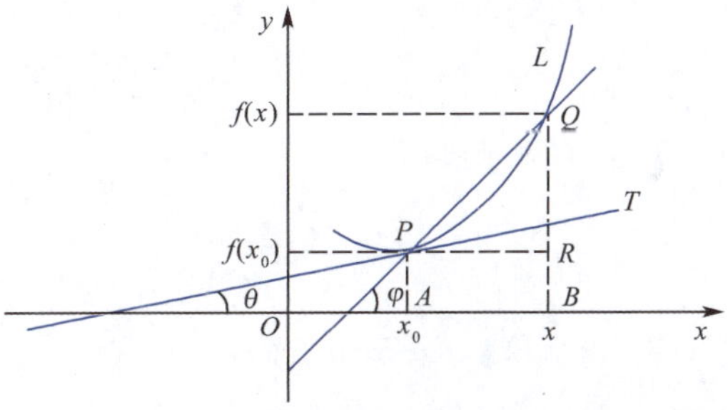

图 3-1-2

莱布尼茨(1636—1716)

◈德国数学家、哲学家.

◈历史上少见的通才,被誉为十七世纪的亚里士多德.

◈欧陆理性主义哲学的高峰.

◈最早接触中华文化的欧洲人之一,相传他因“阴阳八卦”发明了二进制.

◈数学方面的主要成就是创立微积分理论;发明并完善了二进制.

◈哲学方面的主要成就是著作《单子论》.

解 (1)由 PQ 两点分别向 x 轴作垂线，垂足分别为 A、B；作 PR 垂直于 QB，垂足是为 R. 以 φ、θ 分别表示割线 PQ、切线 PT 与 x 轴正半轴的夹角，则割线 PQ 的斜率

$$k_{割}=\tan\varphi=\frac{RQ}{PR}=\frac{BQ-BR}{AB}=\frac{f(x)-f(x_0)}{x-x_0}.$$

(2)由图 3-1-2 可知，当点 Q 沿着曲线 L 移动，不断接近 P 时，则割线 PQ 的位置也不断变动，且不断靠近切线 PT. 当 P 与 Q 无限趋于重合时，即 $x\to x_0$ 时，PQ 与 PT 趋于重合，此时割线 PQ 的斜率无限趋于切线 PT 的斜率. 令

$$\Delta x=x-x_0,\ \Delta y=f(x)-f(x_0)=f(x_0+\Delta x)-f(x_0),$$

则切线 PT 的斜率

$$\begin{aligned}k_{切}&=\tan\theta=\lim_{\Delta x\to 0}\tan\varphi\\&=\lim_{\Delta x\to 0}\frac{\Delta y}{\Delta x}=\lim_{\Delta x\to 0}\frac{f(x_0+\Delta x)-f(x_0)}{\Delta x}.\end{aligned}\tag{3-1-2}$$

3.1.3 导数的定义

分析公式(3-1-1)和公式(3-1-2)，有什么相同点？

____

____

函数 $y=f(x)$ 的因变量改变量 Δy 与相应的自变量改变量 Δx 之比的极限，我们称之为函数的导数，也叫作**函数的变化率**，即**函数平均变化率的极限值**.

定义 3-1-2 设函数 $y=f(x)$ 在 x_0 的某一邻域 $U(x_0)$ 内有定义(在 x_0 附近有定义)，当自变量 x 在 x_0 处有改变量 Δx 时，相应函数的改变量 $\Delta y=f(x_0+\Delta x)-f(x_0)$. 如果极限

$$\lim_{\Delta x\to 0}\frac{\Delta y}{\Delta x}=\lim_{\Delta x\to 0}\frac{f(x_0+\Delta x)-f(x_0)}{\Delta x}\xlongequal{令 x=x_0+\Delta x}\lim_{x\to x_0}\frac{f(x)-f(x_0)}{x-x_0}$$

存在，则称该极限值为 $y=f(x)$ 在点 x_0 的**导数**(也叫**微商**)，记为

$$y'\Big|_{x=x_0} 或 f'(x_0) 或 \frac{\mathrm{d}y}{\mathrm{d}x}\Big|_{x=x_0} 或 \frac{\mathrm{d}f(x)}{\mathrm{d}x}\Big|_{x=x_0}.$$

·注意· 由公式(3-1-1)，可得汽车在时刻 t_0 的瞬时速度 $v(t_0)=S'(t_0)$. 由公式(3-1-2)，可得曲线 $y=f(x)$ 过点 (x_0,y_0) 的切线斜率 $k=f'(x_0)$.

定义 3-1-3 若函数 $y=f(x)$ 在区间 (a,b) 内每一点都可导，则每一个 x 都对应一个确定的导数，这就构成一个新函数，将这个新函数称为函数 $y=f(x)$ 的**导函数**，记为 y'，$f'(x)$，$\frac{\mathrm{d}y}{\mathrm{d}x}$ 或 $\frac{\mathrm{d}f(x)}{\mathrm{d}x}$，且

$$y'=\lim_{\Delta x\to 0}\frac{\Delta y}{\Delta x}=\lim_{\Delta x\to 0}\frac{f(x+\Delta x)-f(x)}{\Delta x}.$$

【例 3】 求函数 $f(x)=x^2+x$ 在点 $x_0=0$ 处的导数.

解 (1)求函数改变量 Δy

$$\Delta y=f(0+\Delta x)-f(0)=[(0+\Delta x)^2+(0+\Delta x)]-0$$

$$=(\Delta x)^2+\Delta x;$$

(2)求商$\frac{\Delta y}{\Delta x}$

$$\frac{\Delta y}{\Delta x}=\Delta x+1;$$

(3)取极限

$$f'(0)=\lim_{\Delta x\to 0}\frac{\Delta y}{\Delta x}=\lim_{\Delta x\to 0}(\Delta x+1)=1.$$

【例 4】 求函数 $y=x$ 的导数.

解 (1)$\Delta y=f(x+\Delta x)-f(x)=x+\Delta x-x=\Delta x$;

(2)$\frac{\Delta y}{\Delta x}=\frac{\Delta x}{\Delta x}=1$;

(3)$y'=\lim\limits_{\Delta x\to 0}\frac{\Delta y}{\Delta x}=1$.

注意 在较熟练的情况下,三步也可合并成一步.

$$y'=\lim_{\Delta x\to 0}\frac{\Delta y}{\Delta x}=\lim_{\Delta x\to 0}\frac{f(x+\Delta x)-f(x)}{\Delta x}=\lim_{\Delta x\to 0}\frac{x+\Delta x-x}{\Delta x}=1.$$

【例 5】 求函数 $y=2+5x-x^2$ 的导函数,并计算出 $f'(1)$、$f'(0)$.

解 按照导函数的定义,可得

$$\begin{aligned}f'(x)&=\lim_{\Delta x\to 0}\frac{f(x+\Delta x)-f(x)}{\Delta x}\\&=\lim_{\Delta x\to 0}\frac{2+5(x+\Delta x)-(x+\Delta x)^2-(2+5x-x^2)}{\Delta x}\\&=\lim_{\Delta x\to 0}\frac{5\Delta x-2x\Delta x-(\Delta x)^2}{\Delta x}\\&=\lim_{\Delta x\to 0}(5-2x-\Delta x)\\&=5-2x,\end{aligned}$$

所以 $f'(1)=3$,$f'(0)=5$.

定义 3-1-4 左、右导数:

左极限 $$\lim_{\Delta x\to 0^-}\frac{\Delta y}{\Delta x}=\lim_{\Delta x\to 0^-}\frac{f(x_0+\Delta x)-f(x_0)}{\Delta x}\overset{x=x_0+\Delta x}{=\!=\!=\!=}\lim_{x\to x_0^-}\frac{f(x)-f(x_0)}{x-x_0};$$

右极限 $$\lim_{\Delta x\to 0^+}\frac{\Delta y}{\Delta x}=\lim_{\Delta x\to 0^+}\frac{f(x_0+\Delta x)-f(x_0)}{\Delta x}\overset{x=x_0+\Delta x}{=\!=\!=\!=}\lim_{x\to x_0^+}\frac{f(x)-f(x_0)}{x-x_0}.$$

若左极限、右极限存在,则这两个极限值分别叫作函数 $f(x)$在点 x_0 处的**左导数**和**右导数**,且分别记为 $f'_-(x_0)$和 $f'_+(x_0)$.

定理 3-1-1 函数 $y=f(x)$在点 x_0 的左、右导数存在且相等是 $f(x)$在点 x_0 处可导的充分必要条件. 即

$$f'_+(x_0)=A=f'_-(x_0)\Leftrightarrow f(x)\text{在点 }x_0\text{ 处可导}.$$

【例 6】 讨论 $f(x)=\begin{cases}x^2+1, & x<1\\ 2x, & x\geqslant 1\end{cases}$ 在点 $x=1$ 的可导性.

解 因为 $f'_-(1)=\lim\limits_{x\to 1^-}\dfrac{f(x)-f(1)}{x-1}=\lim\limits_{x\to 1^-}\dfrac{x^2+1-2}{x-1}=2$,

$$f'_+(1)=\lim_{x\to 1^+}\frac{f(x)-f(1)}{x-1}=\lim_{x\to 1^+}\frac{2x-2}{x-1}=2,$$

所以 $f'_-(1)=2=f'_+(1)$.

所以 $f'(1)=2$，$f(x)$ 在 $x=1$ 可导.

3.1.4 基本初等函数的导数举例

【例 7】 求常数函数 $f(x)=C$（常数）的导数.

解
$$y'=\lim_{\Delta x\to 0}\frac{\Delta y}{\Delta x}=\lim_{\Delta x\to 0}\frac{f(x+\Delta x)-f(x)}{\Delta x}=\lim_{\Delta x\to 0}\frac{C-C}{\Delta x}=0.$$

即
$$(C)'=0. \tag{3-1-3}$$

由公式(3-1-3)易知 $(0)'=0$，$(1)'=0$，$(e^2)'=0$，$(\log_2 5)'=0$，$(\sin 3)'=0$.

【例 8】 求二次函数 $f(x)=x^2$ 的导数.

解
$$y'=\lim_{\Delta x\to 0}\frac{\Delta y}{\Delta x}=\lim_{\Delta x\to 0}\frac{f(x+\Delta x)-f(x)}{\Delta x}=\lim_{\Delta x\to 0}\frac{(x+\Delta x)^2-x^2}{\Delta x}=\lim_{\Delta x\to 0}(2x+\Delta x)=2x.$$

即
$$(x^2)'=2x.$$

【例 9】 由导数的定义，可得

幂函数 $y=x^a(a\in \mathbf{R})$ 的导数：
$$(x^a)'=ax^{a-1}. \tag{3-1-4}$$

指数函数 $y=a^x(a>0$ 且 $a\neq 1)$ 的导数：
$$(a^x)'=a^x\ln a. \tag{3-1-5}$$

对数函数 $y=\log_a x(a>0$ 且 $a\neq 1)$ 的导数：
$$(\log_a x)'=\frac{1}{x\ln a}. \tag{3-1-6}$$

由于这三类函数导数的推导比较复杂，在这里我们只要求记住结论；对于其推导，有兴趣的同学可以自行推导.

由公式(3-1-4)，易得
$$(x)'=1,(x^3)'=3x^2,\left(\frac{1}{x}\right)'=-\frac{1}{x^2},(\sqrt{x})'=\frac{1}{2\sqrt{x}};$$

由公式(3-1-5)，易得
$$(2^x)'=2^x\ln 2,(e^x)'=e^x;$$

由公式(3-1-6)，易得
$$(\ln x)'=\frac{1}{x},(\log_2 x)'=\frac{1}{x\ln 2}.$$

【例 10】　求正弦函数 $y=\sin x$ 的导数.

解　$y'=(\sin x)'=\lim\limits_{\Delta x\to 0}\dfrac{\Delta y}{\Delta x}$

$$=\lim_{\Delta x\to 0}\frac{f(x+\Delta x)-f(x)}{\Delta x}=\lim_{\Delta x\to 0}\frac{\sin(x+\Delta x)-\sin(x)}{\Delta x}$$

$$=\lim_{\Delta x\to 0}\frac{2\cos\left(x+\frac{\Delta x}{2}\right)\cdot\sin\frac{\Delta x}{2}}{\Delta x}=\lim_{\Delta x\to 0}\cos\left(x+\frac{\Delta x}{2}\right)\cdot\frac{\sin\frac{\Delta x}{2}}{\frac{\Delta x}{2}}$$

$$=\lim_{\Delta x\to 0}\cos\left(x+\frac{\Delta x}{2}\right)=\cos x.$$

即
$$(\sin x)'=\cos x. \tag{3-1-7}$$
同理可得
$$(\cos x)'=-\sin x. \tag{3-1-8}$$

3.1.5　导数的几何意义和物理意义

由定义 3-1-2 可知，函数 $y=f(x)$ 在点 x_0 的导数 $f'(x_0)$ 的几何意义为函数所表示的曲线 L 在相应点 (x_0,y_0) 处的切线的斜率 k，即 $k=f'(x_0)$.

由此，易得曲线 $y=f(x)$ 在点 $M_0(x_0,y_0)$ 处的切线方程和法线方程：

切线方程：$y-y_0=f'(x_0)(x-x_0)$.

法线方程：$y-y_0=-\dfrac{1}{f'(x_0)}(x-x_0)$，$f'(x_0)\neq 0$.

路程函数 $S=S(t)$ 在时刻 t_0 的导数 $S'(t_0)$ 的物理意义为：变速运动物体在时刻 t_0 的瞬时速度，即 $v(t_0)=S'(t_0)$.

【例 11】　求函数 $y=f(x)=5^x$ 在点 $(0,1)$ 处的切线和法线方程.

解　根据导数的几何意义，在点 $(0,1)$ 处的切线的斜率为

$$k=y'\Big|_{x=0}=(5^x)'\Big|_{x=0}=5^x\ln 5\Big|_{x=0}=\ln 5,$$

则所求的切线方程为

$$y-1=\ln 5(x-0),$$

即

$$\ln 5\cdot x-y+1=0.$$

所求的法线方程为

$$y-1=-\frac{1}{\ln 5}(x-0),$$

即

$$x+\ln 5\cdot y-\ln 5=0.$$

【例 12】　目前高铁是一种非常受欢迎的常见的交通工具，优点是方便、快捷也环保. 2017 年 7 月 15 日 11 时 20 分，我国自主设计研发的两列动车“金凤凰”“蓝海豚”首次运行，速度约 420 公里/时. 这次试验既是高铁领域新的“世界第一”，更为高铁未来发展提供了大量宝贵数据. 设一高铁走过的路程（单位：m）可以表示成时间（单位：s）的函数：$S(t)=125t-1\ 000(t\geqslant 600)$，求它在 0.5 h 时的瞬时速度.

解　单位换算：0.5 h=1 800 s.

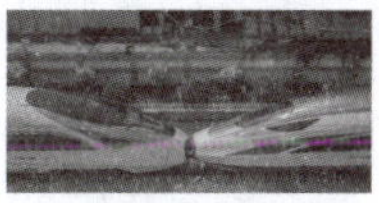

“金凤凰”“蓝海豚”，是中国完全自主产权的标准动车组，最具特色的就是互联互通性能，在此标准下的车型能够实现重联运行，并且能够进行完全一致的控制操作. 此外，中国标准动车组还统一了零部件标准，实现了零部件互换，节省了大量的费用. 这在国际上都是首创.

根据导数的物理意义 $v(t_0)=S'(t_0)$，得

$$v(1\ 800)=S'(1\ 800)=(125t-1\ 000)'\Big|_{t=1800}=125(\text{m/s}).$$

答：它在 0.5 h 的瞬时速度为 125 m/s.

3.1.6 可导与连续的关系

在微分学中，函数的可导和连续是两个重要的概念，它们都刻画了函数的一种局部特性，那么它们之间有什么内在关系呢？

定理 3-1-2 如果函数 $y=f(x)$ 在点 x_0 处可导，则它在点 x_0 处一定连续；反之，不一定成立. 即

可导：$\lim\limits_{\Delta x\to 0}\dfrac{\Delta y}{\Delta x}=f'(x_0)\Rightarrow$ 连续：$\lim\limits_{\Delta x\to 0}\Delta y=0$.

因为(1)若 $y=f(x)$ 在点 x_0 处可导，则 $\lim\limits_{\Delta x\to 0}\dfrac{\Delta y}{\Delta x}=f'(x_0)$ 存在.

于是有

$$\lim_{\Delta x\to 0}\Delta y=\lim_{\Delta x\to 0}\frac{\Delta y}{\Delta x}\cdot\Delta x=\lim_{\Delta x\to 0}\frac{\Delta y}{\Delta x}\cdot\lim_{\Delta x\to 0}\Delta x=0,$$

即 $y=f(x)$ 在点 x_0 处连续.

(2)若在点 x_0 处连续，由连续定义可知 $\lim\limits_{\Delta x\to 0}\Delta y=0$ 成立，

只能确定 $\lim\limits_{\Delta x\to 0}\dfrac{\Delta y}{\Delta x}$ 是“$\dfrac{0}{0}$”型极限，但是不能保证极限一定存在.

【例 13】 判断函数 $y=f(x)=|x|=\begin{cases}x, & x\geqslant 0\\ -x, & x<0\end{cases}$ 在 $x=0$ 的连续性和可导性.

解 因为

$$\lim_{x\to 0}f(x)=\lim_{x\to 0}|x|=0=f(0),$$

所以 $y=f(x)=|x|$ 在点 $x=0$ 处连续.

但
$$\frac{\Delta y}{\Delta x}=\frac{|0+\Delta x|-|0|}{\Delta x}=\frac{|\Delta x|}{\Delta x},$$

函数 $y=f(x)$ 在 $x=0$ 处的左右导数为

$$f'_+(0)=\lim_{\Delta x\to 0^+}\frac{\Delta y}{\Delta x}=\lim_{\Delta x\to 0^+}\frac{|\Delta x|}{\Delta x}=1,$$

$$f'_-(0)=\lim_{\Delta x\to 0^-}\frac{\Delta y}{\Delta x}=\lim_{\Delta x\to 0^-}\frac{|\Delta x|}{\Delta x}=-1,$$

即

$$f'_+(0)\neq f'_-(0).$$

则函数 $y=f(x)=|x|$ 在点 $x=0$ 处不可导.

所以函数连续不一定可导，但是函数可导就一定连续.

习题 3-1

1. 设函数 $y=f(x)$ 在 $x=x_0$ 处可导，且 $f'(x_0)=1$，求：

(1) $\lim\limits_{x\to x_0}\dfrac{f(x)-f(x_0)}{x-x_0}$；　　(2) $\lim\limits_{\Delta x\to 0}\dfrac{f(x_0)-f(x_0-\Delta x)}{\Delta x}$；

(3) $\lim\limits_{h\to 0}\dfrac{f(x_0+2h)-f(x_0)}{h}$；　　(4) $\lim\limits_{h\to 0}\dfrac{f(x_0+5h)-f(x_0-3h)}{5h}$.

2. 求下列函数的导数.

(1) $(0)'=$________；　　(2) $(\sqrt[3]{x^2})'=$________；

(3) $(x^{11})'=$________；　　(4) $\left(\dfrac{1}{x}\right)'=$________；

(5) $(\log_{0.5}x)'=$________；　　(6) $(\log_{0.5}6)'=$________；

(7) $(3^x)'=$________；　　(8) $(e^3)'=$________；

(9) $(\sqrt{x\sqrt{x\sqrt{x}}})'=$________；　　(10) $(\arctan 1)'=$________；

(11) $\left(\sqrt[3]{\dfrac{x\cdot\sqrt{x}}{\sqrt[4]{x}}}\right)'=$________；　　(12) $(\ln 2)'=$________.

3. 选择题.

(1)(多选题)若函数 $y=f(x)$ 在 x_0 处连续，则 $y=f(x)$ 在 x_0 处(　　).

A. 极限存在　　B. 极限不一定存在

C. 可导　　D. 不一定可导

(2)函数 $y=\sin x+\cos x$ 在 $x=\dfrac{\pi}{2}$ 处的切线的斜率为(　　).

A. -1　　B. 1　　C. 0　　D. $\dfrac{1}{2}$

(3)函数 $y=x^2-1$ 过(1,0)点的切线方程为(　　).

A. $2x-y+2=0$　　B. $2x-y-2=0$

C. $2x+y+2=0$　　D. $2x+y-2=0$

4. 已知一做直线运动的物体的运动方程为 $S(t)=t^3$(m)，求物体在 $t=5$(s)时的瞬时速度，即函数 $S(t)=t^3$ 在 $t=5$ 的导数.

5. 求曲线 $y=\sqrt{x}$ 在点(4,2)处的切线和法线方程.

6. 求曲线 $y=\ln x$ 在点(e,1)处的切线和法线方程.

7. 若曲线 $y=\ln x$ 上 $x=x_0$ 处的切线平行于直线 $x-2y+3=0$，求 x_0.

8. 判定函数 $f(x)=\begin{cases}2, & x\leqslant 0\\ x^3, & 0<x<5\\ \sin x, & 5\leqslant x<6\end{cases}$ 在 $x=0$，$x=5$ 处的可导性.

9. 判断分段函数 $f(x)=\begin{cases}x^2, & x\geqslant 0\\ -x, & x<0\end{cases}$ 在 $x=0$ 处的连续性和可导性.

10. 已知 $a>0$，$b>0$，且 $f(x)=\begin{cases}x^2-4x+a, & x\leqslant 0\\ \dfrac{1}{x+b}, & x>0\end{cases}$ 在 $x=0$ 处可导，求 a 与 b 的值.

3.2　求导法则与导数基本公式

前面我们学习了导数的概念以及用定义求一些简单函数的导数，本节将介绍导数的一些运算法则(包括函数的和、差、积、商的求导法则,反函数求导法则与复合函数的求导法则)和 14 个常用的基本导数公式. 本节内容将帮助我们简化过程,提升求导运算速率.

3.2.1 函数的和、差、积、商的求导法则

定理 3-2-1 设函数 $y=u(x)$ 和 $y=v(x)$ 均在 x 点可导,则它们的和、差、积、商(分母不等于 0)也均在 x 点可导,且

法则 1 $[u(x)\pm v(x)]'=u'(x)\pm v'(x)$.

法则 2 $[u(x)\cdot v(x)]'=u'(x)\cdot v(x)+u(x)\cdot v'(x)$.

法则 3 $\left[\dfrac{u(x)}{v(x)}\right]'=\dfrac{u'(x)v(x)-u(x)v'(x)}{v^2(x)}$.

推论 1 若 $f_1(x),f_2(x),\cdots,f_n(x)$ 均在点 x 处可导,则

$$[f_1(x)\pm f_2(x)\pm\cdots\pm f_n(x)]'=f'_1(x)\pm f'_2(x)\pm\cdots\pm f'_n(x),$$

推论 2 $[Cu(x)]'=Cu'(x)$ (C 为常数).

下面用具体例子说明上述求导法则的应用.

【例 1】 求函数 $f(x)=x^2+\sin x$ 的导数.

解 $f'(x)=(x^2+\sin x)'=(x^2)'+(\sin x)'$
$=2x+\cos x$.

【例 2】 设 $f(x)=x\sin x$,求 $f'(x)$.

解 $f'(x)=(x\sin x)'=(x)'\sin x+x(\sin x)'$
$=\sin x+x\cos x$.

【例 3】 设 $f(x)=x\sin x+7\sqrt{x}$,求 $f'(x)$.

解 $f'(x)=(x\sin x+7\sqrt{x})'=(x\sin x)'+(7\sqrt{x})'$
$=(x)'\sin x+x(\sin x)'+7(\sqrt{x})'$
$=\sin x+x\cos x+\dfrac{7}{2\sqrt{x}}$.

【例 4】 设 $f(x)=x+x^2+x^3\cos x$,求 $f'(x)$.

解 $f'(x)=1+2x+3x^2\cos x-x^3\sin x$.

由例 3、例 4 可知,同时含有加减乘三种运算的函数式的求导,先运用加减求导法则,再运用乘法求导法则.

【例 5】 设 $f(x)=\dfrac{\sin x}{x}$,求 $f'(x)$.

解 $f'(x)=\dfrac{(\sin x)'x-\sin x(x)'}{x^2}=\dfrac{x\cos x-\sin x}{x^2}$.

【例 6】 设 $y=\tan x$ 及 $y=\cot x$,求 y'.

解 $y'=(\tan x)'=\left(\dfrac{\sin x}{\cos x}\right)'=\dfrac{(\sin x)'\cos x-\sin x(\cos x)'}{\cos^2 x}$

$=\dfrac{\cos^2 x+\sin^2 x}{\cos^2 x}=\sec^2 x$.

即 $$(\tan x)'=\sec^2 x. \tag{3-2-1}$$

同理可得 $$(\cot x)'=-\csc^2 x. \tag{3-2-2}$$

【例 7】 求函数 $y=\sec x$ 及 $y=\csc x$ 的导数.

解 $y'=(\sec x)'=\left(\frac{1}{\cos x}\right)'=\frac{0-(-\sin x)}{\cos^2 x}$

$=\sec x\cdot\tan x.$

即
$$(\sec x)'=\sec x\cdot\tan x. \quad (3\text{-}2\text{-}3)$$
同理可得
$$(\csc x)'=-\csc x\cdot\cot x. \quad (3\text{-}2\text{-}4)$$

【例 8】 设 $f(x)=x^2\cdot\sin x+\frac{\tan x}{x}$,求 $f'(x)$.

解 $f'(x)=\left(x^2\sin x+\frac{\tan x}{x}\right)'=(x^2\sin x)'+\left(\frac{\tan x}{x}\right)'$

$=2x\sin x+x^2\cos x+\frac{x\sec^2 x-\tan x}{x^2}.$

3.2.2 反函数求导法则

定理 3-2-2 设 $x=\varphi(y)$是一直接函数,它在某一区间上单调、可导,且 $\varphi'(y)\neq 0$,则它的反函数 $y=f(x)$在相应的区间上也可导,且
$$f'(x)=\frac{1}{\varphi'(y)} \text{即} \frac{\mathrm{d}y}{\mathrm{d}x}=\frac{1}{\frac{\mathrm{d}x}{\mathrm{d}y}}.$$
简言之,反函数的导数等于直接函数的导数的倒数.

【例 9】 设 $y=\arcsin x$ 及 $y=\arccos x$,求 y'.

解 令直接函数 $x=\sin y$,则其反函数为 $y=\arcsin x$. 由反函数求导法则,得
$$y'=(\arcsin x)'=\frac{1}{(\sin y)'}=\frac{1}{\cos y}=\frac{1}{\sqrt{1-\sin^2 y}}=\frac{1}{\sqrt{1-x^2}},$$
即
$$(\arcsin x)'=\frac{1}{\sqrt{1-x^2}} \quad (-1<x<1). \quad (3\text{-}2\text{-}5)$$
同理可得
$$(\arccos x)'=-\frac{1}{\sqrt{1-x^2}} \quad (-1<x<1). \quad (3\text{-}2\text{-}6)$$

【例 10】 求函数 $y=\arctan x$ 及 $y=\operatorname{arccot} x$ 的导数.

解 令直接函数 $x=\tan y$,则其反函数为 $y=\arctan x$. 由反函数求导法则,得
$$y'=(\arctan x)'=\frac{1}{(\tan y)'}=\frac{1}{\sec^2 y}=\frac{1}{1+\tan^2 y}=\frac{1}{1+x^2}.$$
即
$$(\arctan x)'=\frac{1}{1+x^2}. \quad (3\text{-}2\text{-}7)$$
同理可得
$$(\operatorname{arccot} x)'=-\frac{1}{1+x^2}. \quad (3\text{-}2\text{-}8)$$

3.2.3 复合函数求导法则

定理 3-2-3 若函数 $y=f(u)$，在点 u 可导，$u=g(x)$ 在点 x 可导，则复合函数 $y=f[g(x)]$ 在点 x 可导，且其导数

$$\frac{\mathrm{d}y}{\mathrm{d}x}=\frac{\mathrm{d}y}{\mathrm{d}u}\cdot\frac{\mathrm{d}u}{\mathrm{d}x}$$

或

$$y'_x=y'_u\cdot u'_x$$

或

$$[f(g(x))]'=f'(g(x))\cdot g'(x).$$

·注意·

(1)复合函数的导数等于分解后的简单函数的导数的乘积.

(2)该法则可推广到有限次复合的情形.

例如设 $y=f(u)$，$u=g(v)$，$v=\varphi(x)$，则复合函数 $y=f\{g[\varphi(x)]\}$ 的导数是

$$\frac{\mathrm{d}y}{\mathrm{d}x}=\frac{\mathrm{d}y}{\mathrm{d}u}\cdot\frac{\mathrm{d}u}{\mathrm{d}v}\cdot\frac{\mathrm{d}v}{\mathrm{d}x}.$$

【例 11】 设 $y=(x^2-1)^{20}$，求 $\frac{\mathrm{d}y}{\mathrm{d}x}$.

解 $y=(x^2-1)^{20}$ 可看成由 $y=u^{20}$，$u=x^2-1$ 复合而成，则

$$\frac{\mathrm{d}y}{\mathrm{d}x}=\frac{\mathrm{d}y}{\mathrm{d}u}\cdot\frac{\mathrm{d}u}{\mathrm{d}x}=20u^{19}\cdot 2x=40x(x^2-1)^{19}.$$

【例 12】 设 $y=\ln\sin x$，求 $\frac{\mathrm{d}y}{\mathrm{d}x}$.

解 令 $y=\ln u$，$u=\sin x$，则

$$\frac{\mathrm{d}y}{\mathrm{d}x}=\frac{\mathrm{d}y}{\mathrm{d}u}\cdot\frac{\mathrm{d}u}{\mathrm{d}x}=\frac{1}{u}\cdot\cos x=\frac{1}{\sin x}\cdot\cos x=\cot x.$$

【例 13】 设 $y=\sqrt{\tan\frac{x}{2}}$，求 $\frac{\mathrm{d}y}{\mathrm{d}x}$.

解 令 $y=\sqrt{u}$，$u=\tan v$，$v=\frac{x}{2}$，则

$$\frac{\mathrm{d}y}{\mathrm{d}x}=\frac{\mathrm{d}y}{\mathrm{d}u}\cdot\frac{\mathrm{d}u}{\mathrm{d}v}\cdot\frac{\mathrm{d}v}{\mathrm{d}x}=\frac{1}{2\sqrt{u}}\cdot\sec^2 v\cdot\left(\frac{1}{2}\right)=\frac{\sec^2\frac{x}{2}}{4\sqrt{\tan\frac{x}{2}}}.$$

对复合函数的复合过程比较熟练后，可不必再写出中间变量.

【例 14】 设 $y=\sin^3 2x$，求 $\frac{\mathrm{d}y}{\mathrm{d}x}$.

解 $\frac{\mathrm{d}y}{\mathrm{d}x}=(\sin^3 2x)'=3\sin^2 2x\cdot(\sin 2x)'$

$$=3\sin^2 2x\cdot\cos 2x\cdot(2x)'$$

$$=6\sin^2 2x\cdot\cos 2x$$

$$=3\sin 2x\cdot\sin 4x.$$

从以上各例题可知，复合函数求导关键在于认清复合关系，也就是每次要弄清楚最外围层的函数类型，以及对应的求导公式，可概括为八个字"**由外及里，逐层求导**".

3.2.4　基本导数公式

前面我们利用导数的定义、求导法则、反函数求导等推导出了 14 个基本初等函数的导数公式. 这是函数求导的基础公式.

(1) $(C)'=0$　(C 为常数)；

(2) $(x^a)'=ax^{a-1}(a\in\mathbf{R})$；$\left(\dfrac{1}{x}\right)'=-\dfrac{1}{x^2}$，$(\sqrt{x})'=\dfrac{1}{2\sqrt{x}}$；

(3) $(a^x)'=a^x\ln a\,(a>0$ 且 $a\neq1)$；$(\mathrm{e}^x)'=\mathrm{e}^x$；

(4) $(\log_a x)'=\dfrac{1}{x\ln a}(a>0$ 且 $a\neq1)$；$(\ln x)'=\dfrac{1}{x}$；

(5) $(\sin x)'=\cos x$；

(6) $(\cos x)'=-\sin x$；

(7) $(\tan x)'=\sec^2 x=\dfrac{1}{\cos^2 x}$；

(8) $(\cot x)'=-\csc^2 x=-\dfrac{1}{\sin^2 x}$；

(9) $(\sec x)'=\sec x\cdot\tan x$；

(10) $(\csc x)'=-\csc x\cdot\cot x$；

(11) $(\arcsin x)'=\dfrac{1}{\sqrt{1-x^2}}(-1<x<1)$；

(12) $(\arccos x)'=-\dfrac{1}{\sqrt{1-x^2}}(-1<x<1)$；

(13) $(\arctan x)'=\dfrac{1}{1+x^2}$；

(14) $(\operatorname{arccot} x)'=-\dfrac{1}{1+x^2}$.

习题 3-2

1. 补全导数的运算法则.

已知 $y=u(x)$，$y=v(x)$ 均可导，则

(1) $[u(x)\pm v(x)]'=$ ____________________；

(2) $[u(x)v(x)]'=$ ____________________；

(3) $\left[\dfrac{u(x)}{v(x)}\right]'=$ ____________________；

(4) $[Cu(x)]'=$ ____________________(其中 C 为常数)；

(5) $[f(g(x))]'=$ ____________________.

2.求下列函数的导数.

(1) $y=3x^2-x+5$；

(2) $y=x^3+2^x+2^2$；

(3) $y=3e^x-2\ln x+\cos4$；

(4) $y=\arcsin x+\log_2 3$；

(5) $y=(x-a)(x-b)$；

(6) $y=x\ln x$；

(7) $y=e^x\sin x$；

(8) $y=x\tan x-\cot x$；

(9) $y=2x^2\cdot\arcsin x$；

(10) $y=(2x-1)^2$；

(11) $y=\dfrac{\sin x}{x}$；

(12) $y=\dfrac{\ln x}{x}$；

(13) $y=\dfrac{\sin x+\cos x}{x}$；

(14) $y=\dfrac{e^x-1}{e^x+1}$.

3.求下列函数的导数.

(1) $y=(2x+1)^{200}$；

(2) $y=\ln x^2$；

(3) $y=e^{\sin x}$；

(4) $y=\tan^4 x$；

(5) $y=\sqrt{\cos2x}$；

(6) $y=\arccos\dfrac{1}{x}(x>0)$.

4.求下列函数的导数.

(1) $y=3e^{2023x}-\arctan3x+2^{10}$；

(2) $y=2\ln(1+x^2)-3\sin7x+\log_2 5$；

(3) $y=x^2\log_2(x^2+x+1)$；

(4) $y=e^{-\frac{x}{2}}\cdot\cos3x$；

(5) $y=\sqrt{1+\ln^2 x}$；

(6) $y=\dfrac{e^{2x}}{(x^2+x)^2}$.

5.求下列函数在指定点的导数.

(1) $f(x)=2x^{20}+3x^8-4x+1$，求 $f'(0)$；

(2) $f(x)=x\,\mathrm{arccot}\,x-\ln x+e^3$，求 $f'(1)$；

(3) $y=\arcsin\sqrt{x}$，求 $y'\Big|_{x=\frac{1}{2}}$；

(4) $y=e^x\cdot\cos3x$，求 $y'\Big|_{x=0}$；

(5) $y=\dfrac{1-\sqrt{x}}{1+\sqrt{x}}$，求 $y'\Big|_{x=4}$.

6.把一物体向上抛，经过 t 秒后，上升距离为 $S(t)=12t-\dfrac{1}{2}gt^2$，求：(1)速度 $v(t)$；(2)物体何时到达最高点.

7.求曲线 $y=\sqrt{1-x^2}$ 在 $x=\dfrac{1}{2}$ 处的切线和法线方程.

8.已知曲线 $y_1=ax^3+x$ 和直线 $y_2=ax+b$ 在 $x=1$ 处相切，问 a 和 b 应取何值？

9.已知 $f(x)=\begin{cases}e^{2x}, & x<0\\ x^3-ax+1, & x\geq0\end{cases}$ 在 $x=0$ 可导，求 a 的值.

3.3 隐函数的导数与高阶导数

3.3.1 隐函数求导

定义 3-3-1 称方程 $F(x,y)=0$ 所确定的函数为**隐函数**；称函数 $y=f(x)$ 为**显函数**.

·注意· 当隐函数可转化为显函数时，我们称该隐函数可显化，否则称不可显化.

例如函数 $y=2x-3$，当写成 $2x-y-3=0$ 时，我们称它为隐函数；当写成 $y=2x-3$ 时，我们称它为显函数.

下面我们介绍一种不易显化的隐函数的求导方法.

【例 1】 求由方程 $x^2+y^2=4^2$ 所确定的隐函数 $y=y(x)$ 的导数 y'.

解 将 $x^2+y^2=4^2$ 两边关于 x 求导，得

$$2x+2yy'=0,$$

即

$$y'=-\frac{x}{y}.$$

·注意· $y=y(x)$ 是 x 的函数，把 $y=y(x)$ 代入方程得 $x^2+y^2(x)=4^2$. 在两边对 x 求导时，遇到 $y^2=y^2(x)$，一定记得用**复合函数求导法则**.

【例 2】 求由方程 $xy^2-\mathrm{e}^y=0$ 所确定的隐函数 y 的导数$\frac{\mathrm{d}y}{\mathrm{d}x}$.

解 方程两边同时对 x 求导，得

$$[xy^2-\mathrm{e}^y]'_x=(0)'_x,$$

所以

$$(x)'y^2+x(y^2)'-(\mathrm{e}^y)'=0.$$

由此可得

$$y^2+2xy\frac{\mathrm{d}y}{\mathrm{d}x}-\mathrm{e}^y\frac{\mathrm{d}y}{\mathrm{d}x}=0,$$

则得

$$\frac{\mathrm{d}y}{\mathrm{d}x}=\frac{y^2}{\mathrm{e}^y-2xy}.$$

·注意· $y=y(x)$ 是 x 的函数，把 $y=y(x)$ 代入方程得 $xy^2(x)-\mathrm{e}^{y(x)}=0$. 在两边对 x 求导时，遇到 $xy^2=x\cdot y^2(x)$，一定记得用**乘法求导法则+复合函数求导法则**.

由上面例子，我们不难看出隐函数 $F(x,y)=0$ 的求导步骤：

(1)方程两边同时对 x 求导，把 y 看成含 x 的函数求导；

(2)移项整理得出结果.

【例 3】 求由方程 $\arctan(x-1)+\mathrm{e}^{2y}+y\ln x=1$ 所确定的隐函数的导数 $y'\big|_{x=1}$.

解 方程两边对 x 求导,得

$$\frac{1}{1+(x-1)^2}+2y'e^{2y}+\frac{y}{x}+y'\ln x=0,$$

整理,得

$$y'(2e^{2y}+\ln x)=-\frac{1}{1+(x-1)^2}-\frac{y}{x},$$

$$y'=\frac{-\dfrac{1}{1+(x-1)^2}-\dfrac{y}{x}}{2e^{2y}+\ln x}\quad(2e^{2y}+\ln x\neq 0).$$

又因为 $x=1$ 时代入原方程,得

$$\arctan 0+e^{2y}+y\ln 1=1,$$

当 $x=1$ 时,$y=0$. 所以

$$y'\Big|_{x=1}=\frac{-\dfrac{1}{1+(1-1)^2}-\dfrac{0}{1}}{2e^0+\ln 1}=-\frac{1}{2}.$$

3.3.2 对数求导

定义 3-3-2 **幂指函数**是指指数和底数都含变量的函数,形如 $y=[f(x)]^{g(x)}$($x\in E$,E 是数集)的函数称为**幂指函数**,其中 f,g 是 E 上的函数.

幂指函数求导,既不能用幂函数求导公式也不能用指数函数求导公式. 它采用的是对数求导法,其中取的对数是以 e 为底的对数.

【例 4】 求函数 $y=x^x$ 的导数.

解 先对等式两边取自然对数,得

$$\ln y=\ln x^x=x\cdot\ln x,$$

再利用隐函数求导法则,将两边同时对 x 求导,得

$$\frac{1}{y}\cdot y'=\ln x+1,$$

则

$$y'=y(\ln x+1)=x^x(\ln x+1).$$

我们再来看对数求导法的另一应用.

【例 5】 设函数 $y=(x-1)(x+2)e^{x^2}\cos x$,求 y'.

分析 此函数求导,可用导数的四则运算法则,但其过程相当繁复;若用对数求导法,则求导过程将大大简化.

解 对函数两边同时取自然对数,得

$$\ln y=\ln(x-1)+\ln(x+2)+x^2+\ln\cos x,$$

两边对 x 求导,得

$$\frac{1}{y}\cdot y'=\frac{1}{x-1}+\frac{1}{x+2}+2x-\tan x,$$

则

$$y'=y\left(\frac{1}{x-1}+\frac{1}{x+2}+2x-\tan x\right)$$

$$=(x-1)(x+2)e^{x^2}\cos x\left(\frac{1}{x-1}+\frac{1}{x+2}+2x-\tan x\right).$$

由上面例子，我们可以得出对数求导法的步骤：

(1)方程两边同时取以 e 为底的对数；

(2)方程两边同时对 x 求导，把 y 看成含 x 的函数求导；

(3)移项整理得出结果.

3.3.3　参数方程求导

定义 3-3-3　设变量 y 与 x 之间的函数关系是由参数方程 $\begin{cases}x=x(t)\\y=y(t)\end{cases}$ 确定的，其中 t 称为参数. 这类方程称为参数方程.

这类由参数方程所确定的函数 $y=f(x)$，其导数为

$$\frac{dy}{dx}=\frac{\frac{dy}{dt}}{\frac{dx}{dt}} \text{或} y'(x)=\frac{y'(t)}{x'(t)}.$$

【例 6】　已知 $\begin{cases}x=2\sin t\\y=t^2-1\end{cases}$，求 y'.

解　$y'(x)=\dfrac{y'(t)}{x'(t)}=\dfrac{2t}{2\cos t}=\dfrac{t}{\cos t}$.

【例 7】　已知 $\begin{cases}x=e^{2t}-\sin 2\\y=\ln(1-t^2)+5\end{cases}$，求 $y'(x)$ 和 $\left.\dfrac{dy}{dx}\right|_{t=2}$.

解　$y'(x)=\dfrac{y'(t)}{x'(t)}=\dfrac{\dfrac{1}{1-t^2}\cdot(-2t)}{e^{2t}\cdot 2}=\dfrac{t}{(t^2-1)e^{2t}}$

$\left.\dfrac{dy}{dx}\right|_{t=2}=\dfrac{2}{(2^2-1)e^2}=\dfrac{2}{3e^2}$.

3.3.4　高阶导数

1. 高阶导数的含义

在某些问题中，多次求函数的导数是有意义的. 对某个函数连续两次或两次以上求导数，所得结果称为这个函数的**高阶导数**.

一阶导数：函数 $y=f(x)$ 的导数 $f'(x)$.

二阶导数：把 $f'(x)$ 对 x 再次求导得到的导数，可以记作：

$$y'', f''(x), \frac{d^2y}{dx^2}, \frac{d^2f(x)}{dx^2}.$$

三阶导数：把二阶导数对 x 再次求导得到的导数，可以记作：

$$y''', f'''(x), \frac{d^3y}{dx^3}, \frac{d^3f(x)}{dx^3}.$$

四阶导数：把三阶导数对 x 再次求导得到的导数，可以记作：

$$y^{(4)}, f^{(4)}(x), \frac{d^4 y}{dx^4}, \frac{d^4 f(x)}{dx^4}.$$

…

n 阶导数：把 $(n-1)$ 阶导数对 x 再次求导得到的导数，可以记作：

$$y^{(n)}, f^{(n)}(x), \frac{d^n y}{dx^n}, \frac{d^n f(x)}{dx^n}.$$

·注意· 求所有的高阶导数都必须从一阶导开始求起.

【例 8】 函数 $y=5x^3-2x^2+6x-7$，求：(1) $y', y'', y''', y^{(4)}$；(2) 找出规律性.

解 (1) $y'=5\cdot 3x^2-2\cdot 2x+6=15x^2-4x+6$,

$y''=15\cdot 2x-4=30x-4$,

$y'''=30$,

$y^{(4)}=0$.

(2) 从上面的计算可以看出，若函数是多项式，最高次幂是 n 次，则 $y^{(n)}=$ 最高次幂前面系数 · 最高次幂!

$$y^{(n+1)}=0, y^{(n+2)}=0, \cdots$$

例如 $y=5x^{2023}-2x^{2021}+6x^{100}-7x$.

可以直接得出 $y^{(2023)}=5\cdot 2023!, y^{(2024)}=0, y^{(2025)}=0, \cdots$

【例 9】 求函数 $y=a^x$ 的三阶导数.

解 $y'=(a^x)'=a^x\ln a$,

$y''=(a^x\ln a)'=a^x\ln^2 a$,

$y'''=(a^x\ln^2 a)'=a^x\ln^3 a$.

从结果可以看出，指数函数求高阶导数很有规律性，这样求导有规律性的高阶导数我们就可以通过数学归纳法得到它的 n 阶导数

$$y^{(n)}=a^x\ln^n a.$$

【例 10】 求函数 $y=x^n$ 的 n 阶导数和 $n+1$ 阶导数.

解 $y'=nx^{n-1}$,

$y''=n(n-1)x^{n-2}$,

$y'''=n(n-1)(n-2)x^{n-3}$,

…

$y^{(n)}=n(n-1)(n-2)\cdots 1x^{n-n}=n!, y^{(n+1)}=0$.

2. 二阶导数的物理意义

由第 3.1.5 节可知，路程函数 $S=S(t)$ 在时刻 t 的导数 $S'(t)$ 的物理意义为变速运动物体在时刻 t 的瞬时速度，即 $v(t)=S'(t)$. 换句话说，路程相对于时间的瞬时变化率是瞬时速度. 同理可证，速度 v 也是时间 t 的函数，即 $v=v(t)$. 速度相对于时间的瞬时变化率是瞬时加速度 a，记为 $a(t)=v'(t)$，从而可知

$$a(t)=v'(t)=S''(t).$$

路程函数 $S=S(t)$ 在时刻 t 的二阶导数的物理意义为做变速直线运动的物体在时刻 t 的瞬时加速度 a.

【例 11】 一物体做自由落体运动，运动方程为 $S(t)=3t+2gt^2-4$，求：

(1) t 时刻的瞬时速度 $v(t)$；

(2) 加速度 a.

解 由一阶和二阶导数的物理意义，可得

(1) $v(t)=S'(t)=3+4gt$；

(2) $a=v'(t)=S''(t)=4g$.

习题 3-3

1. 求下列隐函数的导数 $\frac{dy}{dx}$.

(1) $x^2+y^2=1$； (2) $x^2+xy+y^2=4$；

(3) $\ln(x+y)=y$； (4) $x\arctan y=y$；

(5) $y=1+x\cdot e^y$； (6) $y-\sin x-\cos(x-y)=0$.

2. 用对数求导法，求下列函数导数.

(1) $y=(\ln x)^x$； (2) $y=x^{\tan x}$；

(3) $y=\dfrac{\sin x\cdot\sqrt{x+1}}{(x^3+1)(x+2)}$； (4) $y=\sqrt[3]{\dfrac{(x-1)(x-2)^2}{(x-3)(x-4)}}$.

3. 用参数方程求导法求导.

(1) $\begin{cases}x=2t^3\\ y=t\ln t\end{cases}$，求 $\dfrac{dy}{dx}$； (2) $\begin{cases}x=4\cos t\\ y=e^{3t}-1\end{cases}$，求 $\dfrac{dy}{dx}$；

(3) $\begin{cases}x=\tan 3t\\ y=\cot 2t\end{cases}$，求 $\left.\dfrac{dy}{dx}\right|_{t=\frac{\pi}{4}}$； (4) $\begin{cases}x=t\arctan t\\ y=\sqrt{1+t^2}-7\end{cases}$，求 $\left.\dfrac{dy}{dx}\right|_{t=1}$.

4. 求下列函数的二阶导数.

(1) $y=x\ln x$； (2) $y=xe^x$；

(3) $y=\sqrt{1+x}$； (4) $y=x\cos x$；

(5) $y=\sin^2 x$； (6) $y=e^{-x}\cos x$.

5. 已知 $y=2x^3+x^2+x+1$，求 y'，y''，y'''，$y^{(4)}$ 和 $y^{(2019)}$.

6. 已知 $y=7x^{100}+8x^{59}-6$，求 $y^{(100)}$，$y^{(101)}$.

7. 求下列函数的 n 阶导数.

(1) $y=e^{at}$； (2) $y=x\cdot e^x$；

(3) $y=x\ln x$； (4) $y=\dfrac{1}{x+a}$ （a 为常数）.

8. 曲线 $\begin{cases}x=t^3\\ y=e^t\end{cases}$ 在 $t=1$ 处的切线方程和法线方程.

9. 求曲线 $e^{xy}+x^2+x+2y=7$ 在 $x=0$ 处的切线方程和法线方程.

3.4 微 分

微分，用来研究事物无限细分后的那个部分(每个无穷小的部分)的问题. 有许多实际问题，都需要计算当自变量 x 在某点 x_0 处有微小改变量 Δx 时，函数 $y=f(x)$ 的改变量 Δy 大致是多少？该问题的解决产生了微分的概念. 本节主要研究微分的概念及其在近似计算中的应用.

3.4.1 微分的概念

我们先来考察一个具体问题. 如图 3-4-1 所示，设正方形的边长为 x_0，其面积 S 是 x 的函数 $S(x)=x^2$. 当给边长 x_0 一个改变量 Δx，其面积 S 相应有改变量 ΔS：

$$\Delta S=(x_0+\Delta x)^2-x_0^2=2x_0\Delta x+(\Delta x)^2.$$

从此式中，可看出 ΔS 被分成两部分：

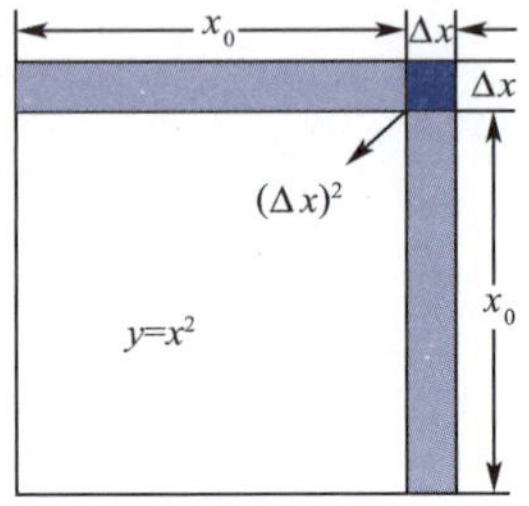

图 3-4-1

第一部分：$2x_0\Delta x$，是 Δx 的线性函数，即图 3-4-1 中浅色阴影部分两个矩形的面积之和；

第二部分：$(\Delta x)^2$ 是比 Δx 高阶的无穷小，即

$$(\Delta x)^2=o(\Delta x)(\Delta x\to 0),\lim_{\Delta x\to 0}\frac{(\Delta x)^2}{\Delta x}=0,$$

即图 3-4-1 中深色阴影的矩形.

由此可见，当给边长以一个微小改变量 Δx 时，由此所引起的面积改变量 ΔS 可近似用第一部分 $2x_0\Delta x$ 来代替，即 $\Delta S\approx 2x_0\Delta x=S'(x_0)\Delta x$.(两者只相差一个$(\Delta x)^2$，当$|\Delta x|$为无穷小时，$(\Delta x)^2$ 则是超小的无穷小，是完全微不足道的.)

以上认知过程，推及一般情形.

定义 3-4-1 设函数 $y=f(x)$在点 x_0 的某邻域内有定义，x_0 及 $x_0+\Delta x$ 为该邻域内的点，如果函数的改变量

$$\Delta y=f(x_0+\Delta x)-f(x_0),$$

可表示为

$$\Delta y=A\Delta x+o(\Delta x),$$

其中，A 是不依赖于 Δx 的常数，只与 x_0 有关，而 $o(\Delta x)$是比 Δx 高阶的无穷小. 则称 $f(x)$在点 x_0 处**可微**，并且把 $A\Delta x$ 称为 $f(x)$在点 x_0 的**微分**，记为 $\mathrm{d}y\Big|_{x=x_0}$ 或 $\mathrm{d}f(x)\Big|_{x=x_0}$，即

$$\mathrm{d}y\Big|_{x=x_0}=A\Delta x.$$

注意 (1) 若 $f(x)$在点 x_0 可微，即 $\Delta y=A\Delta x+o(\Delta x)$，则 $\frac{\Delta y}{\Delta x}=A+\frac{o(\Delta x)}{\Delta x}$，于是

$$\lim_{\Delta x\to 0}\frac{\Delta y}{\Delta x}=\lim_{\Delta x\to 0}\left[A+\frac{o(\Delta x)}{\Delta x}\right]=A=f'(x_0).$$

那么微分可表示为

$$\mathrm{d}y\Big|_{x=x_0}=A\Delta x=f'(x_0)\Delta x.$$

(2)如果令 $y=x$，则 $\mathrm{d}x=x'\Delta x=1\cdot\Delta x=\Delta x$，即 $\mathrm{d}x=\Delta x$，$\mathrm{d}x$ 叫作**自变量微分**，于是函数的微分可记为

$$\mathrm{d}y\Big|_{x=x_0}=f'(x_0)\mathrm{d}x.$$

(3)由于 $A\Delta x$ 是 Δx 的线性函数，并且当 Δx 充分小时，$\Delta y\approx A\Delta x$，则称 $A\Delta x$ 是 Δy 的**线性主要部分**，即 $\mathrm{d}y$ 是 Δy 的线性主要部分. 即

$$\Delta y\approx\mathrm{d}y\Big|_{x=x_0}.$$

(4)若函数 $y=f(x)$ 在区间 D 上的每一点都可微，我们就称函数 $y=f(x)$ 在区间 D 上**可微**，微分函数可记为

$$\mathrm{d}y=f'(x)\mathrm{d}x,$$

$$\frac{\mathrm{d}y}{\mathrm{d}x}=f'(x).$$

所以从形式上，导数可看成是微分之商，简称“**微商**”.

可以认为，求微分归根结底是求导，所以求导数和求微分的方法都称为**微分法**.

【例 1】 求函数 $y=x^3-x\sin x+\ln x-4$ 的微分.

解　因为 $y'=3x^2-\sin x-x\cos x+\dfrac{1}{x}$，所以

$$\mathrm{d}y=y'\mathrm{d}x=\left(3x^2-\sin x-x\cos x+\frac{1}{x}\right)\mathrm{d}x.$$

【例 2】 求函数 $y=\cos x$ 在点 $x=\dfrac{\pi}{2}$ 处的微分.

解　因为

$$y'=-\sin x,$$

$$y'\Big|_{x=\frac{\pi}{2}}=-\sin\frac{\pi}{2}=-1,$$

所以

$$\mathrm{d}y\Big|_{x=\frac{\pi}{2}}=y'\Big|_{x=\frac{\pi}{2}}\mathrm{d}x=-\mathrm{d}x.$$

由上述例子可以看出可微就可导，可导就可微，由此得到

定理 3-4-1　函数 $y=f(x)$ 在点 x 处可微的充分必要条件是函数 $y=f(x)$ 在点 x 处可导，且 $\mathrm{d}y=f'(x)\mathrm{d}x$.

3.4.2　微分基本公式及运算法则

1. 基本微分公式

为了便于对照和记忆，现将导数与微分的运算法则列成表 3-4-1.

表 3-4-1

导数公式	微分公式
$(C)'=0$	$d(C)=0$
$(x^\alpha)'=\alpha x^{\alpha-1}(\alpha\in\mathbf{R}),(\sqrt{x})'=\frac{1}{2\sqrt{x}}$	$d(x^\alpha)=\alpha x^{\alpha-1}dx,d(\sqrt{x})=\frac{1}{2\sqrt{x}}dx$
$(a^x)'=a^x\ln a,(e^x)'=e^x$	$d(a^x)=(a^x\ln a)dx,de^x=e^x dx$
$(\log_a x)'=\frac{1}{x\ln a},(\ln x)'=\frac{1}{x}$	$d(\log_a x)=\frac{1}{x\ln a}dx,d\ln x=\frac{1}{x}dx$
$(\sin x)'=\cos x$	$d(\sin x)=\cos x dx$
$(\cos x)'=-\sin x$	$d(\cos x)=-\sin x dx$
$(\tan x)'=\sec^2 x$	$d(\tan x)=\sec^2 x dx$
$(\csc x)'=-\csc^2 x$	$d(\cot x)=-\csc^2 x dx$
$(\sec x)'=\tan x\cdot\sec x$	$d(\sec x)=\tan x\sec x dx$
$(\csc x)'=-\cot x\csc x$	$d(\csc x)=-\cot x\csc x dx$
$(\arcsin x)'=\frac{1}{\sqrt{1-x^2}}$	$d(\arcsin x)=\frac{1}{\sqrt{1-x^2}}dx$
$(\arccos x)'=-\frac{1}{\sqrt{1-x^2}}$	$d(\arccos x)=-\frac{1}{\sqrt{1-x^2}}dx$
$(\arctan x)'=\frac{1}{1+x^2}$	$d(\arctan x)=\frac{1}{1+x^2}dx$
$(\text{arccot}\, x)'=-\frac{1}{1+x^2}$	$d(\text{arccot}\, x)=-\frac{1}{1+x^2}dx$

2. 函数和、差、积、商微分法则

为了便于对照和记忆，将导数与微分的运算法则列成表 3-4-2(表中 $u=u(x),v=v(x)$为可导函数).

表 3-4-2

导数的四则运算	微分的四则运算
$[u(x)\pm v(x)]'=u'(x)\pm v'(x)$	$d(u\pm v)=du+dv$
$[u(x)\cdot v(x)]'=u'(x)\cdot v(x)+u(x)\cdot v'(x)$	$d(uv)=vdu+udv$
$\left[\frac{u(x)}{v(x)}\right]'=\frac{u'(x)v(x)-u(x)v'(x)}{v^2(x)},v(x)\neq0$	$d\left(\frac{u}{v}\right)=\frac{vdu-udv}{v^2},v\neq0$

3. 复合函数的微分法则

设有复合函数 $y=f(u),u=g(x)$，则按复合函数的求导法则，有

$$\frac{dy}{dx}=\frac{dy}{du}\cdot\frac{du}{dx}=f'[g(x)]\cdot g'(x),$$

则按微分的定义，有

$$dy=f'[g(x)]\cdot g'(x)dx.$$

又因为

$$f'[g(x)]=f'(u),g'(x)\mathrm{d}x=\mathrm{d}u,$$

所以微分 $\mathrm{d}y$ 又可写成 $\mathrm{d}y=f'(u)\mathrm{d}u$.

把 $\mathrm{d}y=f'(u)\mathrm{d}u$ 与 $\mathrm{d}y=f'(x)\mathrm{d}x$ 相比较,虽然 u 是中间变量,x 是自变量,但这两个微分在形式上是一样的.这一性质称为**一阶微分形式不变性**.

【例 3】 已知函数 $y=\sin x+\cos x$,求 $\mathrm{d}y$.

解法 1 先对 y 求导 $y'=\cos x-\sin x$,则 $\mathrm{d}y=(\cos x-\sin x)\mathrm{d}x$.

解法 2 由微分法则

$$\mathrm{d}y=\mathrm{d}(\sin x+\cos x)=\mathrm{d}\sin x+\mathrm{d}\cos x=\cos x\mathrm{d}x-\sin x\mathrm{d}x.$$

【例 4】 已知方程 $xe^y+ye^x=e$,求 $\mathrm{d}y$.

解 方程两边同时微分得

$$\mathrm{d}(xe^y)+\mathrm{d}(ye^x)=\mathrm{d}(e),$$

$$e^y\mathrm{d}x+x\mathrm{d}(e^y)+e^x\mathrm{d}y+y\mathrm{d}(e^x)=0,$$

$$e^y\mathrm{d}x+xe^y\mathrm{d}y+e^x\mathrm{d}y+ye^x\mathrm{d}x=0,$$

$$(xe^y+e^x)\mathrm{d}y=-(e^y+ye^x)\mathrm{d}x,$$

$$\mathrm{d}y=-\frac{e^y+ye^x}{xe^y+e^x}\mathrm{d}x.$$

3.4.3 微分的应用

在实际测量或计算数据时,常常要求简算、近似计算得到一定精度的计算结果.这里我们介绍一种利用导数和微分进行近似计算的方法.

1. 求函数改变量的近似计算

如前所述,当 $|\Delta x|$ 很小时,函数 $y=f(x)$ 在点 x 处的增量 Δy 可用其微分 $\mathrm{d}y$ 来代替,即

$$\Delta y\approx\mathrm{d}y=f'(x)\mathrm{d}x\quad(\text{当}|\Delta x|\text{较小时}).$$

【例 5】 半径 10 厘米的金属盘加热后,半径伸长了 0.05 厘米,问面积增加了多少?

解 设圆盘的半径为 r,则面积 $S(r)$ 为 r 的函数 $S(r)=\pi\cdot r^2$,于是 $S'(r)=2\pi\cdot r$,由 $r=10$ cm,$\Delta r=0.05$ cm,因 Δr 较小则

$$\Delta S\approx\mathrm{d}S=S'(r)\Delta r=2\pi\cdot r\cdot\Delta r\approx2\times3.14\times10\times0.05=3.14\ \text{cm}^2.$$

2. 函数值的近似计算

由前所述,$\Delta y=f(x_0+\Delta x)-f(x_0)$($|\Delta x|$ 相对较小),则

$$f(x_0+\Delta x)\approx f(x_0)+f'(x_0)\Delta x.$$

【例 6】 计算 $\cos60°30'$ 的近似值.

解 取函数 $f(x)=\cos x$,$x_0=60°=\frac{\pi}{3}$,$\Delta x=30'=\frac{\pi}{360}$,则

$$f'(x)=-\sin x,$$

所以

$$\cos60°30'\approx\cos\frac{\pi}{3}-\left(\sin\frac{\pi}{3}\right)\cdot\frac{\pi}{360}$$

$$\approx\frac{1}{2}-0.8660\times\frac{3.14}{360}\approx0.4924.$$

【例 7】 计算$\sqrt{1.02}$的近似值.

解 取函数 $f(x)=\sqrt{x}$，$x_0=1$，$\Delta x=0.02$，则 $f'(x)=\dfrac{1}{2\sqrt{x}}$. 所以

$$\sqrt{1.02}\approx\sqrt{1}+\frac{1}{2\sqrt{1}}\times0.02=1.01.$$

习题 3-4

1. 按要求填空：

(1) $dy=$________；　　(2) $dy\big|_{x=x_0}=$________；

(3) $d(\ln5)=$________；　　(4) $d(\sin x)=$________；

(5) $d(2x^5-3\tan x+1)=$________.

2. 设函数 $y=2x^2-x$，当 x 的值从 $x=1$ 变到 $x=1.01$ 时，求函数的改变量 Δy 与微分 dy，并求两者的差.

3. 求下列函数的微分.

(1) $y=3x^2$，求 $dy\big|_{x=2}$；　　(2) $y=\cos2x$，求 $dy\big|_{x=\pi}$；

(3) $y=\dfrac{1}{x}+2\sqrt{x}$；　　(4) $y=x\sin2x$；

(5) $y=\dfrac{x}{\sqrt{x^2+1}}$；　　(6) $y=[\ln(1-x)]^2$.

(7) $y=e^{2x}\sin(\ln x)$；　　(8) $y=\dfrac{(x-1)\cdot\sqrt[3]{x+2}}{(x-3)^2e^{2x}}$；

(9) $y=e^{\frac{1}{\sin x}}$；　　(10) $y=f(\ln u)$.

4. 用微分近似计算.

(1) arctan1.02；　　(2) $\sin29°$；

(3) ln1.05；　　(4) $\sqrt[5]{31}$.

本章小结

一、思维导图

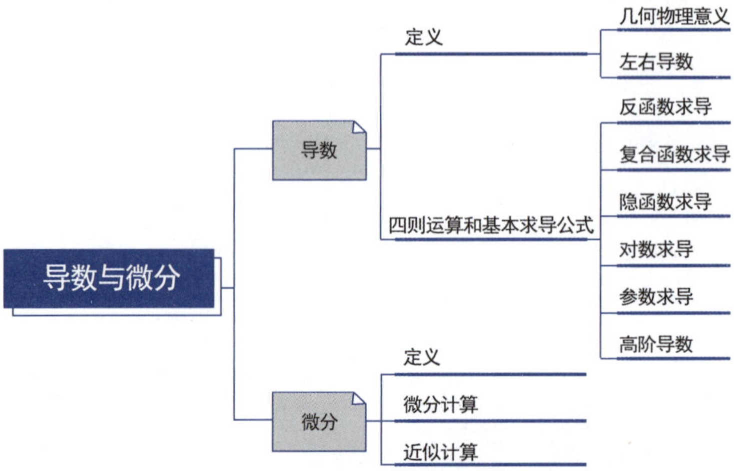

二、主要内容

1. 导数的定义：

$$f'(x)=y'=\frac{\mathrm{d}y}{\mathrm{d}x}=\lim_{\Delta x\to 0}\frac{\Delta y}{\Delta x}=\lim_{\Delta x\to 0}\frac{f(x+\Delta x)-f(x)}{\Delta x};$$

$$f'(x_0)=y'\Big|_{x=x_0}=\frac{\mathrm{d}y}{\mathrm{d}x}\Big|_{x=x_0}=\lim_{\Delta x\to 0}\frac{\Delta y}{\Delta x}=\lim_{\Delta x\to 0}\frac{f(x_0+\Delta x)-f(x_0)}{\Delta x}.$$

2. 导数的几何意义：$f'(x_0)=k_{切线}$.

切线方程：$y-y_0=f'(x_0)(x-x_0)$；

法线方程：$y-y_0=-\frac{1}{f'(x_0)}(x-x_0)$，$f'(x_0)\neq 0$.

导数的物理意义：$v(t_0)=S'(t_0)$.

3. 可导与连续的关系：

函数在某点连续是函数在该点可导的必要条件，但不是充分条件.

4. 可导与可微的关系：

函数在某点可导的充分必要条件是在该点可微.

5. 基本求导公式：

(1) $C'=0$；

(2) $(x^{\alpha})'=\alpha x^{\alpha-1}$；

(3) $(a^x)'=a^x\ln a\ (a>0, a\neq 1)$；

(4) $(\mathrm{e}^x)'=\mathrm{e}^x$；

(5) $(\log_a x)'=\frac{1}{x\ln a}\ (a>0, a\neq 1)$；

(6) $(\ln x)'=\frac{1}{x}$；

(7) $(\sin x)'=\cos x$；

(8) $(\cos x)'=-\sin x$；

(9) $(\tan x)'=\sec^2 x$；

(10) $(\cot x)'=-\csc^2 x$；

(11) $(\sec x)'=\sec x\tan x$；

(12) $(\csc x)'=-\csc x\cot x$；

(13) $(\arcsin x)'=\frac{1}{\sqrt{1-x^2}}\ (-1<x<1)$；

(14) $(\arccos x)'=-\frac{1}{\sqrt{1-x^2}}\ (-1<x<1)$；

(15) $(\arctan x)'=\frac{1}{1+x^2}$；

(16) $(\operatorname{arccot} x)'=-\frac{1}{1+x^2}$.

6. 求导法则与计算方法：

(1) $[u\pm v]'=u'\pm v'$；　(2) $[Cu]'=Cu'$；

(3) $[uv]'=u'v+uv'$；　(4) $\left[\frac{u}{v}\right]'=\frac{u'v-uv'}{v^2}\quad (v\neq 0)$；

(5)设 $y=f(u)$，$u=\varphi(x)$，则复合函数 $y=f[\varphi(x)]$的导数为：

$$\frac{\mathrm{d}y}{\mathrm{d}x}=\frac{\mathrm{d}y}{\mathrm{d}u}\cdot\frac{\mathrm{d}u}{\mathrm{d}x} \text{ 或 } \{f[\varphi(x)]\}'=f'(u)\varphi'(x);$$

(6)反函数求导法：如果单调连续函数 $x=\varphi(y)$在点 y 处可导，而且 $\varphi'(y)\neq 0$ 那么它的反函数 $y=f(x)$在对应的点 x 处可导，且有

$$f'(x)=\frac{1}{\varphi'(y)} \text{或} \frac{\mathrm{d}y}{\mathrm{d}x}=\frac{1}{\frac{\mathrm{d}x}{\mathrm{d}y}};$$

(7)隐函数的求导法：将方程 $F(x,y)=0$ 两边对 x 求导，然后解出 y'；

(8)对数求导法：先两边取自然对数，然后用隐函数求导方法；

(9)参数求导法：参数方程 $\begin{cases}x=x(t)\\y=y(t)\end{cases}$ 的导数：

$$\frac{\mathrm{d}y}{\mathrm{d}x}=\frac{\frac{\mathrm{d}y}{\mathrm{d}t}}{\frac{\mathrm{d}x}{\mathrm{d}t}} \text{或} y'(x)=\frac{y'(t)}{x'(t)}.$$

7. 高阶导数：

$$f''(x)=y''=(y')' \text{ 或 } \frac{\mathrm{d}^2y}{\mathrm{d}x^2}=\frac{\mathrm{d}}{\mathrm{d}x}\left(\frac{\mathrm{d}y}{\mathrm{d}x}\right),$$

$$f^{(n)}(x)=y^{(n)}=\frac{\mathrm{d}^ny}{\mathrm{d}x^n}=\frac{\mathrm{d}}{\mathrm{d}x}\left(\frac{\mathrm{d}^{n-1}y}{\mathrm{d}x^{n-1}}\right).$$

8. 微分：

$$\mathrm{d}y=f'(x)\mathrm{d}x;\mathrm{d}y\Big|_{x=x_0}=f'(x_0)\mathrm{d}x.$$

9. 微分近似计算公式：

$$\mathrm{d}f(x_0+\Delta x)\approx f(x_0)+f'(x_0)\Delta x \quad (\text{当}|\Delta x|\text{很小}).$$

复习题 5

一、单项选择题.

1. 设 $f(0)=0$，且$\lim\limits_{x\to 0}\frac{f(x)}{x}$存在，则$\lim\limits_{x\to 0}\frac{f(x)}{x}=$(　　).

A. $f(0)$　　B. $f'(0)$　　C. $f'(x)$　　D. 0

2. 设 $f(x)=ax^2+bx+c$(a,b,c 是常数，$a\neq 0$)，则下列导数错误的是(　　).

A. $f'(x)=2ax+b$　　B. $f'(0)=b$

C. $f'\left(\frac{1}{2}\right)=a+b$　　D. $f'\left(-\frac{b}{2a}\right)=2b$

3. 函数 $y=f(x)$在点 x_0 处可导是它在该点处连续的(　　).

A. 必要条件　　B. 充分条件

C. 充要条件　　D. 什么条件都不是

4. 函数 $y=f(x)$在点 x_0 处可导是它在该点处可微的(　　).

A. 必要条件　　B. 充分条件

C. 充要条件　　D. 什么条件都不是

5. 设 $y=x^{99}$，则 $y^{(100)}=($　　$)$.

A. 0　　B. 99!　　C. 100!　　D. 1

6. $\mathrm{d}(\arctan x)=($　　$)$.

A. $-\frac{1}{1+x^2}\mathrm{d}x$　　B. $\frac{1}{1+x^2}\mathrm{d}x$

C. $\frac{1}{1-x^2}\mathrm{d}x$　　D. $-\frac{1}{1-x^2}\mathrm{d}x$

7. $\mathrm{d}(x^5+\cos x)=($　　$)$.

A. $(4x^5+\sin x)\mathrm{d}x$　　B. $(5x^4+\sin x)\mathrm{d}x$

C. $(4x^5-\sin x)\mathrm{d}x$　　D. $(5x^4-\sin x)\mathrm{d}x$

8. 设函数 $y=5x^2-x-1$，则函数在(1,3)处的切线方程是(　　).

A. $10x-y-1=0$　　B. $9x-y-9=0$

C. $9x-y-6=0$　　D. $9x-y-26=0$

9. 函数 $y=x^3$ 在点 $x=1$ 处的微分为(　　).

A. 3　　B. $3\mathrm{d}x$　　C. 3d1　　D. $3x^2\mathrm{d}x$

10. 若函数 $f(x)=x^{2\,020}+2\,020x$，则 $f'(1)=($　　$)$.

A. 2 020　　B. 3 030　　C. 4 040　　D. 5 050

二、填空题.

1. 设函数 $y=f(x)$在 $x=x_0$ 可导，则$\lim\limits_{h\to 0}\frac{f(x_0+h)-f(x_0-h)}{h}=$________.

2. 曲线 $y=x^3$ 在点(1,1)的斜率为________.

3. 设某一物体的运动方程为 $s=t^{\frac{2}{3}}$，则该物体在 $t=1$ 时的瞬时速度为________.

4. 设 $y=\mathrm{e}^x+x^{\mathrm{e}}+\mathrm{e}^{\mathrm{e}}$，则 $y'=$________.

5. 已知 $y=\lg(x^2+1)$，则 $y'=$________.

6. 曲线 $\mathrm{e}^{xy}+xy+y=2$ 上对应于 $x=0$ 处的切线方程是________.

7. $\mathrm{d}(\mathrm{e}^x-1)=$________ $\mathrm{d}x$.

8. $(\tan x)'=$________.

9. $f(x)=x\ln x, f''(1)=$________.

10. $f(x)=x+\sin x, f''(0)=$________.

三、计算题.

1. 求下列函数的导数.

(1) $y=x^{10}-10^x+10$；　　(2) $y=(\ln x+1)(\sin x-1)$；

(3) $y=\frac{1-x}{1+x}$；　　(4) $y=\ln\sin x$；

(5) $y=\arctan\frac{x+1}{x-1}$；　　(6) $\mathrm{e}^y=\cos(x+y)$；

(7) $y=(\sin x)^{\cos x}, \sin x>0$.

2. 求下列函数的二阶导数.

(1) $y=x\sin x$；　　(2) $y=(1+x^2)\arctan x$.

3. 求曲线 $y=\mathrm{e}^x$ 在点(0,1)处的切线方程和法线方程.

4. 求下列函数的微分.

(1) $y=\sin(x+1)$；　　(2) $y=\ln\sqrt{1-x}$；

(3) $y=e^{x}\cos x$；　　(4) $y=\dfrac{x}{1-x^{2}}$.

5. 已知方程 $y^{2}+2y+x=0$，求：

(1)由此方程所确定的隐函数的导数$\dfrac{dy}{dx}$；

(2)此方程所表示的曲线在点(0,0)处的切线方程和法线方程.

复习题 6

一、选择题.

1. 设函数 $f(x)=x\cos x$，则 $f'\left(\dfrac{\pi}{2}\right)=$(　　).

A. 0　　B. 1　　C. $-\dfrac{\pi}{2}$　　D. 2π

2. 设 $y=f(\cos x)$，其中 f 具有一阶连续导数，则$\dfrac{dy}{dx}=$(　　).

A. $f'(\cos x)\sin x$　　B. $f'(\cos x)\cos x$

C. $-f'(\cos x)\cos x$　　D. $-f'(\cos x)\sin x$

3. 设函数 $y=f(x)$在 $x=x_0$ 处可导，且 $f'(x_0)=3$，则$\lim\limits_{h\to 0}\dfrac{f(x_0-2h)-f(x_0)}{3h}=$(　　).

A. -2　　B. 2　　C. $\dfrac{1}{2}$　　D. $-\dfrac{1}{2}$

4. 设 $f(x)=\begin{cases}x^{2}\sin\dfrac{1}{x}, & x\neq 0\\ 0, & x=0\end{cases}$，则 $f(x)$在点 $x=0$ 处(　　).

A. 可导，且 $f'(0)=0$　　B. 可导，且 $f'(0)=1$

C. 不连续　　D. 连续且不可导

5. 已知 $y=y(x)$是由方程 $y^{2}-x-y+9=0$ 确定的函数，则$\dfrac{dy}{dx}=$(　　).

A. $1-2y$　　B. $2y-1$　　C. $\dfrac{1}{1-2y}$　　D. $\dfrac{1}{2y-1}$

6. 已知函数 $y=y(x)$由参数方程 $\begin{cases}x=\sin 2t\\ y=\cos 3t\end{cases}$ 确定，则 $\dfrac{dy}{dx}=$(　　).

A. $-\dfrac{3\sin 3t}{2\cos 2t}$　　B. $\dfrac{3\sin 3t}{2\cos 2t}$　　C. $-\dfrac{2\cos 2t}{3\sin 3t}$　　D. $\dfrac{2\cos 2t}{3\sin 3t}$

7. 函数 $y=\cos 2x$ 的二阶导数是(　　).

A. $-2\sin 2x$　　B. $-2\cos 2x$　　C. $-4\sin 2x$　　D. $-4\cos 2x$

8. 若 $f(x)=5x+e^{x}$，则 $f''(1)=$(　　).

A. 1　　B. e　　C. 5　　D. $5+e$

9. 设 $y+\ln 2x=2$，则 $dy=($ $)$.

A. $-\frac{2}{x}dx$ B. $-\frac{1}{x}dx$ C. $\frac{1}{x}dx$ D. $\frac{2}{x}dx$

10. 设 $f(x)$ 在 $\mathbf{R}$ 上可导，则对任意的 $x\neq y$ 恒有 $|f(x)-f(y)|<|x-y|$ 是 $|f'(x)|<1$ 的( ).

A. 充分非必要条件 B. 必要非充分条件

C. 充分必要条件 D. 既不充分也不必要条件

二、填空题.

1. $y=\cos x+e^{x^2}$ 的微分 $dy=$________.

2. 若函数 $f(x)=x+\sin x$，则 $f''(x)=$________.

3. 设 $y=y(x)$ 是由方程 $\ln(x^2+y)=x^3y+\sin x$ 确定的函数，则 $\left.\frac{dy}{dx}\right|_{x=0}=$________.

4. 设 $y=e^{\cos 2x}$，则 $y'=$________.

5. 设 $y=f(\arctan x)$，其中 $f(x)$ 为可导函数，则 $y'=$________.

6. 设 $x=\varphi(y)$ 是严格单调的连续函数 $y=f(x)$ 的反函数，且 $f(1)=9$，$f'(1)=-\sqrt{5}$，则 $\varphi'(9)=$________.

三、计算题.

1. 设函数 $f(x)=\begin{cases}x, & x<0\\ \ln(x+1), & x\geq 0\end{cases}$，求 $f(0)$ 与 $f'(0)$.

2. 设 $f(x)=\begin{cases}e^x, & x\leq 1\\ ax+b, & x>1\end{cases}$ 在 $x=1$ 可导，试求 a 与 b.

3. 求下列函数的导数.

(1) $y=\frac{1}{x}+\frac{2}{x^2}+\frac{1}{x^3}$； (2) $y=x^{e^x}$；

(3) $y=\frac{\cos x}{1+\sin x}$； (4) $y=\left(\arcsin\frac{x}{2}\right)^2$；

(5) $y=\sqrt{1+\sqrt{\ln x}}$； (6) $y=\arctan(e^x)$；

(7) $y=\ln(x+\sqrt{a^2+x^2})$； (8) $y=\arccos\sqrt{x}$；

(9) $y=\arctan\frac{2x}{1-x^2}$.

4. 求下列方程所确定的隐函数 $y=y(x)$ 的导数.

(1) $e^y-e^x+xy=0$； (2) $x^3+y^3-3axy=0$；

(3) $x=\sin(x+y)$； (4) $e^y-e^x=xy$.

5. 设参数方程为 $\begin{cases}x=te^t\\ y=\sin t+\cos t\end{cases}$，求 $\frac{dy}{dx}$.

6. 求下列函数的二阶导数.

(1) $y=\frac{1}{x^3+1}$； (2) $y=\frac{e^x}{x}$；

(3) $y=\ln(x+\sqrt{1+x^2})$；(4) $y=\sin(x+y)$.

7. 求下列函数的微分.

(1) $y=\ln^2(1-x)$；(2) $y=x\sin 2x$；

(3) $y=\ln(\cos e^x)$；(4) $y=\arcsin\sqrt{x}$.

8. 求下列方程所确定的隐函数 $y=y(x)$ 的微分.

(1) $y=1+xe^y$；(2) $e^x-e^y=xy$；

(3) $x^y=y^x$；(4) $\arctan\dfrac{y}{x}=\ln\sqrt{x^2+y^2}$.

第 4 章 导数的应用

在第 3 章的基础上，本章将介绍微分学基本定理——微分中值定理，然后运用定理与导数来研究函数的一些性态，如函数的极限、单调性、极值、最值、凹凸性以及函数图形等.

4.1 微分中值定理

罗尔(Rolle)中值定理、拉格朗日(Lagrange)中值定理、柯西(Cauchy)中值定理是三大微分中值定理.

4.1.1 费马引理和罗尔定理

费马引理 设函数 $f(x)$ 在点 x_0 的某邻域 $U(x_0)$ 内有定义，并且在 x_0 处可导，如果对任意 $x\in U(x_0)$，有 $f(x)\leqslant f(x_0)$（或 $f(x)\geqslant f(x_0)$），那么 $f'(x_0)=0$.

证明略.

几何含义：在给定的假设下，如果函数曲线 $C:y=f(x)(x\in U(x_0))$ 上的某一点 $P_0(x_0,f(x_0))$ 位于该曲线的“谷底”或“峰顶”，则此时 C 在点 P_0 的切线必是水平的.（图 4-1-1）.

米歇尔·罗尔
(1652—1719)
◈法国数学家.
◈1691 年提出罗尔定理.
◈发明了 x 的 n 次根的标准记法.

定义 4-1-1 导数 $f'(x)$ 等于零的点称为函数的**驻点**（或稳定点、临界点）.

所以费马引理中的点 x_0 就是 $f(x)$ 的驻点.

罗尔定理 如果函数 $f(x)$ 满足以下条件：

(1) 在闭区间 $[a,b]$ 上连续，

(2) 在开区间 (a,b) 内可导，

(3) $f(a)=f(b)$，

那么在 (a,b) 内至少存在一点 $\xi(a<\xi<b)$，使得 $f'(\xi)=0$.

证明 由于 $f(x)$ 在 $[a,b]$ 上连续，故必有最大值 M 和最小值 m，于是有两种可能的情形.

(1) $M=m$，此时 $f(x)$ 在 $[a,b]$ 上必然取相同的数值 M，即 $f(x)=M$. 由此得 $f'(x)=0$. 因此，任取 $\xi\in(a,b)$，有 $f'(\xi)=0$.

(2) $M>m$，由于 $f(a)=f(b)$，所以 M 和 m 至少有一个不等于 $f(x)$ 在

区间$[a,b]$端点处的函数值. 不妨设$M\neq f(a)$（若$m\neq f(a)$，可类似证明），则必定在(a,b)中存在一点ξ使$f(\xi)=M$. 因此任取$x\in[a,b]$有$f(x)\leqslant f(\xi)$，由费马引理有$f'(\xi)=0$.

罗尔定理的几何意义 如图4-1-2所示，从几何图形上看，这时满足定理条件的曲线$y=f(x)$或者就是直线段AB，此时AB上的任意一点的切线都是水平的；若$y=f(x)$不是直线段，则曲线必有"谷底"或"峰顶"，设这样的点为$C(\xi,f(\xi))$，则$\xi\in(a,b)$，且由费马引理，必有$f'(\xi)=0$.

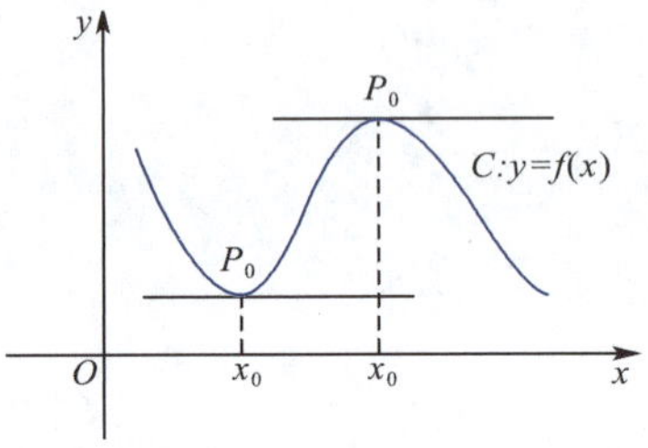

图 4-1-1

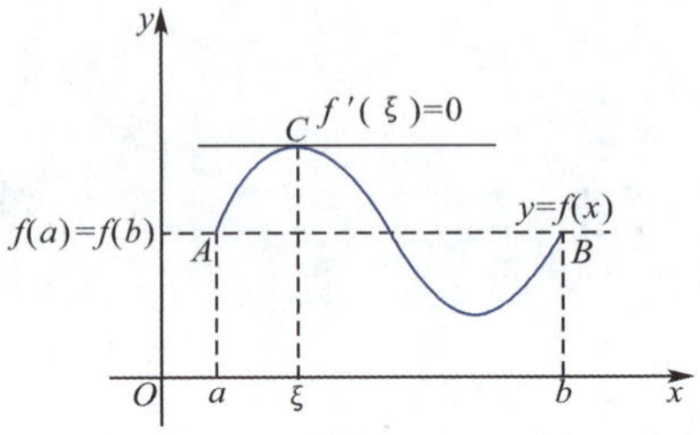

图 4-1-2

·注意· 罗尔定理中的条件是充分条件，但不是必要条件，即若定理中的三个条件不完全满足时，结论也可能成立. 如$f(x)=(x-1)^2$在$[0,3]$不满足罗尔定理$(f(0)\neq f(3))$，可是存在$1\in(0,3)$，使得$f'(1)=0$.

【例1】 判定函数$f(x)=x^2-4x+5$在$[1,3]$上是否满足罗尔定理条件？若满足，找出定理中的ξ.

解 (1)因为$f(x)=x^2-4x+5$是初等函数，所以$f(x)$在定义域内连续.

(2)$f(x)$在$(1,3)$内可导，导函数为$f'(x)=2x-4$.

(3)$f(1)=f(3)=2$.

所以，函数$f(x)$在$[1,3]$上满足罗尔定理.

令$f'(\xi)=2\xi-4=0$，得$\xi=2$，该点即为所求.

【例2】 证明方程$4x^3+3x^2-1=0$在$(-1,1)$内至少有一个实根.

证明 因为$(x^4+x^3-x-1)'=4x^3+3x^2-1$.

令$f(x)=x^4+x^3-x-1$，则$f(x)$在$[-1,1]$上连续，在$(-1,1)$内可导，且$f(-1)=f(1)=0$.

根据罗尔中值定理有$f'(\xi)=0,\xi\in(-1,1)$，即$4\xi^3+3\xi^2-1=0$，为方程$4x^3+3x^2-1=0$的一个实根.

所以，方程至少有一个实根.

约瑟夫·拉格朗日
(1736—1813)

◆法国著名数学家、物理学家.

◆在数学、力学和天文学三个学科中都有重大历史性贡献，但主要是数学家，研究力学和天文学的目的是表明数学分析的威力.

◆全部著作、论文、学术报告记录、学术通讯超过500篇.

4.1.2 拉格朗日中值定理

拉格朗日中值定理，又称拉氏定理、有限增量定理，是微分学中的基本定理之一，反映了可导函数在闭区间上整体的平均变化率与区间内某点的局部变化率的关系.

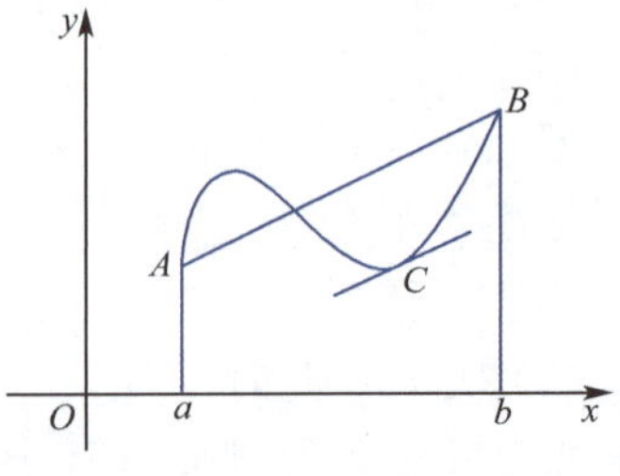

图 4-1-3

拉格朗日中值定理 如果函数$f(x)$满足

(1)在闭区间$[a,b]$上连续，

(2)在开区间(a,b)内可导，

那么在(a,b)内至少存在一点$\xi(a<\xi<b)$，使得$f'(\xi)=\dfrac{f(b)-f(a)}{b-a}$.

证明　构造辅助函数

$$F(x)=f(x)-\left[f(a)+\frac{f(b)-f(a)}{b-a}(x-a)\right],$$

显然$F(x)$满足罗尔定理的条件，则在(a,b)内至少存在一点ξ，使得$F'(\xi)=0$. 又

$$F'(x)=f'(x)-\frac{f(b)-f(a)}{b-a},$$

所以

$$f'(\xi)=\frac{f(b)-f(a)}{b-a}.$$

拉格朗日中值定理的几何意义　如图4-1-3所示，如果设满足定理条件的连续曲线$y=f(x)(a\leqslant x\leqslant b)$的两个端点为$A(a,f(a))$和$B(b,f(b))$，则弦$AB$的斜率等于$\dfrac{f(b)-f(a)}{b-a}$，那么在开区间$(a,b)$内至少有一点$C$，使得曲线在点$C(\xi,f(\xi))$处的切线与弦$AB$平行.

【例3】　判定函数$f(x)=x^3-5x^2+x-2$在$[-1,0]$上是否满足拉格朗日定理？若满足，找出定理中的ξ.

解　(1)因$f(x)=x^3-5x^2+x-2$是初等函数，故$f(x)$在定义域$\mathbf{R}$上连续.

(2)$f(x)$在$(-1,0)$内可导，导函数为$f'(x)=3x^2-10x+1$.

因此函数$f(x)=x^3-5x^2+x-2$在$[-1,0]$上满足拉格朗日中值定理，故有

$$f'(\xi)=3\xi^2-10\xi+1=\frac{f(0)-f(-1)}{0-(-1)}=7.$$

从而可得$\xi=\dfrac{5\pm\sqrt{43}}{3}$.

又因为$\xi\in(-1,0)$，所以$\xi=\dfrac{5-\sqrt{43}}{3}$.

推论1　在某一区间(a,b)内若$f'(x)\equiv0$，则在此区间内$f(x)=C$(C为常数).

推论2　若$F'(x)\equiv G'(x)$，则$F(x)-G(x)=C$(C为常数).

即若两函数导数恒相等，则这两个函数至多只相差一个常数.

【例4】　证明恒等式：$\arcsin x+\arccos x\equiv\dfrac{\pi}{2}$.

证明　$(\arcsin x+\arccos x)'=(\arcsin x)'+(\arccos x)'$

$$=\frac{1}{\sqrt{1+x^2}}-\frac{1}{\sqrt{1+x^2}}=0,$$

故$\arcsin x+\arccos x\equiv C$. 取$x=0$，得$C=\dfrac{\pi}{2}$.

【例5】　证明下列不等式$\dfrac{x}{1+x}<\ln(1+x)<x(x>0)$.

证明 设 $f(x)=\ln(1+x)$，$f(0)=0$.

在区间 $[0,x]$ 内应用拉格朗日中值定理，存在 $\xi\in(0,x)$ 使得

$$f'(\xi)=\frac{f(x)-f(0)}{x-0}=\frac{\ln(1+x)}{x}=\frac{1}{1+\xi}.$$

所以
$$\ln(1+x)=\frac{x}{1+\xi},\xi\in(0,x),$$

$$\frac{x}{1+x}<\ln(1+x)<\frac{x}{1+0},$$

即 $\frac{x}{1+x}<\ln(1+x)<x\ (x>0)$ 不等式成立.

4.1.3 柯西中值定理

柯西中值定理 如果函数 $f(x)$，$g(x)$ 满足条件：

(1)在 $[a,b]$ 上连续；

(2)在 (a,b) 内可导；

(3) $g'(x)\neq 0$.

则至少存在一点 $\xi\in(a,b)$，使得 $\frac{f(b)-f(a)}{g(b)-g(a)}=\frac{f'(\xi)}{g'(\xi)}$.

证明 构造辅助函数

$$\varphi(x)=f(x)-f(a)-\frac{f(b)-f(a)}{g(b)-g(a)}[g(x)-g(a)].$$

显然，$\varphi(x)$ 在 $[a,b]$ 上连续，在 (a,b) 内可导，且 $\varphi(a)=\varphi(b)=0$.

由罗尔中值定理有

$$\varphi'(\xi)=f'(\xi)-\frac{f(b)-f(a)}{g(b)-g(a)}\cdot g'(\xi)=0.$$

若 $g'(\xi)\neq 0$，则有 $\frac{f(b)-f(a)}{g(b)-g(a)}=\frac{f'(\xi)}{g'(\xi)}$.

显然，柯西中值定理中当 $g(x)=x$ 时，就变成拉格朗日中值定理，所以柯西中值定理是符合一般情况的定理.

习题 4-1

1. 请列出下列定理的条件和结果.

(1)罗尔定理条件：____________________

结论：____________________

(2)拉格朗日中值定理条件：____________________

结论：____________________

2. 下列函数中，在 $[-1,1]$ 上满足罗尔定理的是(　　).

A. $f(x)=x^2+3x+1$　　B. $f(x)=2-x^2$

C. $f(x)=e^{\frac{1}{x}}$　　D. $f(x)=|x|$

3. 函数 $f(x)=(x-1)^2$ 满足罗尔定理条件的区间是(　　).

A. $[-2,0]$　　B. $[-1,3]$　　C. $[0,3]$　　D. $[-2,2]$

4. 若函数 $f(x)$ 在 $[a,b]$ 上可导，且 $f(a)=f(b)$，则 $f'(x)=0$ 在 (a,b) 内(　　).

A. 没有实根　　B. 不一定有实根

C. 只有一个实根　　D. 至少有一个实根

5. 下列函数在[1,3]上满足拉格朗日中值定理条件的是(　　).

A. $f(x)=\ln(\ln x)$　　B. $f(x)=\dfrac{1}{\ln x}$

C. $f(x)=\ln x$　　D. $f(x)=\ln(3-x)$

6. 验证下列函数在给定区间上是否满足罗尔定理条件，若满足，求出定理中的ξ.

(1) $f(x)=(x-3)(x-4)$, $[3,4]$;

(2) $f(x)=x\sqrt{6-x}$, $[0,6]$;

(3) $f(x)=\sqrt[3]{x}$, $[-1,1]$.

7. 下列函数在指定区间上是否满足拉格朗日中值定理？如果满足，找出使定理结论成立的点.

(1) $f(x)=\dfrac{1}{x}$, $[-1,1]$;　　(2) $f(x)=e^{2x}$, $[0,1]$;

(3) $f(x)=\sqrt{x+1}$, $[0,3]$;　　(4) $f(x)=\sin x$, $[0,\pi]$.

8. 求 $f(x)=(x-2)(x-3)(x-4)(x-5)$ 的导数，说明方程 $f'(x)=0$ 有几个实数根，并指出它们所在的区间.

9. 证明下列命题.

(1) $\arctan x+\operatorname{arccot}x=\dfrac{\pi}{2}$;　　(2) $e^x>e\cdot x\quad(x>1)$;

(3) $\arcsin x<\dfrac{x}{\sqrt{1-x^2}}\quad(0<x<1)$.

4.2　洛必达法则与不定式

虽然我们在第2章中学习了直接代入法、$\dfrac{0}{0}$型因式分解、根式有理化、无穷小量性质、$\dfrac{\infty}{\infty}$型无穷大转无穷小、两个重要极限、等价代换等求极限的方法，但是在求极限的路上依然存在许多未知与挑战. 本节我们将认识一种新的求极限方法，洛必达法则.

安托万・洛必达
(1661—1704)
◈法国数学家.
◈伟大的数学思想传播者.
◈最重要的著作是《阐明曲线的无穷小分析》(1696年)，这是世界上第一本系统的微积分学教科书.

4.2.1　$\dfrac{0}{0}$型不定式

洛必达法则1　若 $f(x)$、$g(x)$满足以下条件：

(1) $\lim\limits_{x\to x_0}f(x)=0$, $\lim\limits_{x\to x_0}g(x)=0$;

(2) $f(x)$、$g(x)$在 x_0 的某去心邻域内可导，且 $g'(x)\neq 0$;

(3) $\lim\limits_{x\to x_0}\dfrac{f'(x)}{g'(x)}=A$(或$\infty$)，则 $\lim\limits_{x\to x_0}\dfrac{f(x)}{g(x)}=\lim\limits_{x\to x_0}\dfrac{f'(x)}{g'(x)}=A$(或$\infty$).

证明　由于函数在 x_0 的极限与函数在点 x_0 的值无关，令

$$f(x_0)=g(x_0)=0,$$

则 $f(x)$与 $g(x)$在点 x_0 连续. 在 x_0 附近任取一点 x，由柯西中值定理，得

$$\frac{f(x)}{g(x)}=\frac{f(x)-f(x_0)}{g(x)-g(x_0)}=\frac{f'(\xi)}{g'(\xi)}\quad(\xi\text{ 在 }x\text{ 与 }x_0\text{ 之间}).$$

由于 $x\to x_0$ 时，$\xi\to x_0$，所以，命题得证.

·注意· 上述定理对 $x\to\infty$ 时的 $\frac{0}{0}$ 型不定式同样适用.

【例 1】 求 $\lim\limits_{x\to0}\frac{1-\cos x}{x^2}$.

分析 显然该极限式是 $\frac{0}{0}$ 型不定式，运用洛必达法则.

解 原式 $=\lim\limits_{x\to0}\frac{(1-\cos x)'}{(x^2)'}=\lim\limits_{x\to0}\frac{\sin x}{2x}=\frac{1}{2}$.

·注意· 当洛必达法则熟练后可以直接求导.

【例 2】 求 $\lim\limits_{x\to0}\frac{x-x\cos x}{x-\sin x}$. $\left(\frac{0}{0}\right)$

解
$$\text{原式}=\lim_{x\to0}\frac{1-\cos x+x\sin x}{1-\cos x}\quad\left(\frac{0}{0}\right)$$
$$=\lim_{x\to0}\frac{\sin x+\sin x+x\cos x}{\sin x}\quad\left(\frac{0}{0}\right)$$
$$=\lim_{x\to0}\frac{2\cos x+\cos x-x\sin x}{\cos x}$$
$$=\frac{2+1-0}{1}=3.$$

·注意· 只要符合条件，洛必达法则可反复使用.

【例 3】 求 $\lim\limits_{x\to0}\frac{\tan x-x}{x^2\ln(1+x)}$. $\left(\frac{0}{0}\right)$

分析 如果直接使用洛必达法则，就会发现分母求导后会更加复杂，所以能够化简的要先化简再使用洛必达法则.

解
$$\text{原式}=\lim_{x\to0}\frac{\tan x-x}{x^2\cdot x}\quad(x\to0\text{ 时}, x\sim\ln(1+x))$$
$$=\lim_{x\to0}\frac{\sec^2x-1}{3x^2}$$
$$=\lim_{x\to0}\frac{\tan^2x}{3x^2}\quad(x\to0\text{ 时}, x\sim\tan x)$$
$$=\lim_{x\to0}\frac{x^2}{3x^2}=\frac{1}{3}.$$

·注意· 能用等价代换化简的，先化简后再用洛必达法则.

4.2.2 $\frac{\infty}{\infty}$ 型不定式

洛必达法则 2 若 $f(x)$、$g(x)$ 满足以下条件：

(1) $\lim\limits_{x\to x_0}f(x)=\infty$，$\lim\limits_{x\to x_0}g(x)=\infty$；

(2) $f(x)$、$g(x)$ 在 x_0 的某去心邻域可导，且 $g'(x)\neq0$；

(3) $\lim\limits_{x\to x_0}\frac{f'(x)}{g'(x)}=A$；

则 $\lim\limits_{x\to x_0}\dfrac{f(x)}{g(x)}=\lim\limits_{x\to x_0}\dfrac{f'(x)}{g'(x)}=A$.

·注意· 上述定理对 $x\to\infty$ 时的 $\dfrac{\infty}{\infty}$ 型不定式同样适用.

【例 4】 求 $\lim\limits_{x\to+\infty}\dfrac{\ln x}{x^n}$.

分析 该极限是 $\dfrac{\infty}{\infty}$ 型,可以使用洛必达法则求解.

解 原式 $=\lim\limits_{x\to+\infty}\dfrac{\dfrac{1}{x}}{nx^{n-1}}=\lim\limits_{x\to+\infty}\dfrac{1}{nx^n}=0$.

4.2.3 其他类型的不定式

除了上述两种类型外,还有其他类型,如 $0\cdot\infty$,$\infty-\infty$,0^0,1^∞,∞^0 等.由于它们都可化为 $\dfrac{0}{0}$ 或 $\dfrac{\infty}{\infty}$ 型,因此也常用洛必达法则求其值.

【例 5】 求 $\lim\limits_{x\to0^+}x\ln x$.

分析 该极限是 $0\cdot\infty$ 型,所以要先把乘法化为除法,从而化为 $\dfrac{0}{0}$ 或 $\dfrac{\infty}{\infty}$ 型.

解 原式 $=\lim\limits_{x\to0^+}\dfrac{\ln x}{\dfrac{1}{x}}=\lim\limits_{x\to0^+}\dfrac{\dfrac{1}{x}}{-\dfrac{1}{x^2}}=\lim\limits_{x\to0^+}(-x)=0$.

【例 6】 求 $\lim\limits_{x\to0}\left(\dfrac{1}{\sin x}-\dfrac{1}{x}\right)$.

分析 该极限是 $\infty-\infty$ 型,所以要先通分,把两式相减化为 $\dfrac{0}{0}$ 型或 $\dfrac{\infty}{\infty}$ 型.

解 原式 $=\lim\limits_{x\to0}\dfrac{x-\sin x}{x\sin x}=\lim\limits_{x\to0}\dfrac{x-\sin x}{x^2}$ ($x\to0$ 时,$x\sim\sin x$)

$=\lim\limits_{x\to0}\dfrac{1-\cos x}{2x}=\lim\limits_{x\to0}\dfrac{\sin x}{2}=0$.

【例 7】 求 $\lim\limits_{x\to0^+}x^x$.

分析 该极限是 0^0 型,所以要先用对数性质降幂,化为 $e^{0\cdot\infty}$.

解 原式 $=\lim\limits_{x\to0^+}e^{\ln x^x}=\lim\limits_{x\to0^+}e^{x\ln x}=\lim\limits_{x\to0^+}e^{\frac{\ln x}{\frac{1}{x}}}$

$=\lim\limits_{x\to0^+}e^{\frac{\frac{1}{x}}{-\frac{1}{x^2}}}=\lim\limits_{x\to0^+}e^{-x}=e^0=1$.

·注意· (1)洛必达法则只适用于 $\dfrac{0}{0}$ 型或 $\dfrac{\infty}{\infty}$ 型,其他类型必须先化成 $\dfrac{0}{0}$ 型或 $\dfrac{\infty}{\infty}$ 型,然后再用洛必达法则.

(2)洛必达法则只适用于 $\lim\limits_{\substack{x\to x_0\\(x\to\infty)}}\dfrac{f(x)}{g(x)}$ 存在或无穷大时，当 $\lim\limits_{\substack{x\to x_0\\(x\to\infty)}}\dfrac{f(x)}{g(x)}$ 不存在时不能用洛必达法则求解，需要通过其他方法来讨论，这说明洛必达法则也不是万能的.

习题 4-2

用洛必达法则求下列极限.

(1) $\lim\limits_{x\to 0}\dfrac{\sin 2x}{x}$；

(2) $\lim\limits_{x\to 2}\dfrac{\sin x-\sin 2}{x-2}$；

(3) $\lim\limits_{x\to 0}\dfrac{e^x-1}{x^2-x}$；

(4) $\lim\limits_{x\to +\infty}\dfrac{\ln x}{x-1}$；

(5) $\lim\limits_{x\to \infty}\dfrac{\ln(1+x^2)}{x}$；

(6) $\lim\limits_{x\to 1}\left(\dfrac{1}{x-1}-\dfrac{3}{x^3-1}\right)$；

(7) $\lim\limits_{x\to 0}\left[\dfrac{1}{\sin x}-\dfrac{1}{\ln(1+x)}\right]$；

(8) $\lim\limits_{x\to \infty}(2x+3)\sin\dfrac{1}{3x}$；

(9) $\lim\limits_{x\to +\infty}x\left(\arctan x-\dfrac{\pi}{2}\right)$；

(10) $\lim\limits_{x\to 0}x^{\sin x}$；

(11) $\lim\limits_{x\to +\infty}\left(\dfrac{\pi}{2}-\arctan x\right)^{\frac{1}{\ln x}}$；

(12) $\lim\limits_{x\to 0^+}(x)^{\frac{1}{1+\ln x}}$.

4.3 函数的单调性和极值

在 1.1.4 节我们复习了函数的单调性. 本节我们将利用微分中值定理与导数来研究函数的一些性态，如函数的单调性与极值，并利用本节理论知识解决一些实际问题.

4.3.1 函数的单调性

定理 4-3-1 设函数 $f(x)$ 在 $[a,b]$ 上连续，在 (a,b) 内可导，则

(1)若在 (a,b) 内函数 $f'(x)>0$，则 $f(x)$ 在 (a,b) 上单调增加；

(2)若在 (a,b) 内函数 $f'(x)<0$，则 $f(x)$ 在 (a,b) 上单调减少.

证明略.

本定理的几何意义如图 4-3-1 所示.

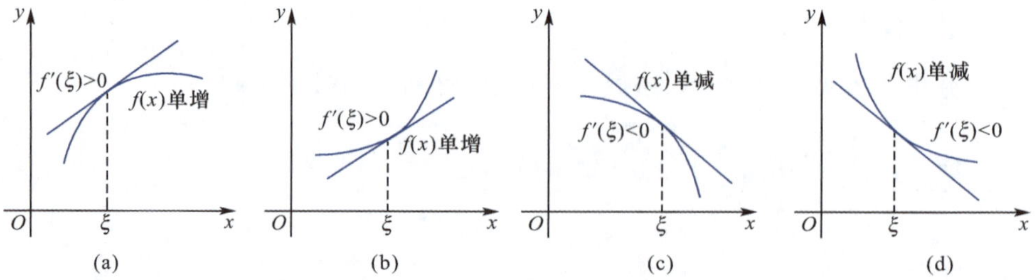

图 4-3-1

注意 如果把定理中的闭区间换成其他各种区间，其结论仍然成立.

【例 1】 判定函数 $y=e^{-x}$ 的单调性.

解 (1)函数 y 的定义域为 $(-\infty,+\infty)$；

(2)$y'=-e^{-x}=-\frac{1}{e^x}<0$，故 $y=e^{-x}$ 在$(-\infty,+\infty)$上单调减少. 如图 4-3-2 所示.

【例 2】 判定函数 $y=\frac{1}{3}x^3-2x^2+3x$ 的单调性.

解 (1)函数的定义域为$(-\infty,+\infty)$；

(2)$y'=x^2-4x+3=(x-1)(x-3)$，令 $y'=0$，得驻点 $x_1=1$，$x_2=3$，没有不可导点；

(3)这两个点把定义域$(-\infty,+\infty)$分成三个小区间，列表 4-3-1.

表 4-3-1

x	$(-\infty,1)$	1	$(1,3)$	3	$(3,+\infty)$
y'	+	0	−	0	+
y	↗		↘		↗

所以函数在$(-\infty,1)$和$(3,+\infty)$内单调增加，在$(1,3)$内单调减少. 如图 4-3-3 所示.

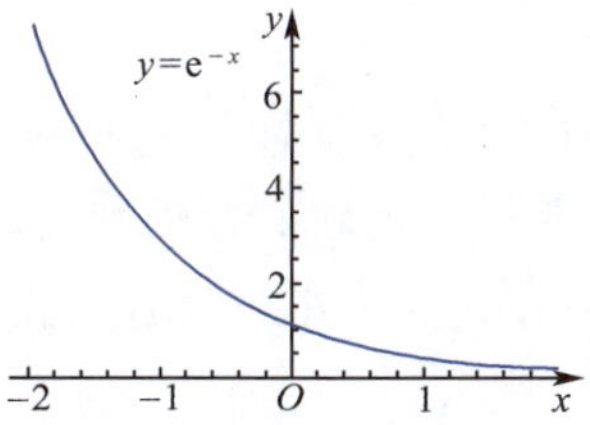

图 4-3-2

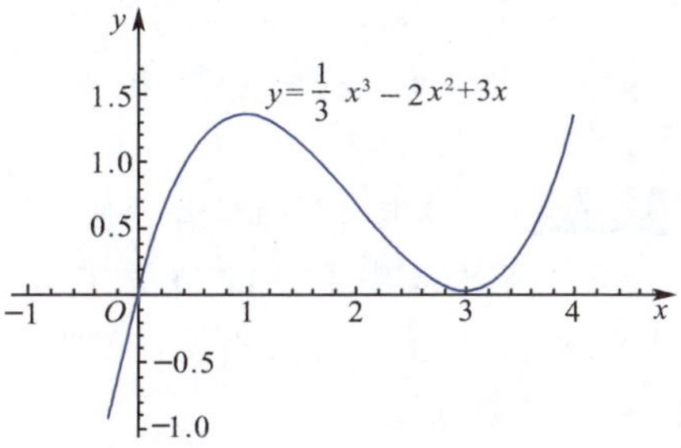

图 4-3-3

·小结· 求函数 $f(x)$ 单调性的步骤：

(1)确定函数 $f(x)$ 的定义域；

(2)求出 $f'(x)$，然后求出 $f(x)$ 单调区间所有可能的分界点(**驻点和不可导点**)；

(3)以所有的分界点划分函数定义域，考察 $f'(x)$ 在各个部分区间内的符号，从而确定 $f(x)$ 在各个部分区间的增减性.

·注意· 不要理所当然地认为 $f'(x)$ 在子区间的符号一定是有规律的，要么是负正负正…要么是正负正负…，这是错误的，一定要认真计算 $f'(x)$ 的正负，有的时候全正或全负都有可能. 比如 $f(x)=x^3$，驻点为 $x=0$，但 2 个子区间都是正的，函数在定义域内都单调增加.

4.3.2 函数的极值

设函数 $y=f(x)$ 的图象如图 4-3-4 所示.

由图 4-3-4 可知，这是函数 $y=f(x)$ 在区间 $[a,b]$ 上的图象. 图象就像连绵起伏的山峦，分别在点 x_1,x_3,x_5,x_7 达到顶峰，在点 x_2,x_4,x_6 达到底谷. 顶峰的点附近的点都比它低，低谷的点附近的点都比它高，这种局部的最大最小值具有一定的实际意义与应用意义. 对此我们引入如下定义.

定义 4-3-1 设函数 $y=f(x)$ 在点 x_0 的某邻域内有定义,

(1)若对此邻域内任一点 $x(x\neq x_0)$,恒有 $f(x)<f(x_0)$,则称 $f(x_0)$ 是函数 $f(x)$ 的一个**极大值**,x_0 称为函数 $f(x)$ 是**极大值点**;

(2)若对此邻域内任一点 $x(x\neq x_0)$,恒有 $f(x)>f(x_0)$,则称 $f(x_0)$ 是函数 $f(x)$ 的一个**极小值**,x_0 称为函数 $f(x)$ 的**极小值点**.

函数的极大值与极小值统称为函数的**极值**,极大值点与极小值点统称为**极值点**.

·注意· (1)极值是一个局部性概念,并不能说明它在整个定义区间内最大或最小;

(2)一个函数,有时不一定有极值,有时不止有一个极大值和极小值,且其中的极大值并不一定都大于极小值;

例如,图 4-3-4 所示的函数在点 x_5 取得的极大值 $f(x_5)$ 比在 x_2 取得的极小值 $f(x_2)$ 要小.

(3)由图 4-3-4 可知,极值点是单调性的分界点,可以是**驻点**(x_1,x_2,x_3,x_4,x_5,x_6)或**不可导点**(x_7);

(4)端点不作为极值点,需另外讨论.

定理 4-3-2(极值存在的必要条件) 如果函数 $f(x)$ 在点 x_0 处有极值 $f(x_0)$,且 $f'(x_0)$ 存在,则 $f'(x_0)=0$.

证明略.

·注意· (1)由定理 4-3-2 可知,在 $f'(x_0)$ 存在的前提下,$f'(x_0)=0$ 是点 x_0 为极值点的必要条件,但不是充分条件.即**驻点不一定就是极值点**.

例如,函数 $f(x)=x^3$,当 $x=0$ 时 $f'(0)=0$,但在 $x=0$ 处并没有取得极值,如图 4-3-5 所示.

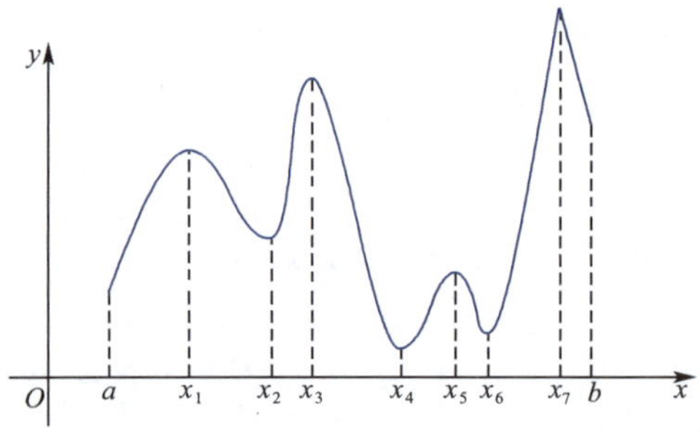

图 4-3-4

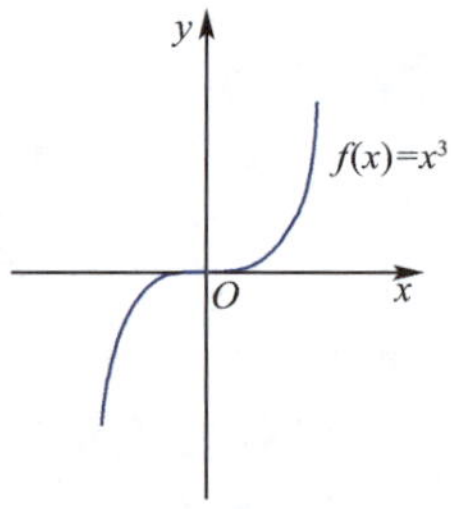

图 4-3-5

(2)同理可得,不可导点不一定就是极值点.

例如,函数 $f(x)=2x+|x|$,在点 $x=0$ 处不可导,$x=0$ 是不可导点,但是函数在 **R** 上都是单调增加的.

定理 4-3-3(极值的第一判别法) 设函数 $f(x)$ 在点 x_0 的某邻域内连续,且在此邻域内(x_0 可除外)可导.

(1)如果当 $x<x_0$ 时,$f'(x)>0$,而当 $x>x_0$ 时,$f'(x)<0$,则 $f(x)$ 在 x_0 取得极大值,如图 4-3-6(a)所示.

(2)如果当 $x<x_0$ 时,$f'(x)<0$,而当 $x>x_0$ 时,$f'(x)>0$,则 $f(x)$ 在 x_0 取得极小值,如图 4-3-6(b)所示.

(3)如果在 x_0 的两侧 $f'(x)$的符号不变,则 x_0 不是 $f(x)$的极值点,如图 4-3-6(c)(d)所示.

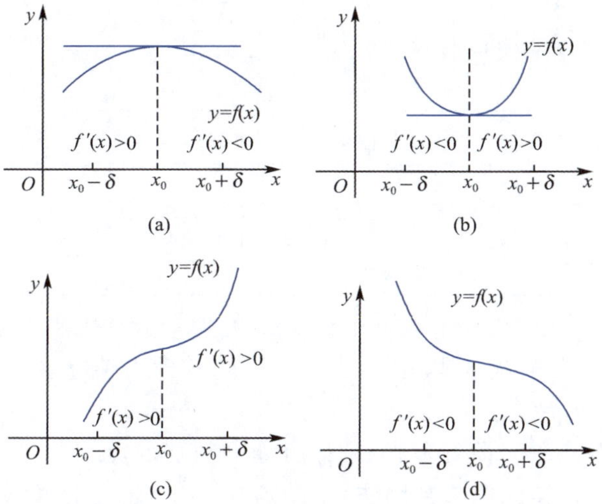

图 4-3-6

小结　求函数 $f(x)$的极值点和极值的步骤:

(1)求函数的定义域(有时是给定的区间);

(2)求出 $f'(x)$,在定义域或给定区间内求出使 $f'(x)=0$ 的点(驻点)及 $f'(x)$不存在的点(不可导点);

(3)用(2)中的点将定义域(或给定区间)分为若干个子区间,讨论在每个区间内 $f'(x)$的符号(此时,为表达清楚最好列出相应表格);

(4)利用定理 4-3-3 判断(2)中的点是否为极值点,如果是极值点,进一步通过单调性判定是极大值点还是极小值点;

(5)求出各极值点处的函数值,得出函数的全部极值.

【例 3】　求函数 $f(x)=x^3-3x$ 的极值点.

解　(1)函数的定义域为$(-\infty,+\infty)$;

(2)$f'(x)=(x^3-3x)'=3x^2-3=3(x+1)(x-1)$,令 $f'(x)=0$,得驻点:$x_1=-1$,$x_2=1$,没有不可导点;

(3)用驻点划分区间,列表 4-3-2.

表 4-3-2

x	$(-\infty,-1)$	-1	$(-1,1)$	1	$(1,+\infty)$
$f'(x)$	+	0	−	0	+
$f(x)$	↗	极大值 $f(-1)=2$	↘	极小值 $f(1)=-2$	↗

由表 4-3-2 可知,函数 $f(x)$在$(-\infty,-1)$和$(1,+\infty)$内单调增加,在$(-1,1)$内单调减少,在点 $x=-1$ 处有极大值 $f(-1)=2$;在点 $x=1$ 处有极小值 $f(1)=-2$.

【例 4】　求函数 $f(x)=2x+\dfrac{8}{x}$的单调区间和极值.

解　(1)函数的定义域为$(-\infty,0)\cup(0,+\infty)$;

(2) $f'(x)=2-\frac{8}{x^2}$，令 $f'(x)=0$，得驻点 $x_1=-2$，$x_2=2$，没有不可导点；

(3)用驻点划分区间，列表 4-3-3.

表 4-3-3

x	$(-\infty,-2)$	-2	$(-2,0)$	$(0,2)$	2	$(2,+\infty)$
$f'(x)$	$+$	0	$-$	$-$	0	$+$
$f(x)$	↗	极大值 $f(-2)=-8$	↘	↘	极小值 $f(2)=8$	↗

由表 4-3-3 可知，函数在区间 $(-\infty,-2)$ 和 $(2,+\infty)$ 内单调增加，在区间 $(-2,0)$ 和 $(0,2)$ 内单调减少. 在点 $x=-2$ 处有极大值 $f(-2)=-8$；在点 $x=2$ 处有极小值 $f(2)=8$.

当函数在驻点处二阶导数存在时，有如下判别定理.

定理 4-3-4（极值的第二判别法） 设函数 $f(x)$ 在点 x_0 处具有二阶导数，且 $f'(x_0)=0$，$f''(x_0)\neq 0$，

(1)若 $f''(x_0)>0$，则 x_0 是函数 $f(x)$ 的极小值点；

(2)若 $f''(x_0)<0$，则 x_0 是函数 $f(x)$ 的极大值点.

证明略.

·注意· 当 $f''(x_0)=0$ 时，定理 4-3-4 失效. 此时，函数 $f(x)$ 在点 x_0 可能有极大值，也可能有极小值，还可能没有极值，可使用第一判别法进行判断.

【例 5】 求函数 $f(x)=x^3-3x$ 的极值.

解 $f'(x)=(x^3-3x)'=3x^2-3=3(x+1)(x-1)$，$f''(x)=6x$.

令 $f'(x)=0$，得驻点：$x_1=-1$，$x_2=1$.

因为 $f''(1)=6>0$，所以 $f(1)=-2$ 为极小值；

$f''(-1)=-6<0$，所以 $f(-1)=2$ 为极大值.

·小结· 极值的判定方法有第一判别法和第二判别法. 在具体问题中，若还需要判断单调性，可选用第一判别法；如果只要求判断极值且二阶导数计算简单，可直接采用第二判别法.

习题 4-3

1. 判断题.

(1)已知函数 $f(x)$ 的导数 $f'(x)>0$，则该函数单调减少. ( )

(2)一个函数的单调性要么单调增加，要么单调减少. ( )

(3)极值有极大值和极小值，且极大值大于极小值. ( )

(4)驻点就是一阶导数值为零的点. ( )

(5)驻点一定是极值点. ( )

(6)极值点只能是驻点. ( )

(7)不可导点就是一阶导数值不存在的点. ( )

(8)极值点必是驻点或不可导点. ( )

(9)极值点之间一般不比较大小. ( )

(10)极值点的个数最少 0 个，最多无数个. ( )

2. 选择题.

(1)若函数 $f(x)$ 在点 x_0 处取得极大值，则必有(　　).

A. $f'(x_0)=0$　　B. $f''(x_0)<0$

C. $f'(x_0)=0$ 且 $f''(x_0)<0$　　D. $f'(x_0)=0$ 或 $f'(x_0)$ 不存在

(2)设函数 $f(x)$ 在 $[0,1]$ 上连续，且对任意的 $x\in(0,1)$，有 $f'(x)>0$，则必有(　　).

A. $f(0)<0$　　B. $f(1)>0$

C. $f(1)<f(0)$　　D. $f(1)>f(0)$

(3)若函数 $f(x)$ 在点 x_0 处具有二阶导数 $f''(x_0)<0$ 且 $f'(x_0)=0$，则 $f(x_0)=0$ 是(　　).

A. 极大值　　B. 极小值　　C. 最大值　　D. 最小值

(4)在区间 $(-2,2)$ 内，函数 $f(x)=e^{-3x+1}$ 是(　　).

A. 有界且单调增加函数　　B. 有界且单调减少函数

C. 无界且单调增加函数　　D. 无界且单调减少函数

(5)条件 $f'(x_0)=0$ 是函数 $y=f(x)$ 在 $x=x_0$ 处取得极值的(　　).

A. 必要条件　　B. 充分条件　　C. 充要条件　　D. 无关条件

(6)设函数 $f(x)$ 在 $[a,b]$ 上连续，在 (a,b) 内可导，又 $b>a$，且 $f'(x)<0$，则(　　).

A. $f(a)<0$　　B. $f(b)>0$

C. $f(b)>f(a)$　　D. $f(b)<f(a)$

(7)设 $f(x)$ 在 x_0 的邻域内具有二阶连续导数，且 $f'(x_0)=0$，$f''(x_0)\neq 0$，则 $f(x)$ 在点 x_0 处(　　).

A. 无极值　　B. 有极值　　C. 有极大值　　D. 有极小值

(8)若 $\lim\limits_{x\to a}\dfrac{f(x)-f(a)}{(x-a)^2}=1$，则 $f(x)$ 在 $x=a$ 处(　　).

A. 可导，但 $f'(a)\neq 0$　　B. 不可导

C. 取得极大值　　D. 取得极小值

(9)函数 $f(x)$ 的导数 $f'(x)=(x-1)^2(x-2)^3(x-3)^4$，则函数的极值点是(　　).

A. $x=1$　　B. $x=2$

C. $x=3$　　D. $x=1,x=2,x=3$

3. 计算下列函数的单调区间和极值.

(1)$y=x^3+x$；　　(2)$y=\ln(1+2x)$；

(3)$y=\dfrac{1}{3}x^3-\dfrac{1}{2}x^2-6x+1$；　　(4)$y=x+\dfrac{16}{x}$；

(5)$y=\sqrt[3]{x^2}(1-x)$；　　(6)$f(x)=\dfrac{x}{1+x^2}-2$.

4. 若函数 $f(x)=x^3+ax^2-x+b$ 在 $x=1$ 处取得极值 3，求 a,b 的值.

4.4　函数的最值及其应用

现实生活中，我们经常会碰到一些实际问题，比如怎样使用料最省、成本最低、耗时最少、面积最大、利润最大等问题，而这些问题就是求某函数的最大值与最小值问题.

4.4.1 函数的最值

1. 闭区间上连续函数求最值

定义 4-4-1 函数 $f(x)$ 在区间 $[a,b]$ 上连续，且 $x_0\in[a,b]$，满足对所有 $x\in[a,b]$，均有 $f(x_0)\geqslant f(x)$（或 $f(x_0)\leqslant f(x)$）. 则称 $f(x_0)$ 是函数在区间 $[a,b]$ 上的**最大值**（或**最小值**），称 x_0 为**最大值点**（或**最小值点**）.

·注意· 闭区间上的连续函数一定有最值，且最值一定会在驻点、不可导点或区间的两端点处产生，例如图 4-3-4 对应的函数. 只要比较这些点的函数值大小就可以，与单调性无关. 最值如果存在，有且只有一个.

【例 1】 求函数 $f(x)=x^4-2x^2+5$ 在区间 $[-2,2]$ 上的最大值和最小值.

解 (1)函数定义域为 $(-\infty,+\infty)$；

(2) $f'(x)=4x^3-4x=4x(x+1)(x-1)$，令 $f'(x)=0$，得驻点 $x_1=-1,x_2=0,x_3=1$；

(3)在驻点处函数值分别为 $f(-1)=4,f(0)=5,f(1)=4$. 在端点的函数值为 $f(-2)=f(2)=13$.

所以，比较上述 5 个点的函数值，即可得出在区间 $[-2,2]$ 上的最大值为 $f(-2)=f(2)=13$，最小值为 $f(-1)=f(1)=4$.

·小结· 求函数 $f(x)$ 在 $[a,b]$ 的最值的步骤：

(1)求函数在 $[a,b]$ 上的所有驻点和不可导点；

(2)求所有驻点、不可导点、两个端点的函数值；

(3)对(2)中所有的数值进行比较，得出最大值和最小值.

2. 开区间上连续函数求最值

函数如果是单调函数，在开区间上没有最值. 除这种情况外，开区间若存在最值，则最值一定在极值点(驻点或不可导点)产生. 若这时候只有一个极大(小)值，则它就是最大(小)值.

【例 2】 求函数 $y=x^2-2x+1$ 在 $(0,5)$ 上的最值.

解 $y'=2x-2$，令 $y'=0$ 得唯一驻点 $x=1$，没有不可导点.

方法 1 用函数单调性证明.

因为，在 $(0,1)$，$y'<0$，函数单调减少；在 $(1,5)$，$y'>0$，函数单调增加 .

所以，$x=1$ 是唯一的极小值点；$x=1$ 也是最小值点，最小值为 $f(1)=0$.

方法 2 用极值的第二判别法直接判断.

因为 $y''\big|_{x=1}=2>0$. 所以 $x=1$ 是唯一的极小值点，也就是最小值点，最小值为 $f(1)=0$.

显然，用极值的第二判别法会更加简单.

4.4.2 最值的实际应用

【例 3】 某车间靠墙盖一间长方形小屋，现存材料只够围成 20 米长的墙壁，问应围成怎样的长方形才能使小屋的面积最大?

分析 先画出图形，通过图形列式，再进行具体分析. 一般实际应用的问题都是开区间，且驻点唯一.

解　如图 4-4-1 所示，设长方形小屋的长为 x 米，则小屋的宽为 $\frac{20-x}{2}$ 米，依题意，小屋的面积为

$$S(x)=x\cdot\frac{20-x}{2}=10x-\frac{1}{2}x^2(0<x<20),$$

则 $S'(x)=10-x$，令 $S'(x)=0$ 得唯一驻点 $x=10$，又因为 $S''(10)=-1<0$，所以 $x=10$ 是 $S(x)=x\cdot\frac{20-x}{2}$ 的极大值点，也是最大值点.

因此当小屋的长为 10 米，宽为 5 米时，小屋的面积最大.

【例 4】　用一块宽为 6 m 的长方形铁皮，将宽的两个边缘向上折起，做成一个开口水槽，其横截面积为矩形，高为 x，问高 x 为何值时水槽流量最大？

分析　如图 4-4-2 所示，流量最大即为横截面积最大.

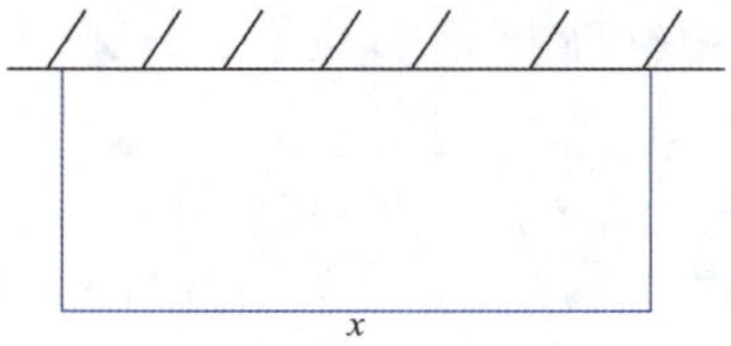

图 4-4-1

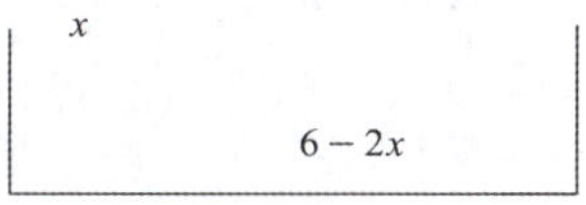

图 4-4-2

解　　设横截面积为

$$S(x)=x(6-2x)=6x-2x^2,$$

所以 $S'(x)=6-4x$，$S''(x)=-4$. 得唯一驻点：$x=\frac{3}{2}$. 又因为

$$S''\left(\frac{3}{2}\right)=-4<0,$$

所以 $x=\frac{3}{2}$ 为 $S(x)$ 的极大值点，也是最大值点；

即 $x=\frac{3}{2}$ 时，水槽流量最大.

磁悬浮列车是一种科技含量很高的新型交通工具，它有速度快，爬坡能力强，能耗低等优点. 它每个座位的平均能耗仅为飞机每个座位平均能耗的三分之一，汽车每个座位平均能耗的 70%，目前实验速度可达 623 千米/小时. 我国有四条磁悬浮列车，分别是：上海磁悬浮列车、长沙磁浮快线、青城山磁悬浮列车、北京地铁 S1 线.

【例 5】　2003 年 1 月 4 日上海磁悬浮列车开放运行，是中国第一条磁悬浮线. 磁悬浮列车运行时悬浮于轨道上面，运行平稳舒适，安全无噪声，可以实现全自动化运行. 上海磁悬浮列车工程西起龙阳站地铁站，东至浦东国际机场，全线长 35 km. 已知运行中的磁悬浮列车每小时所需的能源费用(万元)和列车速度(km/h)的立方成正比，当速度是 100 km/h 时，它的能源费用是每小时 0.04 万元，其余费用(不论速度如何)都是每小时 5.12 万元，已知最大速度不超过 C(km/h)(C 为常数，$0<C\leqslant 500$).

(1)求列车试运行时，全程所需要的总费用 y 与列车速度 x 的函数关系式，并求出定义域；

(2)求列车速度为多少时，运行的总费用最低？

解　设能源费用是每小时 q 万元，依题意得，$q=kx^3$(k 为比例系数).

又因为　　$0.04=k\cdot 100^3$，

所以　　$k=\frac{0.04}{100^3}=4\times 10^{-8}$，

所以　　$q=4\times 10^{-8}x^3$.

又因为列车全程花费时间为$\frac{35}{x}$(h).

(1)总费用

$$y=q\cdot\frac{35}{x}+5.12\cdot\frac{35}{x}=4\times10^{-8}x^3\cdot\frac{35}{x}+5.12\cdot\frac{35}{x}$$

$$=1.4\times10^{-6}x^2+\frac{179.2}{x}\quad(0<x\leqslant C).$$

(2)$y'=2.8\times10^{-6}x-\frac{179.2}{x^2}$,$y''=2.8\times10^{-6}+\frac{358.4}{x^3}$.

令 $y'=0$ 得唯一驻点 $x=400$,且 $y''\Big|_{x=400}>0$.

所以当列车速度 $x=400$(km/h)时,总费用 y 有极小值也就是最小值.

接下来我们讨论一下经济函数中如何求产品的成本最低、总收入最高、利润最高.其中约定俗成的一些经济函数的符号表示为:成本 C,总收入 R,利润 L,销售量 q,销售价格 p,写成公式为

$$L(q)=R(q)-C(q)=q\cdot p-C(q).$$

【例 6】 某厂生产某产品,已知固定成本为 2 000 元,每生产一吨产品的成本为 60 元,该种产品的需求函数为

$$Q=1\ 000-10p\quad(Q\text{ 为需求量},p\text{ 为价格}),$$

试求:(1)总成本函数与总收入函数;

(2)利润最大时的产量;

(3)获得最大利润时的价格.

解 (1)因为 $Q=1\ 000-10p$,所以 $p=100-\frac{Q}{10}$.

依题意得,总成本函数 $C(Q)=60Q+2\ 000(0<Q<1\ 000)$,

总收入函数 $R(Q)=pQ=\left(100-\frac{Q}{10}\right)Q=100Q-\frac{1}{10}Q^2(0<Q<1\ 000)$.

(2)利润函数为 $L(Q)=R(Q)-C(Q)=40Q-\frac{1}{10}Q^2-2\ 000(0<Q<1\ 000)$,

$$L'(Q)=-\frac{1}{5}Q+40,L''(Q)=-\frac{1}{5},$$

令 $L'(Q)=-\frac{1}{5}Q+40=0$,得唯一驻点 $Q=200$.

又因为 $L''(200)=-\frac{1}{5}<0$,所以 $Q=200$ 是 $L(Q)$的极大值点也是最大值点.

因此当产量为 200 吨时利润最大.

(3)获得最大利润时的价格

$$p=100-\frac{Q}{10}=100-\frac{200}{10}=80(\text{元}).$$

【例 7】 某公司估算生产 x 件产品的成本为

$$C(x)=2\ 560+2x+0.001x^2(\text{元}),$$

问产量为多少时平均成本最低,平均成本的最小值为多少?

解 平均成本函数为 $\overline{C}(x)=\frac{C(x)}{x}=\frac{2\ 560}{x}+2+0.001x$,$x\in[0,+\infty)$,

由 $\overline{C}'(x)=-\dfrac{2\,560}{x^2}+0.001=0$ 得 $x=1\,600$ 件，而 $\overline{C}(1\,600)=5.2>0$.

所以产量为 1 600 件时平均成本是极小值也是最小值，且平均成本的最小值为 5.2(元/件).

【例 8】 某房地产公司有 50 套公寓要出租，当每月每套租金为 180 元时，公寓会全部租出去，当每月每套租金增加 10 元时，就有一套公寓租不出去，而租出去的房子每月需花费 20 元的整修维护费，试问房租定为多少时可获得最大收入？

解 设每月每套租金定为 x 元，租出去的房子有 $50-\left(\dfrac{x-180}{10}\right)$ 套，那么每月的总收入为

$$R(x)=(x-20)\left[50-\left(\frac{x-180}{10}\right)\right]=(x-20)\left(68-\frac{x}{10}\right),x\in[0,+\infty),$$

$$R'(x)=\left(68-\frac{x}{10}\right)+(x-20)\left(-\frac{1}{10}\right)=70-\frac{x}{5},R''(x)=-\frac{1}{5},$$

令 $R'(x)=0$ 得一个驻点 $x=350$，又因为 $R''(350)=-\dfrac{1}{5}<0$.

所以当 $x=350$ 时 $R(x)$ 有极大值，也就是最大值

$$R(350)=(350-20)\left(68-\frac{350}{10}\right)=10\,890\text{ 元},$$

故每月每套租金为 350 元时，月收入最高为 10 890 元.

习题 4-4

1. 判断题.

(1) 如果函数有驻点，那么驻点一定是最值点.　(　　)

(2) 最大值一定大于最小值.　(　　)

(3) 最值跟极限一样，如果存在，有多个最大值或最小值.　(　　)

(4) 最值只能在驻点或不可导点中产生.　(　　)

(5) 如果 $f'(x_0)=0,f''(x_0)>0$，则点 x_0 一定是最小值点.　(　　)

(6) 函数在(1,6)内有唯一一个驻点，则这个驻点就一定是最值点.　(　　)

(7) 最值在极值点中产生.　(　　)

(8) 最值在极值点或端点中产生.　(　　)

(9) 闭区间的连续函数一定有最值，开区间的连续函数不一定有最值.　(　　)

2. 求下列函数在规定的区间内的最值.

(1) $y=2x^2-x-5,[1,2]$；　(2) $y=2x^2-x-5,[0,1]$；

(3) $y-\sin x-1,[0,2\pi]$；　(4) $y=x^3-5x^2-8x+1,[0,5]$；

(5) $y=e^{2x}-2x,(-1,1)$；　(6) $y=\dfrac{1}{3}x^3-x,(4,5)$.

3. 实际应用题.

(1) 铁路线上 AB 的距离为 100 km，工厂 C 距 A 处为 20 km，AC 垂直于 AB，要在 AB 线上选定一点 D 向工厂修筑一条公路，已知铁路与公路每 km 货运费之比为 3∶5，问 D 选在何处，才能使从 B 到 C 的运费最少？

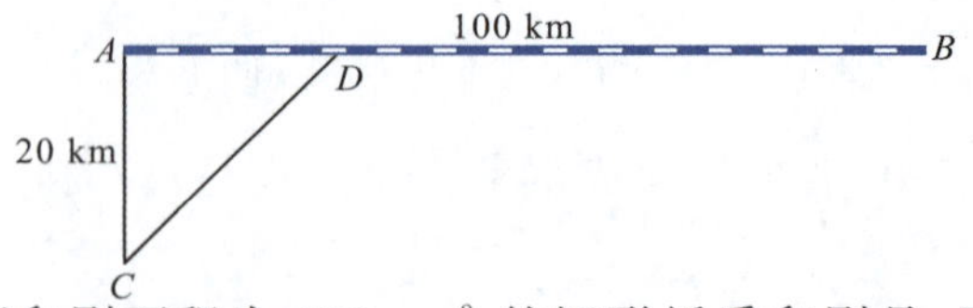

(2)一张中间印刷面积为 432 cm^2 的矩形纸质印刷品，要求左、右两边各留 4 cm，上、下各留 3 cm 作为花边，问长和宽各取多少时用纸最省？

(3)用边长为 48 cm 的正方形铁皮做一个无盖的铁盒，在铁皮的四角各截去面积相等的小正方形，然后把四角折起. 问四角截去边长多大的正方形才能使所做的铁盒容积最大？

(4)某同学在上网时，通过下载一个文件对自家的网速进行简单的测量，假设下载量 y 与时间 t 的函数关系为 $y=320t-5t^2+\frac{1}{3}t^3$(KB)，试求 t 为何值时，下载的速度最小.

(5)某厂生产电视机的固定成本是 5 000 元，每生产 x 台的成本为 $C(x)=250x-0.01x^2$，销售收入是 $R(x)=400x-0.02x^2$，如果生产的所有产品都能售出，问应生产多少台，才能获得最大利润？

(6)一厂家生产某种产品，已知产品的销售量 q(单位：件)与销售价格 p(单位：元/件)满足 $p=420-\frac{1}{2}q$，产品的成本函数 $C(q)=30\ 000+100q$(元)，问该产品销售量 q 为何值时，获得最大利润？此时的销售价格为多少？

4.5 利用导数研究函数

4.5.1 曲线的凹凸性与拐点

在研究函数曲线的变化趋势时，了解函数的单调性是很重要的，但这在解决许多实际问题时还不够. 下面来观察如图 4-5-1 所示的成本函数 $C(x)$ 的曲线，这里 x 表示产品数量，$C(x)$ 表示当产品数量为 x 时的总成本.

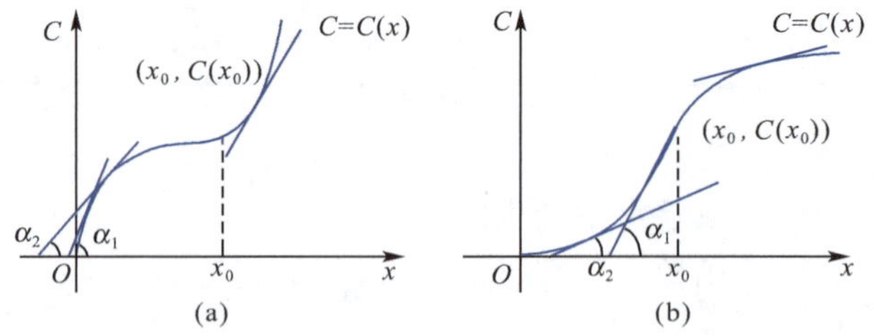

图 4-5-1

由图 4-5-1(a)可知，当产品数量 x 在 x_0 附近，且 $x<x_0$ 时，成本沿着 x 轴正向增长越来越慢，而当 $x>x_0$ 时，成本增长越来越快. 而图 4-5-1(b)所示的成本函数 $C(x)$ 的曲线则反映了另一种情况. 开始成本沿着 x 轴正向增长越来越快，而当 $x>x_0$ 时，成本增长逐渐变慢. 这两条成本函数曲线都是单调上升的曲线，但在成本分析中意义却是不同的. 前一条曲线表明，产品产量增加到一定时候需加以及时限制，因为这时成本增加很快；而另一条曲线则表明，在一定时候，可尽量增加产品产量(当然是在可销售情形下)，这时产量可增加很多，其成本却增加很少.

原因就在于两曲线的弯曲形状不同.我们将曲线弯曲形状分为两种,并称为曲线的凹凸性.

定义 4-5-1　如果在某区间内,曲线弧总是位于其切线上方,则称曲线在这个区间上为**凹**的(也称**向上凹**),如图 4-5-1(a)右边部分和图 4-5-1(b)左边部分图形所示.

如果曲线弧总是位于其切线下方,则称曲线在这个区间上为**凸**的(也称**向下凹**),如图 4-5-1(a)左边部分和图 4-5-1(b)右边部分.

由图 4-5-1(a)、4-5-1(b)可知,当曲线为凹时,曲线的切线斜率沿着 x 轴正向增加,即 $f'(x)$ 为增函数;反之,当曲线为凸时,曲线的切线斜率沿着 x 轴正向减少,即 $f'(x)$ 为减函数,因此有下面定理.

定理 4-5-1　设函数 $f(x)$ 在区间 (a,b) 内具有二阶导数.

(1)如果 $x\in(a,b)$,恒有 $f''(x)>0$,则曲线 $f(x)$ 在 (a,b) 内为**凹**的.

(2)如果 $x\in(a,b)$,恒有 $f''(x)<0$,则曲线 $f(x)$ 在 (a,b) 内为**凸**的.

定义 4-5-2　曲线上凹与凸的分界点称为曲线的**拐点**.

图 4-5-1(a)、4-5-1(b)中,曲线的拐点为点 $(x_0, C(x_0))$.由定理 4-5-1 知,在拐点左右邻近 $C''(x)$ 必然为异号,因此在拐点处 $C''(x)=0$ 或 $C''(x)$ 不存在.

【例 1】　求曲线 $y=x^4-2x^3+1$ 的凹凸区间与拐点.

解　(1)函数 $y=x^4-2x^3+1$ 的定义域为 $(-\infty,+\infty)$;

(2) $y'=4x^3-6x^2$, $y''=12x^2-12x=12x(x-1)$,令 $y''=0$,得 $x_1=0$, $x_2=1$;

(3)以上两点将定义域划分为 3 个区间,列表 4-5-1.

表 4-5-1

x	$(-\infty,0)$	0	$(0,1)$	1	$(1,+\infty)$
y''	+	0	−	0	+
y	∪	$(0,1)$ 拐点	∩	$(1,0)$ 拐点	∪

可见,曲线在区间 $(-\infty,0)$ 和 $(1,+\infty)$ 内为凹的,在区间 $(0,1)$ 内为凸的;曲线的拐点是 $(0,1)$ 和 $(1,0)$.如图 4-5-2 所示.

·注意·　如果函数 $f(x)$ 在 x_0 的某邻域内连续,当 $f(x)$ 在点 x_0 的二阶导数等于零或不存在,而在点 x_0 左右邻近二阶导数存在且符号相反,则点 $(x_0, f(x_0))$ 是拐点,如果符号相同则不是拐点.

·小结·　判定曲线 $y=f(x)$ 的凹凸性与拐点的步骤:

(1)求出函数的定义域;

(2)求一阶及二阶导数 $f'(x)$, $f''(x)$.并在定义域内求出 $f''(x)=0$ 及 $f''(x)$ 不存在的点;

(3)用(2)中所求的点把函数定义域分成若干小区间,列表考察 $f''(x)$ 在各区间的符号,从而判定曲线在各部分区间的凹凸性与拐点.

【例 2】　求函数 $f(x)=\frac{1}{\sqrt{2\pi}}e^{-\frac{x^2}{2}}$ 的单调性、极值、凹凸性与拐点.

解　(1)函数定义域为 $(-\infty,+\infty)$;

(2)因 $f(-x)=f(x)$，所以 $f(x)$是偶函数，其图形关于 y 轴对称；

(3)单调性、极值、凹凸性及拐点(利用列表方法比较清楚)

$$f'(x)=-\frac{x}{\sqrt{2\pi}}e^{-\frac{x^2}{2}},f''(x)=\frac{(x+1)(x-1)}{\sqrt{2\pi}}e^{-\frac{x^2}{2}}.$$

令 $f'(x)=0$，得 $x_1=0$，令 $f''(x)=0$，得 $x_2=-1$ 和 $x_3=1$.

则 $x_2=-1,x_1=0,x_3=1$ 将定义域分成四部分，表 4-5-2 列出了曲线在四部分的单调性及凹凸性. 依对称性，只需列出表 4-5-2 的一半即可，但为清楚，这里全部列出.

表 4-5-2

x	$(-\infty,-1)$	-1	$(-1,0)$	0	$(0,1)$	1	$(1,+\infty)$
$f'(x)$	+		+	0	−		−
$f''(x)$	+	0	−		−	0	+
$f(x)$	↗ ∪	拐点 $f(-1)=\frac{1}{\sqrt{2\pi e}}$	↗ ∩	极大值 $f(0)=\frac{1}{\sqrt{2\pi}}$	↘ ∩	拐点 $f(1)=\frac{1}{\sqrt{2\pi e}}$	↘ ∪

其中$\frac{1}{\sqrt{2\pi}}=0.4$，$\frac{1}{\sqrt{2\pi e}}=0.24$.

可以将上述结果简略画出图形，也可以通过计算机软件画出准确图形，如图 4-5-3 所示.

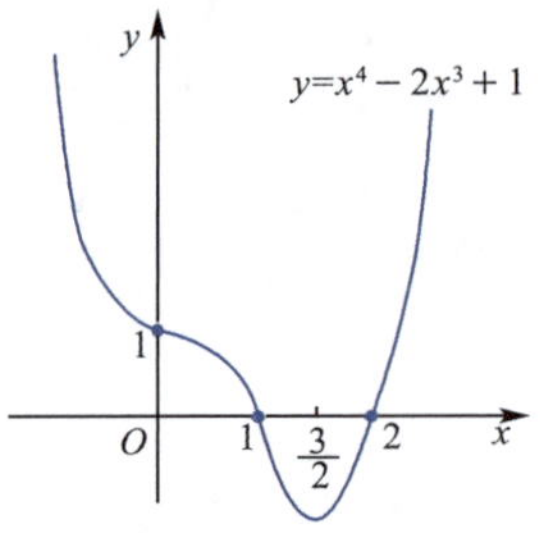

图 4-5-2

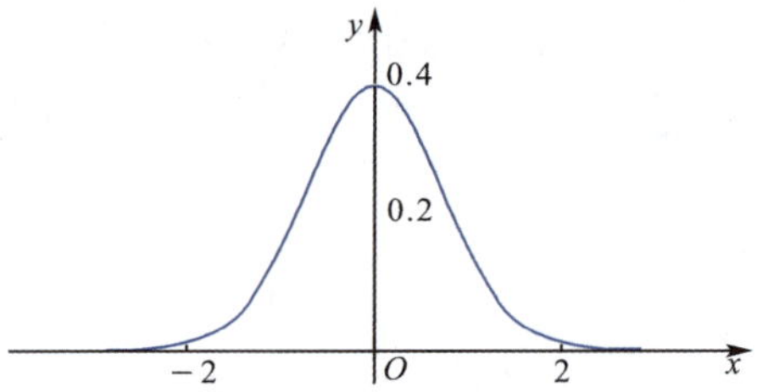

图 4-5-3

·注意· 这个呈现铃状的函数曲线是概率论与数理统计中非常重要的曲线，称之为**高斯曲线**.

4.5.2 曲线的渐近线

定义 4-5-2 若曲线 l 上的动点 p 沿曲线无限远离原点时，点 p 与一定直线 c 的距离趋于零，就称直线 c 为曲线 l 的**渐近线**.

据此可得出如下结论：

(1)若 $\lim\limits_{x\to x_0^+}f(x)=\infty$或 $\lim\limits_{x\to x_0^-}f(x)=\infty$，则直线 $x=x_0$ 为 $f(x)$的**铅垂渐近线(垂直渐近线)**.

(2)若 $\lim\limits_{x\to+\infty}f(x)=A$ 或 $\lim\limits_{x\to-\infty}f(x)=A$，则直线 $y=A$ 为 $f(x)$的**水平渐近线**.

(3)设有一直线 $y=ax+b(a\neq0)$，若 $\lim\limits_{x\to+\infty}[f(x)-ax-b]=0$ 或

$\lim\limits_{x\to-\infty}[f(x)-ax-b]=0$,则 $y=ax+b$ 为 $f(x)$ 的**斜渐近线**.

·注意·　(1)以上三种渐近线并不是每个函数都一定存在的,要视具体情况具体分析,不能一概而论;

(2)若 $\lim\limits_{x\to\infty}\dfrac{f(x)}{x}=0$ 或不存在,则曲线无斜渐近线.

【例 3】　求函数 $y=\dfrac{x^2}{x^2-4}$ 的铅垂渐近线和水平渐近线.

解　因为

$$\lim_{x\to-2}\frac{x^2}{x^2-4}=\infty,\lim_{x\to2}\frac{x^2}{x^2-4}=\infty,$$

所以有铅垂渐近线 $x=\pm2$.

因为

$$\lim_{x\to-\infty}\frac{x^2}{x^2-4}=\lim_{x\to+\infty}\frac{x^2}{x^2-4}=1,$$

所以有水平渐近线 $y=1$.

【例 4】　求曲线 $f(x)=\dfrac{x^2-2x+3}{x+2}$ 的渐近线.

解　因为 $\lim\limits_{x\to-2}\dfrac{x^2-2x+3}{x+2}=\infty$,所以 $x=-2$ 为该曲线的铅垂渐近线.

因为 $\lim\limits_{x\to\infty}\dfrac{x^2-2x+3}{x+2}=\infty$,所以曲线无水平渐近线.

设 $y=ax+b$ 为 $f(x)$ 的斜渐近线,则

$$a=\lim_{x\to\infty}\frac{f(x)}{x}=\lim_{x\to\infty}\frac{x^2-2x+3}{x(x+2)}=1,$$

$$b=\lim_{x\to\infty}(f(x)-ax)=\lim_{x\to\infty}\left(\frac{x^2-2x+3}{x+2}-x\right)=-4.$$

所以 $y=x-4$ 是该曲线的斜渐近线.

4.5.3　函数作图的一般步骤

描绘函数的图形,须先了解函数的某些性态,如单调性、极值、最值、凹凸性和拐点等,所以绘制函数图象的一般步骤如下:

(1)确定函数的定义域、奇偶性和周期性.

(2)利用一阶和二阶导数求函数的极值点以及二阶导数为零或不存在的点,并用这些点划分定义域.

(3)利用一阶和二阶导数确定函数的单调区间、曲线的凹凸区间和拐点.

(4)讨论曲线有无渐近线,找出曲线与坐标轴的交点等辅助点,并描点作图.

【例 5】　画出函数 $y=x^3-x^2-x+1$ 的图形.

解　(1)函数的定义域为 $(-\infty,+\infty)$;

(2)$y'=3x^2-2x-1=(3x+1)(x-1)$,$y''=6x-2$,令 $y'=0$ 得驻点 $x_1=-\dfrac{1}{3}$,$x_2=1$,令 $y''=0$ 得 $x_3=\dfrac{1}{3}$;

(3)利用求得的点划分定义域,列表 4-5-3.

表 4-5-3

x	$\left(-\infty,-\frac{1}{3}\right)$	$-\frac{1}{3}$	$\left(-\frac{1}{3},\frac{1}{3}\right)$	$\frac{1}{3}$	$\left(\frac{1}{3},1\right)$	1	$(1,+\infty)$
y'	+	0	−		−	0	+
y''	−		−	0	+		+
y	∩↗	极大值点	∩↘	拐点	∪↘	极小值点	∪↗

(4)因为当 $x\to+\infty$ 时，$y\to+\infty$；当 $x\to-\infty$ 时，$y\to-\infty$. 故无水平渐近线.

计算特殊点：$f\left(-\frac{1}{3}\right)=\frac{32}{27}$，$f\left(\frac{1}{3}\right)=\frac{16}{27}$，$f(1)=0$，$f(0)=1$，$f(-1)=0$，$f\left(\frac{3}{2}\right)=\frac{5}{8}$.

描点连线画出图形，如图 4-5-4 所示.

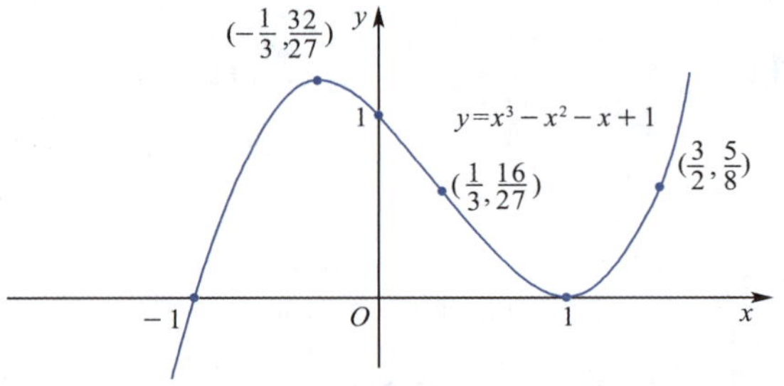

图 4-5-4

习题 4-5

1. 若函数 $f(x)$ 在 $(0,1)$ 上单调递增且凹，则 $\forall x_0\in(0,1)$ 有(　　).

A. $f'(x_0)>0, f''(x_0)>0$　　B. $f'(x_0)>0, f''(x_0)<0$

C. $f'(x_0)<0, f''(x_0)>0$　　D. $f'(x_0)<0, f''(x_0)<0$

2. 函数 $f(x)=x^3$ 在区间 $(0,+\infty)$ 内(　　).

A. 单调递减且是凹的　　B. 单调递减且是凸的

C. 单调递增且是凹的　　D. 单调递增且是凸的

3. 函数 $f(x)$ 在 (a,b) 内恒有 $f'(x)>0$，$f''(x)<0$，则曲线在 (a,b) 内(　　).

A. 单调递减且是凹的　　B. 单调递减且是凸的

C. 单调递增且是凹的　　D. 单调递增且是凸的

4. 曲线 $f(x)=x\arctan x$ 的图形(　　).

A. 在 $(-\infty,+\infty)$ 内处处凸

B. 在 $(-\infty,+\infty)$ 内处处凹

C. 在 $(-\infty,0)$ 内凸，在 $(0,+\infty)$ 内凹

D. 在 $(-\infty,0)$ 内凹，在 $(0,+\infty)$ 内凸

5. 求下列函数的渐近线.

(1) $y=\frac{1}{x+2}$；　　(2) $y=\arctan x$；

(3)$y=\dfrac{x+3}{(x-1)(x-2)}$.

6. 按要求计算下列各题.

(1)求 $y=x^2-3x+2$ 的凹凸区间和拐点；

(2)求 $y=\ln(1+x^2)$的凹凸区间和拐点；

(3)求 $y=2\ln x+x^2+2$ 的凹凸区间和拐点；

(4)求 $y=x^3+3x^2-1$ 的单调性、极值、凹凸区间、拐点和在$[0,2]$上的最值；

(5)已知曲线 $y=x^3+ax^2+b$ 的拐点是$(1,-1)$，求常数 a,b.

本章小结

一、思维导图

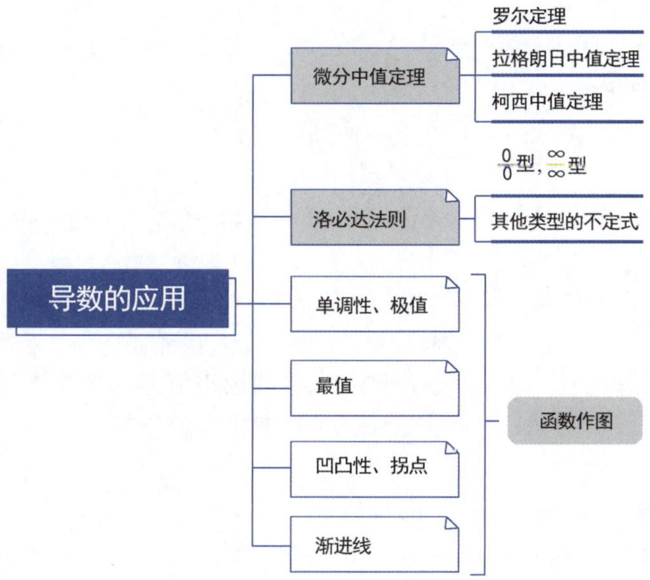

二、主要内容

(一)微分中值定理

1. 罗尔定理

如果函数 $f(x)$满足在$[a,b]$上连续，在(a,b)内可导，且 $f(a)=f(b)$，则至少存在一点 $\xi(a<\xi<b)$，使得 $f'(\xi)=0$.

2. 拉格朗日中值定理

若函数 $y=f(x)$满足在$[a,b]$上连续，在(a,b)内可导，则至少存在一点 $\xi\in(a,b)$，使得 $f'(\xi)=\dfrac{f(b)-f(a)}{b-a}$.

3. 柯西中值定理

如果函数 $f(x)$，$g(x)$满足在$[a,b]$上连续，在(a,b)内可导，且 $g'(x)\neq 0$，则至少存在一点 $\xi\in(a,b)$，使得$\dfrac{f(b)-f(a)}{g(b)-g(a)}=\dfrac{f'(\xi)}{g'(\xi)}$.

(二)洛必达法则

$$\lim_{\substack{x \to x_0 \\ (x \to \infty)}} \frac{f(x)}{g(x)} \xlongequal{\frac{0}{0}\left(或\frac{\infty}{\infty}\right)} \lim_{\substack{x \to x_0 \\ (x \to \infty)}} \frac{f'(x)}{g'(x)} = A.$$

其他类型:$0 \cdot \infty, \infty - \infty, 0^0, 1^\infty, \infty^0$ 型.

(三)函数的单调性、极值、最值、凹凸性、拐点、渐近线、作图

1.函数的单调性

若在(a,b)内恒有 $f'(x)>0$,则函数 $y=f(x)$在$[a,b]$上单调增加;若在(a,b)内恒有 $f'(x)<0$,则函数 $y=f(x)$在$[a,b]$上单调减少.

2.函数的极值

极值有极大值和极小值,个数最少 0 个,最多无数个,极值之间不能比较大小,极值只能在驻点和不可导点中取得,但是驻点和不可导点不一定就是极值点.

极值第一判别法 设函数 $f(x)$在点 x_0 的某邻域内连续,且在此邻域内(x_0 可除外)可导.

(1)若当 $x<x_0$ 时,$f'(x)>0$,而当 $x>x_0$ 时,$f'(x)<0$,则 $f(x)$在 x_0 取得极大值;

(2)若当 $x<x_0$ 时,$f'(x)<0$,而当 $x>x_0$ 时,$f'(x)>0$,则 $f(x)$在 x_0 取得极小值.

极值第二判别法 设函数 $f(x)$在点 x_0 处具有二阶导数,且 $f'(x_0)=0$,$f''(x_0)\neq 0$.

(1)若 $f''(x_0)>0$,则 x_0 是函数 $f(x)$的极小值点;

(2)若 $f''(x_0)<0$,则 x_0 是函数 $f(x)$的极大值点.

3.函数的最值

(1)函数 $f(x)$在$[a,b]$上的最值;

(2)实际问题求最值,如果在(a,b)内仅有唯一的驻点 x_0,则 $f(x_0)$即为所要求的最大值或最小值.

4.曲线的凹凸性与拐点

(1)设函数 $f(x)$在区间(a,b)内具有二阶导数.

A.如果 $x\in(a,b)$,恒有 $f''(x)>0$,则曲线 $f(x)$在(a,b)内为凹的.

B.如果 $x\in(a,b)$,恒有 $f''(x)<0$,则曲线 $f(x)$在(a,b)内为凸的.

(2)曲线上凹与凸的部分的分界点称为曲线的拐点.

5.曲线的渐近线:铅垂渐近线、水平渐近线、斜渐近线.

6.作函数图形.

复习题 7

一、单项选择题.

1.使得 $f(x)=x^2+\frac{2}{x}$满足拉格朗日定理条件的区间是(　　).

A.$[-2,2]$　　B.$[-2,0]$　　C.$[0,2]$　　D.$[2,4]$

2.函数 $f(x)=\frac{1}{x^2+1}$在$[-2,2]$上满足罗尔定理条件,则定理结论中

的 ξ=(　　).

A. 0　　B. 1　　C. 2　　D. 3

3. 函数 $f(x)=x^2+4x-1$ 的单调增加区间是(　　).

A. $(-\infty,-1)\cup(1,+\infty)$　　B. $(-1,1)$

C. $(-\infty,2)$　　D. $(-2,+\infty)$

4. 函数 $y=f(x)$在点 $x=x_0$ 处取得极小值,则必有(　　).

A. $f''(x_0)<0$　　B. $f'(x_0)>0$

C. $f'(x_0)=0$ 且 $f''(x_0)>0$　　D. $f'(x_0)=0$ 或 $f'(x_0)$不存在

5. 若在(a,b)内,函数的一阶导数 $f'(x)>0$,二阶导数 $f''(x)>0$,则函数在此区间内(　　).

A. 单调减少,曲线是凹的　　B. 单调减少,曲线是凸的

C. 单调增加,曲线是凹的　　D. 单调增加,曲线是凸的

6. 函数 $y=\cos x$ 在区间 $\left[0,\frac{\pi}{2}\right]$ 上(　　).

A. 单调增加,曲线是凹的　　B. 单调增加,曲线是凸的

C. 单调减少,曲线是凹的　　D. 单调减少,曲线是凸的

7. 设函数 $f(x)=ax^2+x+1$ 在 $x=1$ 处取得极大值,则(　　).

A. $a=\frac{1}{4}$　　B. $a=-\frac{1}{4}$　　C. $a=-\frac{1}{2}$　　D. $a=\frac{1}{2}$

8. 函数 $y=x+\frac{4}{x}$的单调减少区间是(　　).

A. $(-\infty,-2)\cup(2,+\infty)$　　B. $(-2,2)$

C. $(-\infty,0)\cup(0,+\infty)$　　D. $(-2,0)\cup(0,2)$

9. 函数 $y=x^3-3x^2-9x+1$ 的凹区间是(　　).

A. $(-\infty,+\infty)$　　B. $(-\infty,1)$

C. $(1,+\infty)$　　D. $(-1,+\infty)$

10. 设 $f(x)=\frac{1}{3}x^3-x$,则 $x=1$ 是 $f(x)$在区间$[-2,2]$上的(　　).

A. 极小值点,但不是最小值点　　B. 极大值点,但不是最大值点

C. 极小值点,也是最小值点　　D. 极大值点,也是最大值点

11. 下面极限中能使用洛必达法则的是(　　).

A. $\lim\limits_{x\to+\infty}\frac{\ln(1+e^x)}{x}$　　B. $\lim\limits_{x\to\infty}\frac{\sin x}{x}$

C. $\lim\limits_{x\to\frac{\pi}{2}}\frac{\tan 5x}{\sin 3x}$　　D. $\lim\limits_{x\to\infty}\frac{x-\sin x}{x}$

12. 下列结论中正确的是(　　).

A. 若 $f'(x_0)=0$,则 x_0 必是 $f(x)$的极值点

B. 若 x_0 是 $f(x)$的极值点,则必有 $f'(x_0)=0$

C. 若 $f'(x_0)$不存在,则 x_0 必不是 $f(x)$的极值点

D. 若 $f'(x_0)=0$ 或 $f'(x_0)$不存在,则 x_0 可能是 $f(x)$的极值点,也可能不是 $f(x)$的极值点

二、填空题.

1. 函数 $y=(x-1)(x-2)$在$[1,2]$上满足罗尔定理,则 ξ=________.

2. $f(x)$在(a,b)内可导，$f'(x)<0$ 是 $f(x)$在(a,b)内单调________的________条件.

3. 若连续函数 $f(x)$在$[a,b]$内恒有 $f'(x)<0$，则 $f(x)$在$[a,b]$上得最大值为________.

4. $\lim\limits_{x\to 0}\dfrac{e^x-1-x}{x\sin x}=$________.

5. 设三次曲线 $y=x^3+3ax^2+3bx+c$ 在 $x=-1$ 处有极大值，点$(0,3)$是拐点，则 a,b,c 的值分别为________.

6. 函数 $f(x)=(x-1)^7(x-2)^6$，则 $f(x)$的极大值点为________.

三、解答题.

1. 求下列极限.

(1)$\lim\limits_{x\to 0}\dfrac{x-\sin x}{x+x^2}$；　　(2)$\lim\limits_{x\to 3}\dfrac{x^4-81}{x-3}$.

2. 求函数 $y=\dfrac{x^2}{1+x}$的单调区间和极值.

3. 求函数 $y=1-(x-2)^{\frac{2}{3}}$在$[0,3]$的最大值与最小值.

4. 已知某厂生产 x 件产品的成本 $C=25\ 000+200x+\dfrac{x^2}{40}$(元). 问：(1)要使平均成本最小，应生产多少件产品？(2)若产品以每件 500 元售出，要使利润最大，应生产多少件产品？

复习题 8

一、选择题.

1. 函数 $f(x)=x^3+2x$ 在区间$[0,1]$上满足拉格朗日定理，则定理中的 $\xi=$(　　).

A. $\pm\dfrac{1}{\sqrt{3}}$　　B. $\dfrac{1}{\sqrt{3}}$　　C. $-\dfrac{1}{\sqrt{3}}$　　D. $\sqrt{3}$

2. 下列函数在区间$[-1,1]$上满足罗尔中值定理所有条件的是(　　).

A. $y=2x+1$　　B. $y=|x|-1$

C. $y=x^2+1$　　D. $y=\dfrac{1}{x^2}-1$

3. 已知函数 $f(x)$在$[0,1]$上连续，对于任意的 $x\in(0,1)$，有 $f'(x)>0$，则必有(　　).

A. $f(0)<0$　　B. $f(1)>0$　　C. $f(1)<f(0)$　　D. $f(1)>f(0)$

4. 若函数 $f(x)$在点 x_0 具有二阶导数且 $f'(x_0)=0$，$f''(x_0)\neq 0$，若 $f''(x_0)<0$，则 $f(x_0)$是(　　).

A. 极大值　　B. 极小值　　C. 最大值　　D. 最小值

5. $x=0$ 是函数 $f(x)=e^{x^2+2x}$的(　　).

A. 零点　　B. 驻点　　C. 极值点　　D. 非极值点

6. 函数 $f(x)=2x^3-6x$ 的极小值为(　　).

A. -4　　B. 0　　C. 2　　D. 4

7. 设 $x=x_0$ 为 $y=f(x)$ 的驻点，则 $y=f(x)$ 在 x_0 处不一定(　　).

A. 连续　　B. 可导

C. 取得极值　　D. 有平行于 x 轴的切线

8. 设两个函数 $y=f(x)$ 及 $y=g(x)$ 都在点 $x=a$ 处取得极大值，则函数 $F(x)=f(x)g(x)$ 在点 $x=a$ 处(　　).

A. 必取极大值　　B. 必取极小值

C. 不可能取极值　　D. 是否取极值不能确定

9. 设函数 $y=f(x)$ 具有二阶导数，且 $f'(x)<0$，$f''(x)<0$，又 $\Delta y=f(x+\Delta x)-f(x)$，$\mathrm{d}y=f'(x)\Delta x$，则当 $\Delta x>0$ 时，有(　　).

A. $\Delta y>\mathrm{d}y>0$　　B. $\Delta y<\mathrm{d}y<0$

C. $\mathrm{d}y>\Delta y>0$　　D. $\mathrm{d}y<\Delta y<0$

10. 在区间 $(0,1)$ 内，方程 $x^{\frac{1}{4}}+x^{\frac{1}{2}}-\cos x=0$(　　).

A. 无实根　　B. 有且仅有一个实根

C. 有两个实根　　D. 有无穷多个实根

11. 若函数 $f(x)$ 在 $[a,b]$ 上可导，且 $f(a)=f(b)$，则 $f'(x)=0$ 在 (a,b) 内(　　).

A. 至少有一实根　　B. 只有一个实根

C. 没有实根　　D. 不一定有实根

12. 设 $f(x)=(x-1)(x-2)(x-3)$，则 $f'(x)=0$ 有(　　).

A. 一个实根　　B. 两个实根　　C. 三个实根　　D. 无实根

二、填空题.

1. 函数 $y=(x-2)^2(x+1)^{\frac{2}{3}}$ 在区间 $[-2,2]$ 上的最大值是________，最小值是________.

2. 若函数 $y=f(x)$ 在 $[0,1]$ 上满足 $f''(x)>0$，则 $f'(0)$，$f'(1)$，$f(1)-f(0)$ 的大小顺序为________.

3. 设 $f(x)=ax^3-6ax^2+b$ 在区间 $[-1,2]$ 上的最大值为 2，最小值为 -29，又知 $a>0$，则 $a=$________，$b=$________.

4. $f(x)=3x-\cos 2x$ 在区间________内为单调递增函数.

5. 设点 $(x_0,f(x_0))$ 是曲线 $y=f(x)$ 的拐点，且 $f(x)$ 存在二阶导数，则 $f''(x_0)=$________.

6. 已知点 $(1,1)$ 是曲线 $y=x^2+a\ln x$ 的拐点，则 $a=$________.

7. 设曲线 $y=x^3+ax^2-6x+1$ 的拐点横坐标为 $x=1$，则拐点是________.

8. 已知 $f'(x)=(x+2)(x-2)$，则函数 $f(x)$ 的单调递减区间是________.

9. 曲线 $y=x^3-\dfrac{3}{2}x^2+1$ 的凹区间为________.

10. 函数 $y=2\mathrm{e}^x$ 在区间 $[0,1]$ 上满足拉格朗日中值定理的 $\xi=$________.

三、解答题.

1. 求下列极限.

(1) $\lim\limits_{x\to\frac{\pi}{2}}\dfrac{\ln\sin x}{(\pi-2x)^2}$；　　(2) $\lim\limits_{x\to a}\dfrac{x^m-a^m}{x^n-a^n}(a\neq 0)$；

(3) $\lim\limits_{x\to0^+}\dfrac{\ln\tan7x}{\ln\tan2x}$；　　(4) $\lim\limits_{x\to\frac{\pi}{2}}\dfrac{\tan x}{\tan3x}$；

(5) $\lim\limits_{x\to+\infty}\dfrac{\ln\left(1+\frac{1}{x}\right)}{\operatorname{arccot}x}$；　　(6) $\lim\limits_{x\to0}\cot x\left(\dfrac{1}{x}-\dfrac{1}{\sin x}\right)$；

(7) $\lim\limits_{x\to0}(1-2x)^{\frac{x+2}{x}}$；　　(8) $\lim\limits_{x\to0}(\cos x)^{\frac{1}{x^2}}$.

2.求下列函数的单调区间.

(1) $y=x-\ln(1+x)$；　　(2) $y=\ln(x+\sqrt{1+x^2})$.

3.求下列函数的极值.

(1) $y=x-\dfrac{3}{2}x^{\frac{2}{3}}$；　　(2) $y=x-\ln(1+x)$.

4.求下列函数的最大值和最小值.

(1) $y=x+\sqrt{x}$，$0\leqslant x\leqslant4$；　　(2) $y=x^4-8x^2+2$，$-1\leqslant x\leqslant3$.

5.求下列函数的凹凸区间和拐点.

(1) $y=3x^4-4x^3+2$；　　(2) $y=xe^{-x}$；

(3) $y=(x+1)^4+e^x$.

6.试问 a 为何值时，函数 $f(x)=a\sin x+\dfrac{1}{3}\sin3x$ 在 $x=\dfrac{\pi}{3}$ 处取得极值，并求此极值.

7.已知点(1,3)是曲线 $y=x^3+ax^2+bx+c$ 的拐点，并且曲线在 $x=2$ 处有极值，求 a,b,c

8.要造一圆柱形油罐，体积为 V，问底半径 r 和高 h 等于多少时，才能使表面积最小？这时底直径与高的比是多少？

9.证明不等式：$\dfrac{a-b}{a}<\ln\dfrac{a}{b}<\dfrac{a-b}{b}$，其中 $0<b<a$.

第 5 章 积分及其应用

积分学是微积分的两大组成部分之一，与微分学不同，但两者关系源远流长. 积分学理论虽然产生远远早于微分学理论，但可以建立在微分学理论的基础之上，且因此大放异彩. 积分学解答了微积分的两大核心问题，即“已知一条曲线各处的斜率，求这条曲线”与“已知一条曲线，求曲线下方的面积”，对应着不定积分与定积分两大主要内容.

5.1 不定积分的概念与性质

社会生活活动与科技发展除需要利用微分学研究给定函数的导数问题(如曲线的斜率、物体的运动速度)外，也需要解决反向问题——已知某一函数的导数(微分)，求原来的函数，例如“已知一条曲线各处的斜率，求这条曲线”“已知物体的运动速度，求物体运动的路程”. 这类问题具有广泛的代表性和普遍意义. 因此，在数学上把这类问题抽象出数学的一般形式和概念——原函数和不定积分.

5.1.1 不定积分的概念

1. 原函数的概念

定义 5-1-1 设 $f(x)$ 是定义在某区间 I 的已知函数，若存在函数 $F(x)$，使得

$$F'(x)=f(x) \text{或} \mathrm{d}F(x)=f(x)\mathrm{d}x,$$

则称 $F(x)$ 为 $f(x)$ 的**一个原函数**.

【例 1】 因为 $(x^2)'=2x$，所以 x^2 是 $2x$ 的一个原函数，但

$$(x^2+1)'=(x^2+3)'=(x^2-4)'=\cdots=2x,$$

所以 $2x$ 的原函数不是唯一的.

注意

(1)如果 $f(x)$ 在某区间连续，那么它的原函数一定存在.

(2)原函数有无数个，原函数与原函数之间只相差一个常数.

定理 5-1-1 若 $F(x)$ 是 $f(x)$ 的一个原函数，则 $F(x)+C$ 是 $f(x)$ 的全部原函数，其中 C 为任意常数.

2. 不定积分的概念

定义 5-1-2 在区间 I 上，$f(x)$ 全体原函数的集合，称为 $f(x)$ 在区间 I 上的**不定积分**，记为$\int f(x)\mathrm{d}x$. 即

$$\int f(x)\mathrm{d}x = F(x) + C \quad (C\text{ 为任意常数},F(x)\text{ 为 }f(x)\text{ 的一个原函数}),$$

其中"$\int$"叫作**积分号**，x 叫作**积分变量**，$f(x)$ 叫作**被积函数**，$f(x)\mathrm{d}x$ 叫作**被积表达式**，C 叫作**积分常数**.

【例 2】 求下列不定积分.

(1)$\int 2x\,\mathrm{d}x$； (2)$\int \frac{1}{x}\,\mathrm{d}x$.

解 (1) 因为$(x^2)'=2x$，所以$\int 2x\,\mathrm{d}x = x^2 + C$.

(2) 因为 $x>0$ 时，$(\ln x)'=\frac{1}{x}$；又 $x<0$ 时，$[\ln(-x)]'=\frac{-1}{-x}=\frac{1}{x}$. 所以

$$\int \frac{1}{x}\,\mathrm{d}x = \ln|x| + C.$$

【例 3】 设曲线过点(1,2)且斜率为 $2x$，求曲线方程.

解 设所求曲线方程为 $y=y(x)$.

因为$\frac{\mathrm{d}y}{\mathrm{d}x}=2x$，故 $y=\int 2x\,\mathrm{d}x = x^2 + C$.

又因为曲线过点(1,2). 故 $2=1+C$，得 $C=1$.

于是所求方程为 $y=x^2+1$.

【例 4】 设某物体运动速度为 $v=2t$，且当 $t=0$ 时，$s=23$，求运动规律$s=s(t)$.

解 按题意有 $v=s'(t)=2t$，即

$$s(t)=\int 2t\,\mathrm{d}t = t^2 + C.$$

把 $t=0$ 和 $s=23$ 代入上式，得 $C=23$，故所求运动规律为 $s=t^2+23$.

【例 5】 根据导数公式，写出积分公式.

解 (1)$\int 0\mathrm{d}x = C$ ； $\Leftarrow (C)'=0$；

(2)$\int 1\mathrm{d}x = \int \mathrm{d}x = x + C$； $\Leftarrow (x)'=1$；

(3)$\int \cos x\,\mathrm{d}x = \sin x + C$； $\Leftarrow (\sin x)'=\cos x$；

(4)$\int \sin x\,\mathrm{d}x = -\cos x + C$； $\Leftarrow (\cos x)'=-\sin x$，$(-\cos x)'=\sin x$.

其余略.

5.1.2 基本积分公式

由于不定积分的计算是导数的逆运算，所以由导数公式可以相应地得出下列基本积分公式.

(1) $\int k\,dx = kx + C$ （k 为常数）；

(2) $\int x^a\,dx = \frac{1}{1+a}x^{1+a} + C$ （$a \neq -1$）；

(3) $\int \frac{1}{x}\,dx = \ln|x| + C$；

(4) $\int a^x\,dx = \frac{a^x}{\ln a} + C$；

(5) $\int e^x\,dx = e^x + C$；

(6) $\int \cos x\,dx = \sin x + C$；

(7) $\int \sin x\,dx = -\cos x + C$；

(8) $\int \frac{1}{\cos^2 x}dx = \int \sec^2 x\,dx = \tan x + C$；

(9) $\int \frac{1}{\sin^2 x}dx = \int \csc^2 x\,dx = -\cot x + C$；

(10) $\int \sec x \tan x\,dx = \sec x + C$；

(11) $\int \csc x \cot x\,dx = -\csc x + C$；

(12) $\int \frac{1}{\sqrt{1-x^2}}\,dx = \arcsin x + C$；

(13) $\int \frac{1}{1+x^2}\,dx = \arctan x + C$.

·注意· 基本积分公式是求所有不定积分和定积分的基础，读者须要熟练掌握.

【例 6】 求下列不定积分.

(1) $\int x^2\,dx$； (2) $\int x^{100}\,dx$； (3) $\int \frac{1}{x^4}\,dx$；

(4) $\int x \cdot \sqrt{x}\,dx$； (5) $\int \frac{1}{\sqrt{x}}dx$； (6) $\int 2^x\,dx$.

解 (1) 原式 $= \frac{1}{1+2}x^{1+2} + C = \frac{1}{3}x^3 + C$；

(2) 原式 $= \frac{1}{1+100}x^{1+100} + C = \frac{1}{101}x^{101} + C$；

(3) 原式 $= \int x^{-4}\,dx = \frac{1}{1+(-4)}x^{1+(-4)} + C = -\frac{1}{3}x^{-3} + C$；

(4) 原式 $= \int x \cdot x^{\frac{1}{2}}\,dx = \int x^{\frac{3}{2}}\,dx = \frac{1}{1+\frac{3}{2}}x^{1+\frac{3}{2}} + C = \frac{2}{5}x^{\frac{5}{2}} + C$；

(5) 原式 $= \int x^{-\frac{1}{2}}\,dx = \frac{1}{1+\left(-\frac{1}{2}\right)}x^{1+(-\frac{1}{2})} + C = 2x^{\frac{1}{2}} + C = 2\sqrt{x} + C$；

(6) 原式 $=\dfrac{2^x}{\ln 2}+C$.

有些不定积分的求解需要先变形化简后，再应用基本积分公式.

【例 7】 求下列函数的不定积分.

(1) $\int 2^x 3^x \mathrm{d}x$；　　(2) $\int \dfrac{x(x^2-1)}{\sqrt{x}}\mathrm{d}x$.

解 (1) 原式 $=\int (2\times 3)^x \mathrm{d}x=\int 6^x \mathrm{d}x=\dfrac{6^x}{\ln 6}+C$；

(2) 原式 $=\int (x^{\frac{5}{2}}-x^{\frac{1}{2}})\mathrm{d}x=\dfrac{1}{1+\frac{5}{2}}x^{1+\frac{5}{2}}-\dfrac{1}{1+\frac{1}{2}}x^{1+\frac{1}{2}}+C$

$=\dfrac{2}{7}x^{\frac{7}{2}}-\dfrac{2}{3}x^{\frac{3}{2}}+C$.

5.1.3 不定积分的性质

性质 1 $\int kf(x)\mathrm{d}x=k\int f(x)\mathrm{d}x \quad (k\neq 0)$.

性质 2 $\int [\alpha f(x)\pm \beta g(x)]\mathrm{d}x=\alpha\int f(x)\mathrm{d}x\pm\beta\int g(x)\mathrm{d}x$.

性质 3 $\left[\int f(x)\mathrm{d}x\right]'=f(x)$ 或 $\mathrm{d}\int f(x)\mathrm{d}x=f(x)\mathrm{d}x$.

性质 4 $\int F'(x)\mathrm{d}x=F(x)+C$ 或 $\int \mathrm{d}F(x)=F(x)+C$.

其中性质 3、4 表明了积分运算与微分运算之间的互逆关系.

【例 8】 求 $\int 4x^3 \mathrm{d}x$.

解 原式 $=4\cdot\dfrac{1}{1+3}x^{1+3}+C=x^4+C$.

【例 9】 求 $\int (\cos x+\sin x)\mathrm{d}x$.

解 原式 $=\int \cos x\,\mathrm{d}x+\int \sin x\,\mathrm{d}x=\sin x-\cos x+C$.

【例 10】 求下列不定积分.

(1) $\int (\sqrt{x}+1)\left(x-\dfrac{1}{\sqrt{x}}\right)\mathrm{d}x$；　　(2) $\int \dfrac{x^2-1}{x^2+1}\mathrm{d}x$.

解 (1) 原式 $=\int \left(x\sqrt{x}-1+x-\dfrac{1}{\sqrt{x}}\right)\mathrm{d}x$

$=\int x\sqrt{x}\,\mathrm{d}x-\int 1\cdot\mathrm{d}x+\int x\,\mathrm{d}x-\int \dfrac{1}{\sqrt{x}}\mathrm{d}x$

$=\dfrac{2}{5}x^{\frac{5}{2}}-x+\dfrac{1}{2}x^2-2x^{\frac{1}{2}}+C$.

(2) 原式 $=\int \dfrac{(x^2+1)-2}{x^2+1}\mathrm{d}x=\int \left(1-\dfrac{2}{x^2+1}\right)\mathrm{d}x$

$=\int \mathrm{d}x-2\int \dfrac{\mathrm{d}x}{x^2+1}$

$=x-2\arctan x+C.$

【例 11】 求下列不定积分.

(1) $\int\tan^2 x\,\mathrm{d}x$；　　　(2) $\int\sin^2\dfrac{x}{2}\mathrm{d}x$.

解　(1) 原式 $=\int(\sec^2 x-1)\mathrm{d}x=\tan x-x+C$；

(2) 原式 $=\int\dfrac{1-\cos x}{2}\mathrm{d}x=\dfrac{1}{2}x-\dfrac{1}{2}\sin x+C$.

【例 12】 设 $f'(\sin^2 x)=\cos^2 x$，求 $f(x)$.

解　因为 $f'(\sin^2 x)=\cos^2 x=1-\sin^2 x$，所以 $f'(x)=1-x$.

所以　$f(x)=\int f'(x)\,\mathrm{d}x=\int(1-x)\mathrm{d}x=x-\dfrac{x^2}{2}+C$.

习题 5-1

1. 填空题.

(1) $\int 5\mathrm{d}x=$________；

(2) $\int[2f(x)-3g(x)]\mathrm{d}x=$________________________(性质)；

(3) $\int 6\cos x\,\mathrm{d}x=$________；

(4) $\dfrac{\mathrm{d}\left(\int\arctan x\,\mathrm{d}x\right)}{\mathrm{d}x}=$________；

(5) $\int g'(x)\mathrm{d}x-$________；

(6) $\int\mathrm{d}f(x)=$________；

(7) $\mathrm{d}\int f(x)\mathrm{d}x=$________.

2. 选择题.

(1) 设 $F(x)$，$G(x)$ 都是 $f(x)$ 的原函数，则必有(　　).

A. $F(x)=G(x)$　　　B. $F(x)=CG(x)$

C. $F(x)=G(x)+C$　　　D. $CF(x)=G(x)$

(2) 已知 $\int f(x)\mathrm{d}x=\cos x+C$，则 $f(x)=$(　　).

A. $\cos x$　　B. $-\cos x$　　C. $\sin x$　　D. $-\sin x$

(3) 若函数 $f(x)$ 的一个原函数是 x^3，则 $f'(x)=$(　　).

A. x^3　　B. $\dfrac{1}{4}x^4$　　C. $3x^2$　　D. $6x$

(4) 若函数 $f(x)$ 为连续函数，则下列等式正确的是(　　).

A. $\int\mathrm{d}f(x)=f(x)$　　　B. $\left(\int f(x)\mathrm{d}x\right)'=f(x)$

C. $\mathrm{d}\int f'(x)\,\mathrm{d}x=f(x)$　　　D. $\int f'(x)\,\mathrm{d}x=f(x)$

(5) 已知 $f(x)$ 的一个原函数是 e^{3x^2}，则 $f'(x)=($　　$)$.

A. $6e^{3x^2}$　　B. $6xe^{3x^2}$

C. $6e^{3x^2}(1+6x^2)$　　D. $6e^{3x^2}(1+2x^2)$

3. 已知曲线 $y=f(x)$ 过点 $(0,0)$ 且在点 (x,y) 处的切线斜率为 $k=3x^2+1$，求该曲线方程.

4. 计算下列不定积分.

(1) $\int x^5 dx$；　　(2) $\int 3^x dx$；

(3) $\int e^{x+1} dx$；　　(4) $\int (\cos x-\sin x)dx$；

(5) $\int \frac{5}{1+x^2}dx$；　　(6) $\int \frac{-2}{\sqrt{1-x^2}}dx$；

(7) $\int (e^x+\sqrt[3]{x})dx$；　　(8) $\int \left(\frac{1}{\sin^2 x}+\frac{1}{\cos^2 x}\right)dx$；

(9) $\int \frac{1+2x^2}{x^2(1+x^2)}dx$；　　(10) $\int \frac{\sqrt{1+x^2}}{\sqrt{1-x^4}}dx$.

5.2　不定积分的计算与应用

复合函数求导依据求导法则 $[f(g(x))]'=f'(g(x))\cdot g'(x)$，如

$$y'=(\cos 3x)'=-\sin 3x\cdot(3x)'=-3\sin 3x.$$

那么对复合函数求积分，应如何求解呢？如 $\int \cos 3x\,dx=\sin 3x+C$ 吗？

用逆运算（导数）验证：

因为　$(\sin 3x+C)'=(\sin 3x)'=3\cos 3x\neq\cos 3x$，

所以　$$\int \cos 3x\,dx\neq\sin 3x+C.$$

那么　$$\int \cos 3x\,dx=?$$

为此，我们引入复合函数的不定积分求解定理.

5.2.1　换元积分法

1. 第一换元积分法（凑微分法）

【例 1】　求 $\int e^{2x}dx$.

分析　被积函数 e^{2x} 是复合函数，不能直接套用公式 $\int e^x dx=e^x+C$，我们可以：(1) 将 $2x$ 看作一个整体 u，认清复合函数的第一层；(2) 因为 $d(2x)=(2x)'dx=2dx$，又在基本积分公式中有原型，使用凑微分法拼凑第二层的微分，而后将第二层换元为 u 运用公式求解. 该类型的凑微分可称为直接凑微分.

解　原式 $=\frac{1}{2}\int e^{2x}d(2x)\xlongequal{令\ u=2x}\frac{1}{2}\int e^u du=\frac{1}{2}e^u+C\xlongequal{回代}\frac{1}{2}e^{2x}+C.$

【例 2】 求$\int 2x\mathrm{e}^{x^2}\mathrm{d}x$.

分析 注意到被积式中含有 e^{x^2} 项，而$(x^2)'=2x$，$2x\mathrm{d}x=\mathrm{d}(x^2)$，解法类似于例 1.该类型的凑微分可称为有导数关系的凑微分.

解 原式$=\int \mathrm{e}^{x^2}\mathrm{d}(x^2) \xlongequal{令 u=x^2} \int \mathrm{e}^u\mathrm{d}u=\mathrm{e}^u+C \xlongequal{回代} \mathrm{e}^{x^2}+C$.

上述解法的特点是在公式 $\int \mathrm{e}^x\mathrm{d}x=\mathrm{e}^x+C$ 的基础上，将 x 换元为 $u=\varphi(x)$，对应得到的公式$\int \mathrm{e}^u\mathrm{d}u=\mathrm{e}^u+C$ 仍然成立.

定理 5-2-1 如果$\int f(x)\mathrm{d}x=F(x)+C$，则$\int f(u)\mathrm{d}u=F(u)+C$. 其中 $u=\varphi(x)$ 是 x 的任一个可微函数.

定理表明：在基本积分公式中，自变量 x 换成任一可微函数 $u=\varphi(x)$ 后，公式仍成立. 这就大大增加了基本积分公式的使用范围. 上述例题引用的方法，可一般地化为下列计算程序.

$$\begin{aligned}\int f[\varphi(x)]\varphi'(x)\mathrm{d}x &\xlongequal{凑微分} \int f[\varphi(x)]\mathrm{d}\varphi(x)\\ &\xlongequal{令 u=\varphi(x)} \int f(u)\mathrm{d}u\\ &=F(u)+C\\ &\xlongequal{回代} F[\varphi(x)]+C.\end{aligned}$$

这种先"凑"微分式，再作变量置换的方法，叫作**第一换元积分法**，也称**凑微分法**.

【例 3】 求$\int \frac{1}{3x+2}\mathrm{d}x$.

解 原式$=\frac{1}{3}\int \frac{1}{3x+2}\mathrm{d}(3x+2)$

$$\xlongequal{令 u=3x+2} \frac{1}{3}\int \frac{1}{u}\mathrm{d}u-\frac{1}{3}\ln|u|+C$$

$$\xlongequal{回代} \frac{1}{3}\ln|3x+2|+C.$$

【例 4】 求$\int \frac{\ln x}{x}\mathrm{d}x$.

解 原式$=\int \ln x\cdot\frac{1}{x}\mathrm{d}x=\int \ln x\,\mathrm{d}\ln x$

$$\xlongequal{令 u=\ln x} \int u\mathrm{d}u=\frac{1}{2}u^2+C$$

$$\xlongequal{回代} \frac{1}{2}\ln^2 x+C.$$

综上，我们可以得到第一换元积分法(凑微分法)的求解步骤：

(1) 观察题目，找原型(公式)；

(2) 依原型凑相同(凑微分)，直接凑第二层的微分或有导数关系的凑微分；

(3) 换元,求积分.

当第一换元积分法比较熟练后,换元这一步骤可以直接省略.则上面的例子可以简化为:

【例 1】 $\int e^{2x}dx=\frac{1}{2}\int e^{2x}d(2x)=\frac{1}{2}e^{2x}+C$.

【例 2】 $\int 2xe^{x^2}dx=\int e^{x^2}d(x^2)=e^{x^2}+C$.

【例 3】 $\int \frac{1}{3x+2}dx=\frac{1}{3}\int \frac{1}{3x+2}d(3x+2)=\frac{1}{3}\ln|3x+2|+C$.

【例 4】 $\int \frac{\ln x}{x}dx=\int \ln x\cdot\frac{1}{x}dx=\int \ln x\,d\ln x=\frac{1}{2}\ln^2 x+C$.

【例 5】 求下列积分.

(1) $\int (4x+5)^{99}dx$;　　(2) $\int \sin^2 x\cos x\,dx$;

(3) $\int \frac{1}{x^2}\sin\frac{1}{x}dx$;　　(4) $\int \frac{\sin\sqrt{x}}{\sqrt{x}}dx$.

解 (1) 原式 $=\frac{1}{4}\int (4x+5)^{99}d(4x+5)=\frac{1}{4}\cdot\frac{1}{100}(4x+5)^{100}+C$

$=\frac{1}{400}(4x+5)^{100}+C$.

(2) 原式 $=\int \sin^2 x\,d\sin x=\frac{1}{3}\sin^3 x+C$.

(3) 原式 $=-\int \sin\frac{1}{x}d\frac{1}{x}=\cos\frac{1}{x}+C$.

(4) 原式 $=2\int \frac{\sin\sqrt{x}}{2\sqrt{x}}dx=2\int \sin\sqrt{x}\,d\sqrt{x}$

$=-2\cos\sqrt{x}+C$.

下面的例子,将继续展示凑微分法的解题技巧.

【例 6】 求下列积分.

(1) $\int \frac{dx}{\sqrt{a^2-x^2}}(a>0)$;　　(2) $\int \frac{dx}{a^2+x^2}$;

(3) $\int \frac{1}{x^2-a^2}dx$;　　(4) $\int \tan x\,dx$;

(5) $\int \cot x\,dx$;　　(6) $\int \sec x\,dx$;

(7) $\int \csc x\,dx$.

解 (1) 原式 $=\int \frac{1}{a\sqrt{1-\left(\frac{x}{a}\right)^2}}dx=\int \frac{1}{\sqrt{1-\left(\frac{x}{a}\right)^2}}d\left(\frac{x}{a}\right)$

$=\arcsin\frac{x}{a}+C$.

(2) 类似地,$\int \frac{dx}{a^2+x^2}=\frac{1}{a}\arctan\frac{x}{a}+C$.(过程略)

(3) 原式$=\dfrac{1}{2a}\int\left(\dfrac{1}{x-a}-\dfrac{1}{x+a}\right)\mathrm{d}x$

$$=\frac{1}{2a}\left(\int\frac{\mathrm{d}(x-a)}{x-a}-\int\frac{\mathrm{d}(x+a)}{x+a}\right)$$

$$=\frac{1}{2a}(\ln|x-a|-\ln|x+a|)+C$$

$$=\frac{1}{2a}\ln\left|\frac{x-a}{x+a}\right|+C.$$

(4) 原式 $=\int\dfrac{\sin x}{\cos x}\mathrm{d}x=-\int\dfrac{\mathrm{d}(\cos x)}{\cos x}=-\ln|\cos x|+C$.

(5) 类似地,$\int\cot x\,\mathrm{d}x=\ln|\sin x|+C$.(过程略)

(6) 原式$=\int\dfrac{\sec x(\sec x+\tan x)}{\tan x+\sec x}\mathrm{d}x=\int\dfrac{\sec^2 x+\sec x\tan x}{\tan x+\sec x}\mathrm{d}x$

$$=\int\frac{1}{(\tan x+\sec x)}\mathrm{d}(\tan x+\sec x)$$

$$=\ln|\tan x+\sec x|+C.$$

(7) 类似地,$\int\csc x\,\mathrm{d}x=\ln|\csc x-\cot x|+C$.(过程略)

本题 7 个积分今后经常会用到,可以作为公式使用.

2. 第二换元积分法

第一换元积分法是拼凑新的积分变量 $u=\varphi(x)$,但对有些含有$\sqrt{\ }$ 的被积函数则需要作逆向换元,即令 $x=\varphi(t)$,把 t 作为新积分变量,才能得出结果,即

$$\int f(x)\mathrm{d}x\xlongequal[\text{换元}]{x=\varphi(t)}\int f[\varphi(t)]\varphi'(t)\mathrm{d}t$$
$$\xlongequal{\text{积分}}F(t)+C$$
$$\xlongequal{\text{回代}}F[\varphi^{-1}(x)]+C.$$

这种方法叫作**第二换元积分法**.

(1) 根式代换法

根式代换,适用于被开方函数不是二次函数的根式,如被开方函数是一次函数的根式.

【例 7】 求$\int\dfrac{1}{1+\sqrt{x}}\mathrm{d}x$.

分析 为了消去根式,可使用根式代换法.

解 令$\sqrt{x}=t$,$x=t^2(t>0)$,则 $\mathrm{d}x=2t\,\mathrm{d}t$.所以

原式$=\int\dfrac{1}{1+t}2t\,\mathrm{d}t=2\int\dfrac{t}{1+t}\mathrm{d}t$

$$=2\int\frac{(t+1)-1}{1+t}\mathrm{d}t=2\int\left(1-\frac{1}{1+t}\right)\mathrm{d}t$$

$$=2t-2\ln|1+t|+C$$

$$\xlongequal[\text{回代}]{t=\sqrt{x}}2\sqrt{x}-2\ln|1+\sqrt{x}|+C.$$

【例 8】 求$\int \frac{1}{\sqrt{x}+\sqrt[4]{x}}dx$.

分析 当有 2 个不同根号的时候,找出开根号次方的最小公倍数.

解 令$\sqrt[4]{x}=t$,$x=t^4(t>0)$,则 $dx=dt^4=4t^3dt$. 所以

$$\begin{aligned}原式&=\int \frac{1}{t^2+t}\cdot 4t^3dt=4\int \frac{t^2}{t+1}dt\\&=4\int \frac{t^2-1+1}{t+1}dt=4\int\left(t-1+\frac{1}{t+1}\right)dt\\&=4\left(\frac{1}{2}t^2-t+\ln|1+t|\right)+C\\&=4\left(\frac{1}{2}\sqrt{x}-\sqrt[4]{x}+\ln|1+\sqrt[4]{x}|\right)+C.\end{aligned}$$

(2) 三角代换

一般地说,当被积函数含有

(1) $\sqrt{a^2-x^2}$,可作代换 $x=a\sin t$;

(2) $\sqrt{a^2+x^2}$,可作代换 $x=a\tan t$;

(3) $\sqrt{x^2-a^2}$,可作代换 $x=a\sec t$.

通常称以上代换为**三角代换**.

【例 9】 求$\int \sqrt{a^2-x^2}dx$.

解 令 $x=a\sin t\left(-\frac{\pi}{2}<t<\frac{\pi}{2}\right)$,那么$\sqrt{a^2-x^2}=a\cos t$ 且 $dx=a\cos t dt$. 于是

$$原式=\int a^2\cos^2 t dt=a^2\int \frac{1+\cos 2t}{2}dt=\frac{a^2}{2}t+\frac{a^2}{4}\sin 2t+C.$$

为将 t 回代成x 的函数,可根据 $\sin t=\frac{x}{a}$,作辅助直角三角形(图 5-2-1)得

$$\cos t=\frac{\sqrt{a^2-x^2}}{a},$$

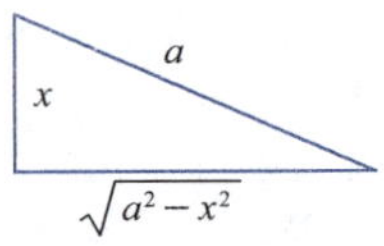

图 5-2-1

所以

$$\int \sqrt{a^2-x^2}dx=\frac{a^2}{2}\arcsin\frac{x}{a}+\frac{1}{2}x\sqrt{a^2-x^2}+C.$$

【例 10】 求$\int \frac{dx}{(a^2+x^2)^{\frac{3}{2}}}\ (a>0)$.

解 令 $x=a\tan t\left(-\frac{\pi}{2}<t<\frac{\pi}{2}\right)$,则 $dx=a\sec^2 t dt$. 所以

$$原式=\int \frac{a\sec^2 t}{a^3\sec^3 t}dt=\frac{1}{a^2}\int\cos t dt=\frac{1}{a^2}\sin t+C.$$

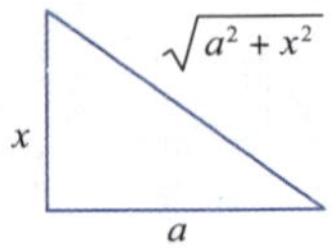

图 5-2-2

可根据 $\tan t=\frac{x}{a}$,作辅助直角三角形(图 5-2-2)得

$$\sin t=\frac{x}{\sqrt{a^2+x^2}},$$

所以
$$\int\frac{\mathrm{d}x}{(a^2+x^2)^{\frac{3}{2}}}=\frac{1}{a^2}\frac{x}{\sqrt{a^2+x^2}}+C.$$

5.2.2　分部积分法

设函数 $u=u(x)$，$v=v(x)$ 具有连续导数，根据乘积微分公式有

$$\mathrm{d}(uv)=u\mathrm{d}v+v\mathrm{d}u,$$

移项，得
$$u\mathrm{d}v=\mathrm{d}(uv)-v\mathrm{d}u,$$

两边积分，得
$$\int u\mathrm{d}v=uv-\int v\mathrm{d}u.$$

该公式称为**分部积分公式**. 该公式的作用是将求 $\int u\mathrm{d}v$ 的积分问题转化为求 $\int v\mathrm{d}u$ 的积分问题.

1. 直接分部积分

【例 11】　求 $\int \ln x\mathrm{d}x$.

分析　令 $u(x)=\ln x$，$v(x)=x$，用公式 $\int u\mathrm{d}v=uv-\int v\mathrm{d}u$.

解　原式 $=\ln x\cdot x-\int x\mathrm{d}\ln x=x\ln x-\int x\cdot(\ln x)'\mathrm{d}x$

$$=x\ln x-\int x\cdot\frac{1}{x}\mathrm{d}x=x\ln x-\int\mathrm{d}x$$
$$=x\ln x-x+C.$$

2. 先凑微分后分部积分

【例 12】　求 $\int x\mathrm{e}^x\mathrm{d}x$.

分析　被积函数是两个函数 x 和 e^x，故应将其中一个函数拉入 $\mathrm{d}x$ 作为 $v(x)$，另外一个函数留在原位作为 $u(x)$. 那该拉哪一个呢？下面，我们把两个都试试看.

解法 1　（把 e^x 拉入 $\mathrm{d}x$）

$$\int x\mathrm{e}^x\mathrm{d}x=\int x\mathrm{d}\mathrm{e}^x=x\mathrm{e}^x-\int\mathrm{e}^x\mathrm{d}x=x\mathrm{e}^x-\mathrm{e}^x+C.$$

解法 2　（把 x 拉入 $\mathrm{d}x$）

$$\int x\mathrm{e}^x\mathrm{d}x=\int\mathrm{e}^x\mathrm{d}\left(\frac{1}{2}x^2\right)=\frac{1}{2}\int\mathrm{e}^x\mathrm{d}x^2=\frac{1}{2}\left(x^2\mathrm{e}^x-\int x^2\mathrm{d}\mathrm{e}^x\right)$$
$$=\frac{1}{2}\left(x^2\mathrm{e}^x-\int x^2\mathrm{e}^x\mathrm{d}x\right)=?\text{（更复杂了）}$$

通过比较可以发现，解法 1 优，解法 2 越做越复杂，说明这种“拉法”不合适.

经过大量验证可以得到如下规律（**函数** $u(x)$、$v(x)$ **的选取原则**）：

依“反、对、幂、三、指”的顺序，排在前面的函数留在原位作为 $u(x)$，排在后面的函数拉入 $\mathrm{d}x$ 作为 $v(x)$. 其中，反 —— 反三角函数；对 —— 对数函数；

幂——幂函数；三——三角函数；指——指数函数.

【例 13】 求$\int x\cos x\,dx$.

分析 设 $u=x$，$dv=\cos x\,dx=d(\sin x)$.

解 原式$=\int x\,d(\sin x)=x\sin x-\int\sin x\,dx$

$=x\sin x+\cos x+C$.

【例 14】 求$\int x\ln x\,dx$.

解 原式$=\int\ln x\,d\left(\frac{x^2}{2}\right)=\frac{1}{2}x^2\ln x-\int\frac{x^2}{2}d(\ln x)$

$=\frac{x^2}{2}\ln x-\frac{1}{2}\int x\,dx$

$=\frac{x^2}{2}\ln x-\frac{1}{4}x^2+C$.

当熟悉分部积分法后，u、dv 及 v、du 可心算完成，不必具体写出.

【例 15】 求$\int x^2e^x\,dx$.

解 原式$=\int x^2d(e^x)=x^2e^x-\int e^x d(x^2)$

$=x^2e^x-2\int xe^x\,dx=x^2e^x-2\int x\,d(e^x)$

$=x^2e^x-2\left(xe^x-\int e^x\,dx\right)=x^2e^x-2xe^x+2e^x+C$

$=(x^2-2x+2)e^x+C$.

【例 16】 求 $I=\int e^x\sin x\,dx$.

解 $I=\int\sin x\,d(e^x)=e^x\sin x-\int e^x d\sin x$

$=e^x\sin x-\int e^x\cos x\,dx$

$=e^x\sin x-e^x\cos x-\int e^x\sin x\,dx$

$=e^x(\sin x-\cos x)-I$.

所以 $$I=\frac{1}{2}e^x(\sin x-\cos x)+C.$$

·小结· 通过上面的实例可以看出，解不定积分主要有三种方法.

- 第一换元积分法

(1) 直接凑微分，如$\int e^{2x}\,dx$、$\int\sin 5x\,dx$、$\int\frac{1}{x-1}\,dx$；

(2) 有导数关系的凑微分，如$\int\frac{\ln x}{x}\,dx$、$\int xe^{x^2}\,dx$、$\int\frac{1}{x^2}\sin\frac{1}{x}\,dx$.

- 第二换元积分法

(1) 根式代换，如$\int\frac{1}{1+\sqrt{x}}\,dx$、$\int\frac{1}{\sqrt{x}+\sqrt[4]{x}}\,dx$；

(2) 三角代换，如$\int \sqrt{a^2-x^2}\,dx$、$\int \sqrt{a^2+x^2}\,dx$、$\int \sqrt{x^2-a^2}\,dx$.

• 分部积分法

(1) 直接分部积分，如$\int \ln x\,dx$、$\int \arctan x\,dx$；

(2) 先凑微分再分部积分，如$\int x\sin x\,dx$、$\int x\arctan x\,dx$.

习题 5-2

1. 第一换元积分法（凑微分法）与第二换元积分法的区别是什么？

2. 计算下列积分.

(1) $\int \frac{1}{2x-1}dx$；　(2) $\int \cos(2-3x)dx$；

(3) $\int 3^{1-x}\,dx$；　(4) $\int (2x+3)^{20}dx$；

(5) $\int \frac{1}{(3-5x)^3}dx$；　(6) $\int \frac{1}{(1+x^2)\arctan x}dx$；

(7) $\int \frac{1}{\arcsin x}\cdot\frac{1}{\sqrt{1-x^2}}dx$；　(8) $\int \frac{e^x}{1+e^x}\sqrt{\ln(1+e^x)}\,dx$；

(9) $\int \frac{dx}{2+x^2}$；　(10) $\int \frac{dx}{\sqrt{4-x^2}}$；

(11) $\int \frac{\ln 2x}{x}\,dx$；　(12) $\int \sin^5 x\cos x\,dx$；

(13) $\int \cos^3 x\,dx$；　(14) $\int x e^{x^2-1}\,dx$；

(15) $\int \left(x+\frac{\cos\sqrt{x}}{\sqrt{x}}\right)dx$；　(16) $\int \frac{x\,dx}{\sqrt{1-x^2}}$；

(17) $\int \frac{x\,dx}{\sqrt{1-x^4}}$；　(18) $\int \frac{1}{4-x^2}dx$.

3. 计算下列积分.

(1) $\int \frac{2}{\sqrt{x}-1}dx$；　(2) $\int \frac{\sqrt{x+1}}{x}\,dx$；

(3) $\int \frac{2x}{\sqrt{1+x}}dx$；　(4) $\int \sqrt{1+e^x}\,dx$；

(5) $\int \frac{1}{\sqrt{x}+\sqrt[3]{x}}dx$（提示 $a^3+b^3=(a+b)(a^2-ab+b^2)$）；

(6) $\int \sqrt{16-x^2}\,dx$；　(7) $\int \frac{dx}{(4+x^2)^{\frac{3}{2}}}$.

4. 应用分部积分公式$\int u\,dv=uv-\int v\,du$ 的关键是什么？ 对于积分$\int f(x)g(x)dx$，一般应按什么样的规律设 u 和 dv？

5. 计算下列积分.

(1) $\int \arcsin x \, dx$；　　(2) $\int \arctan x \, dx$；

(3) $\int \ln 2x \, dx$；　　(4) $\int (4x+1)\cos x \, dx$；

(5) $\int x \arctan x \, dx$；　　(6) $\int \frac{\ln x}{x^2} dx$；

(7) $\int x \sin 3x \, dx$；　　(8) $\int e^x \cos x \, dx$.

5.3 定积分的概念

微积分的第三个核心问题"已知一条曲线，求曲线下方的面积"，被称作曲线求积. 许多问题都可归结为曲线求积问题，例如变速前进的路程和变力做功问题都可以用曲线求积表示，如图 5-3-1 所示. 所以这个问题被视为积分学的标杆. 像阿基米德、莱布尼茨等科学家均认为，曲线下方的面积是无穷多个无穷小的图形之和，是无穷小变化的累积. 后来，牛顿和莱布尼茨将这种曲线求积的思想方法一般化，并给它取了一个名字叫定积分.

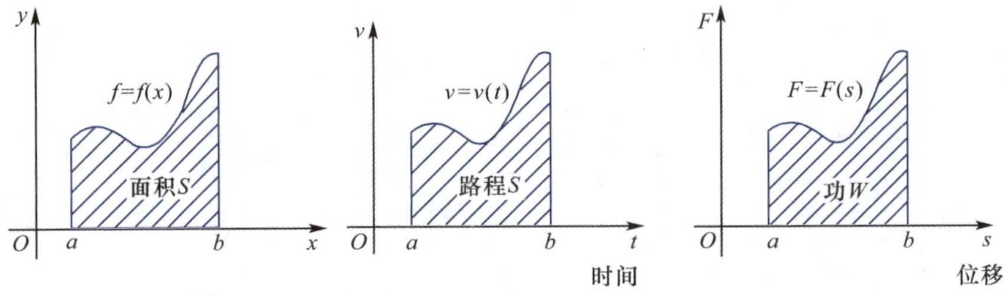

图 5-3-1

5.3.1 定积分的引入

1. 曲边梯形的面积

设 $y=f(x)$ 在 $[a,b]$ 上非负、连续，由直线 $x=a$，$x=b$，$y=0$ 及曲线 $y=f(x)$ 所围成的封闭图形称为曲边梯形. 如图 5-3-2 所示.

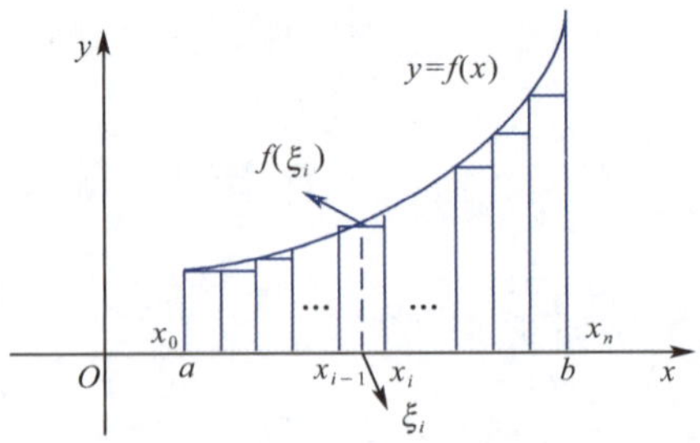

图 5-3-2

求曲边梯形的面积的步骤：

(1) 分割：在区间 $[a,b]$ 中任意插入若干个分点

$$a=x_0<x_1<x_2<\cdots<x_{n-1}<x_n=b$$

把 $[a,b]$ 分成 n 个小区间：$[x_0,x_1]$，$[x_1,x_2]$，…，$[x_{n-1},x_n]$. 它们的长度依

次为

$$\Delta x_1=x_1-x_0,\Delta x_2=x_2-x_1,\cdots,\Delta x_n=x_n-x_{n-1}.$$

即

$$\Delta x_i=x_i-x_{i-1}.$$

(2) 取近似值：在每个小区间$[x_{i-1},x_i]$上任取一点$\xi_i(i=1,2,\cdots,n)$，以Δx_i为底、$f(\xi_i)$为高的小矩形面积近似替代第i个小曲边梯形的面积，即

$$\Delta A_i=f(\xi_i)\Delta x_i \quad (i=1,2,\cdots,n).$$

(3) 求和：把这样得到的n个小矩形面积之和作为所求曲边梯形面积A的近似值，即

$$A\approx f(\xi_1)\Delta x_1+f(\xi_2)\Delta x_2+\cdots+f(\xi_n)\Delta x_n=\sum_{i=1}^{n}f(\xi_i)\Delta x_i.$$

(4) 取极限：设$\lambda=\max\{\Delta x_1,\Delta x_2,\cdots,\Delta x_n\}$，当$\lambda\to 0$时，各小区间长度趋于零，$\sum\limits_{i=1}^{n}f(\xi_i)\Delta x_i$的极限就是曲边梯形面积的精确值. 即

$$A=\lim_{\lambda\to 0}\sum_{i=1}^{n}f(\xi_i)\Delta x_i.$$

2. 变速直线运动的路程

设某物体做直线运动，已知速度$v=v(t)$是时间间隔$[T_1,T_2]$上t的连续函数，且$v(t)\geqslant 0$，计算在这段时间内物体所经过的路程S.

在$[T_1,T_2]$内任意插入若干个分点$T_1=t_0<t_1<t_2<\cdots<t_{n-1}<t_n=T_2$.

把$[T_1,T_2]$分成n个小段：$[t_0,t_1]$，$[t_1,t_2]$，…，$[t_{n-1},t_n]$.

各小段时间长依次为：$\Delta t_1=t_1-t_0,\Delta t_2=t_2-t_1,\cdots,\Delta t_n=t_n-t_{n-1}$.

相应各段的路程为：$\Delta S_1,\Delta S_2,\cdots,\Delta S_n$.

在$[t_{i-1},t_i]$上任取一个时刻$T_i(t_{i-1}\leqslant\tau_i\leqslant t_i)$，以$\tau_i$时的速度$v(\tau_i)$来代替$[t_{i-1},t_i]$上各个时刻的速度，则得

$$\Delta S_i\approx v(\tau_i)\Delta t_i \quad (i=1,2,\cdots,n).$$

进一步得到：

$$S\approx v(\tau_1)\Delta t_1+v(\tau_2)\Delta t_2+\cdots+v(\tau_n)\Delta t_n=\sum_{i=1}^{n}v(\tau_i)\Delta t_i.$$

设$\lambda=\max\{\Delta t_1,\Delta t_2,\cdots,\Delta t_n\}$，当$\lambda\to 0$时，得

$$S=\lim_{\lambda\to 0}\sum_{i=1}^{n}v(\tau_i)\Delta t_i.$$

5.3.2　定积分的定义和几何意义

1. 定积分的定义

定义 5-3-1　设函数$f(x)$在$[a,b]$上有定义，在$[a,b]$中任意插入$n-1$个分点$a=x_0<x_1<x_2<\cdots<x_{n-1}<x_n=b$把区间$[a,b]$分成$n$个小区间$[x_0,x_1]$，$[x_1,x_2]$，…，$[x_{n-1},x_n]$，每个小区间的长度为$\Delta x_i=x_i-x_{i-1}$ $(i=1,2,\cdots,n)$.

在每个小区间 $[x_{i-1},x_i]$ 上任取一点 ξ_i，作函数值 $f(\xi_i)$ 与小区间长度 Δx_i 的乘积 $f(\xi_i)\Delta x_i(i=1,2,\cdots,n)$，并求和 $S=\sum_{i=1}^{n}f(\xi_i)\Delta x_i$. 记 $\lambda=\max\{\Delta x_1,\Delta x_2,\cdots,\Delta x_n\}$，如果不论对 $[a,b]$ 怎样分法，也不论在小区间 $[x_{i-1},x_i]$ 上点 ξ_i 怎样取法，只要当 $\lambda\to 0$ 时，和 S 总趋于确定的极限 I，这时我们就称这个极限 I 为函数 $f(x)$ 在区间 $[a,b]$ 上的**定积分**（简称**积分**），记作 $\int_a^b f(x)\mathrm{d}x$，即

$$\int_a^b f(x)\mathrm{d}x=I=\lim_{\lambda\to 0}\sum_{i=1}^{n}f(\xi_i)\Delta x_i.$$

其中，$f(x)$ 叫作**被积函数**，$f(x)\mathrm{d}x$ 叫作**被积表达式**，x 叫作**积分变量**，a 叫作积分下限，b 叫作积分上限，$[a,b]$ 叫作**积分区间**.

·注意·

(1) 定积分表示一个数，它只取决于被积函数与积分上、下限，而与积分变量采用什么字母无关，例如：$\int_0^1 x^2\mathrm{d}x=\int_0^1 t^2\mathrm{d}t$. 一般地，$\int_a^b f(x)\mathrm{d}x=\int_a^b f(t)\mathrm{d}t$.

(2) 定义中要求积分限 $a<b$，我们补充如下规定：

当 $a=b$ 时，$\int_a^b f(x)\mathrm{d}x=0$；

当 $a>b$ 时，$\int_a^b f(x)\mathrm{d}x=-\int_b^a f(x)\mathrm{d}x$.

(3) 定积分的存在性：当 $f(x)$ 在 $[a,b]$ 上连续或只有有限个第一类间断点时，$f(x)$ 在 $[a,b]$ 上的定积分存在（也称可积）.

2. 定积分的几何意义

(1) 如果 $f(x)\geqslant 0$，则 $\int_a^b f(x)\mathrm{d}x\geqslant 0$，此时 $\int_a^b f(x)\mathrm{d}x$ 表示由曲线 $y=f(x)$，$x=a$，$x=b$ 及 x 轴所围成的曲边梯形的面积 A，即 $\int_a^b f(x)\mathrm{d}x=A$. 如图 5-3-3(a) 所示.

(2) 如果 $f(x)\leqslant 0$，则 $\int_a^b f(x)\mathrm{d}x\leqslant 0$，此时 $\int_a^b f(x)\mathrm{d}x$ 表示由曲线 $y=f(x)$，$x=a$，$x=b$ 及 x 轴所围成的曲边梯形的面积 A 的相反数，即 $\int_a^b f(x)\mathrm{d}x=-A$. 如图 5-3-3(b) 所示.

(3) 如果 $f(x)$ 在 $[a,b]$ 上有正有负时，则 $\int_a^b f(x)\mathrm{d}x$ 表示由曲线 $y=f(x)$，直线 $x=a$，$x=b$ 及 x 轴所围成的平面图形的面积位于 x 轴上方的面积减去位于 x 轴下方的面积（或者定积分的数值是各个几何面积的代数和），即 $\int_a^b f(x)\mathrm{d}x=A_1-A_2+A_3$. 如图 5-3-3(c) 所示.

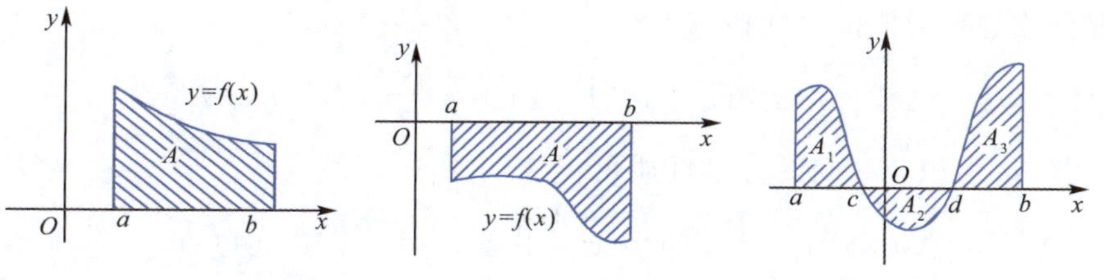

(a)　　(b)　　(c)

图 5-3-3

【例 1】 利用定积分的几何意义计算 $\int_0^1 \sqrt{1-x^2}\,\mathrm{d}x$.

解　由定积分的几何意义知，该积分值等于由曲线 $y=\sqrt{1-x^2}$，$x=a$，$x=b$ 所围成的图形的面积.

如图 5-3-4 所示，可知该图形为一个半径为 1 的圆的四分之一.

所以 $\int_0^1 \sqrt{1-x^2}\,\mathrm{d}x=\dfrac{\pi}{4}$.

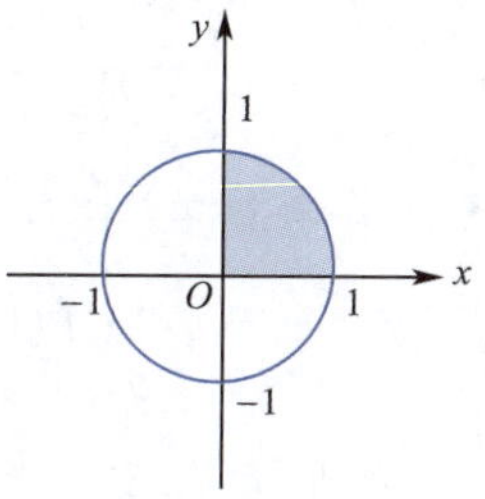

图 5-3-4

5.3.3　定积分的性质

性质 1（加减运算）　$\int_a^b [f(x)\pm g(x)]\mathrm{d}x=\int_a^b f(x)\mathrm{d}x \pm \int_a^b g(x)\mathrm{d}x$.

$$\int_a^b [f_1(x)\pm f_2(x)\pm\cdots\pm f_n(x)]\mathrm{d}x$$
$$=\int_a^b f_1(x)\mathrm{d}x \pm \int_a^b f_2(x)\mathrm{d}x \pm\cdots\pm \int_a^b f_n(x)\mathrm{d}x.$$

性质 2（数乘运算）　$\int_a^b kf(x)\mathrm{d}x=k\int_a^b f(x)\mathrm{d}x$　（k 为常数）.

性质 3（积分区间的分割性质）　若 $a<c<b$，则

$$\int_a^b f(x)\mathrm{d}x=\int_a^c f(x)\mathrm{d}x+\int_c^b f(x)\mathrm{d}x.$$

性质 4（积分的比较性质）　在 $[a,b]$ 上若 $f(x)\geqslant g(x)$，则

$$\int_a^b f(x)\mathrm{d}x \geqslant \int_a^b g(x)\mathrm{d}x.$$

性质 5（积分估值性质）　设 M 与 m 分别是 $f(x)$ 在 $[a,b]$ 上的最大值与最小值，则

$$m(b-a)\leqslant \int_a^b f(x)\mathrm{d}x \leqslant M(b-a).$$

性质 6（积分中值定理）　如果 $f(x)$ 在 $[a,b]$ 上连续，则至少存在一点 $\xi\in[a,b]$，使得 $\int_a^b f(x)\mathrm{d}x=f(\xi)(b-a)$.

中值定理的几何意义：曲边 $y=f(x)$ 在 $[a,b]$ 上所围成的曲边梯形的面积等于同一底边而高为 $f(\xi)$ 的一个矩形的面积，如图 5-3-5 所示.

从几何角度容易看出，数值 $f(\xi)=\dfrac{1}{b-a}\int_a^b f(x)\mathrm{d}x$ 表示连续曲线 $y=f(x)$ 在 $[a,b]$ 上的平均高度，也就是函数 $f(x)$ 在 $[a,b]$ 上的平均值，这是

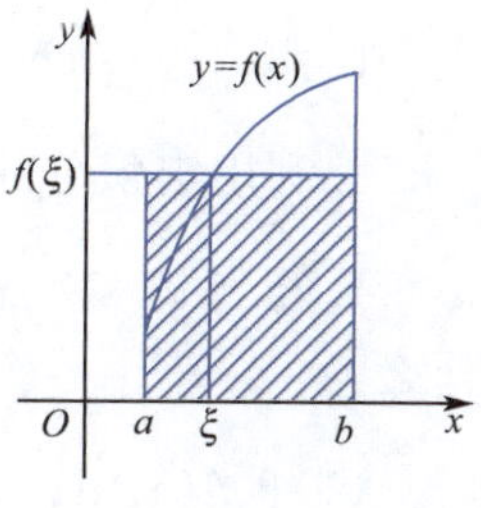

图 5-3-5

有限个数的平均值概念的拓广.

【例 2】 已知$\int_0^5 f(x)\mathrm{d}x=10$，$\int_0^2 f(x)\mathrm{d}x=4$，求$\int_2^5 f(x)\mathrm{d}x$.

解 由积分区间的分割性质可得

$$\int_2^5 f(x)\mathrm{d}x=\int_0^5 f(x)\mathrm{d}x-\int_0^2 f(x)\mathrm{d}x=10-4=6.$$

【例 3】 估计定积分 $\int_{-1}^{1} \mathrm{e}^{-x^2}\mathrm{d}x$ 的值.

解 先求 $f(x)=\mathrm{e}^{-x^2}$ 在$[-1,1]$上的最大值和最小值. 因为 $f'(x)=-2x\mathrm{e}^{-x^2}$，令 $f'(x)=0$，得驻点 $x=0$.

比较 $f(x)$ 在驻点及区间端点处的函数值

$$f(0)=\mathrm{e}^0=1, f(-1)=f(1)=\mathrm{e}^{-1}=\frac{1}{\mathrm{e}}.$$

故最大值 $M=1$，最小值 $m=\frac{1}{\mathrm{e}}$.

由积分估值性质得，$\frac{2}{\mathrm{e}}\leqslant\int_{-1}^{1}\mathrm{e}^{-x^2}\mathrm{d}x\leqslant 2$.

习题 5-3

1. 根据定积分的几何意义推出下列积分的值.

(1)$\int_{-1}^{1} x\,\mathrm{d}x$；　　(2)$\int_{-R}^{R}\sqrt{R^2-x^2}\,\mathrm{d}x$；

(3)$\int_0^{2\pi}\cos x\,\mathrm{d}x$；　　(4)$\int_{-1}^{1}|x|\,\mathrm{d}x$.

2. 填空题.

(1)$\int_{-3}^{4}|x|\,\mathrm{d}x=\int_{\_\_}^{\_\_}(-x)\mathrm{d}x+\int_{\_\_}^{\_\_}x\,\mathrm{d}x$；

(2)$\int_{-3}^{4}|x-1|\,\mathrm{d}x=\int_{\_\_}^{\_\_}(x-1)\mathrm{d}x+\int_{\_\_}^{\_\_}(1-x)\mathrm{d}x$；

(3)$\int_{-3}^{4}|x+3|\,\mathrm{d}x=$________；

(4)$\dfrac{\mathrm{d}\left[\int_0^{\pi}\arctan x\,\mathrm{d}x\right]}{\mathrm{d}x}=$________；

(5)$\mathrm{d}\left(\int_1^2\tan x^2\,\mathrm{d}x\right)=$________；

(6) 已知 $f(x)=\sin x$，$\int_0^{\pi}f(x)\mathrm{d}x=A_1$，$\int_{\pi}^{2\pi}f(x)\mathrm{d}x=A_2$，$\int_{2\pi}^{3\pi}f(x)\mathrm{d}x=A_3$，则 $f(x)=\sin x$ 在$[0,3\pi]$上与 x 轴所围成的面积为________.

3. 利用定积分的估值公式，估计定积分$\int_{-1}^{1}(x^4-8x^3+5)\mathrm{d}x$ 的值.

4. 若当 $a\leqslant x\leqslant b$ 时，有 $f(x)\leqslant g(x)$，下面两个式子是否成立，为什么？

(1)$\int_a^b f(x)\mathrm{d}x\leqslant\int_a^b g(x)\mathrm{d}x$；　　(2)$\int f(x)\mathrm{d}x\leqslant\int g(x)\mathrm{d}x$.

5.4　微积分基本定理

微积分基本定理是18世纪数学思想的巅峰，揭示了定积分与被积函数的原函数或不定积分之间的神秘联系，解决了定积分计算问题，也彻底解决了曲线求积问题. 阿基米德在圆的面积和抛物线求积方面取得成果，费马在曲线 $y=x^n$ 下方求积获得成功. 但在那个时候他们仍然拿其他的曲线求积没有办法，或者说没有通用的方法，求解过程十分烦琐，费时费力. 但此时我们有了微积分基本定理，可以分分钟搞定这些难题.

首先我们来感受下，两位创始人是如何想到这个定理的呢？

他们认为，曲线下方的面积是动态变化的，是 x 的函数，后来给它取名——变上限的定积分.

5.4.1　变上限的定积分

设函数 $f(x)$ 在 $[a,b]$ 上连续，$x\in[a,b]$，于是积分 $\int_a^x f(x)\mathrm{d}x$ 是一个定数，这种写法有一个不方便之处，就是既表示积分上限，又表示积分变量. 为避免混淆，我们把积分变量改写成 t，于是这个积分就写成了 $\int_a^x f(t)\mathrm{d}t$.

当 x 在 $[a,b]$ 上变动时，对应于每一个 x 值，积分 $\int_a^x f(t)\mathrm{d}t$ 就有一个确定的值，因此 $\int_a^x f(t)\mathrm{d}t$ 是 x 的一个函数，记作

$$\Phi(x)=\int_a^x f(t)\mathrm{d}t\ (a\leqslant x\leqslant b).$$

通常称函数 $\Phi(x)$ 为变上限积分函数或变上限的积分，其几何意义如图 5-4-1 所示.

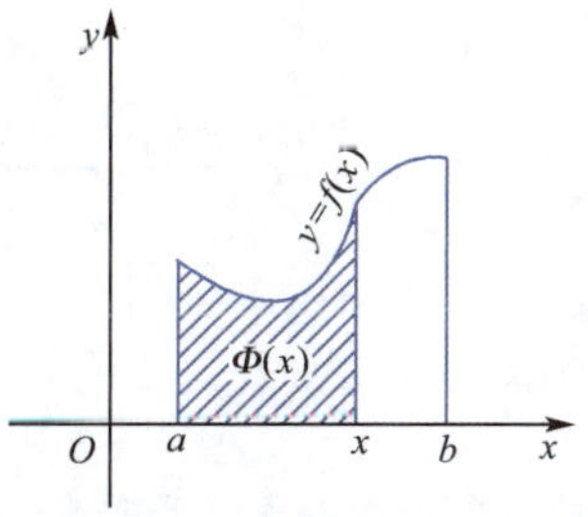

图 5-4-1

定理 5-4-1　如果函数 $f(x)$ 在区间 $[a,b]$ 上连续，则变上限积分 $\Phi(x)=\int_a^x f(t)\mathrm{d}t$ 在 $[a,b]$ 上可导，且其导数是

$$\Phi'(x)=\frac{\mathrm{d}}{\mathrm{d}x}\int_a^x f(t)\mathrm{d}t=f(x)\ (a\leqslant x\leqslant b).$$

推论（原函数存在定理）　连续函数 $f(x)$ 的原函数一定存在. 且函数 $f(x)$ 的原函数为 $\Phi(x)=\int_a^x f(t)\mathrm{d}t$.

【例 1】　已知 $\Phi(x)=\int_0^x \sin t^2\mathrm{d}t$，求其导数，且求出 $\Phi(x)$ 在 $x=0,\frac{\sqrt{\pi}}{2}$ 处的导数.

解　$\Phi'(x)=\left(\int_a^x \sin t^2\mathrm{d}t\right)'=\sin x^2$. 所以

$$\Phi'(0)=\sin 0^2=0,$$

$$\Phi'\left(\frac{\sqrt{\pi}}{2}\right)=\sin\frac{\pi}{4}=\frac{\sqrt{2}}{2}.$$

【例 2】　求下列函数的导数.

(1)$\Phi(x)=\int_x^0 \cos(3t+1)\,dt$；　　(2)$\Phi(x)=\int_0^{\sqrt{x}} \sin t^2\,dt$.

解　(1) 根据定理 5-4-1，得

$$\Phi'(x)=\left[\int_x^0 \cos(3t+1)\,dt\right]'=\left[-\int_0^x \cos(3t+1)\,dt\right]'$$
$$=-\cos(3x+1).$$

(2) 这里 $\Phi(x)$ 是 x 的复合函数，中间变量 $u=\sqrt{x}$，按复合函数求导法则 $\frac{d\Phi}{dx}=\frac{d\Phi}{du}\cdot\frac{du}{dx}$，所以

$$\Phi'(x)=\left[\int_0^u \sin t^2\,dt\right]_u'\cdot u_x'=\sin u^2\cdot(\sqrt{x})_x'$$
$$=\sin u^2\cdot\frac{1}{2\sqrt{x}}=\frac{\sin x}{2\sqrt{x}}.$$

由上例可知，积分上限和下限都可以是变量，总结可以得到变限积分的运算公式：

$$\frac{d}{dx}\int_a^{\beta(x)} f(t)dt=\left[\int_a^{\beta(x)} f(t)dt\right]'=f[\beta(x)]\cdot\beta'(x);$$

$$\frac{d}{dx}\int_{\alpha(x)}^{\beta} f(t)dt=\left[\int_{\alpha(x)}^{\beta} f(t)dt\right]'=-f[\alpha(x)]\cdot\alpha'(x);$$

$$\frac{d}{dx}\int_{\alpha(x)}^{\beta(x)} f(t)dt=\left[\int_{\alpha(x)}^{\beta(x)} f(t)dt\right]'$$
$$=f[\beta(x)]\cdot\beta'(x)-f[\alpha(x)]\cdot\alpha'(x).$$

【例 3】　计算 $\lim\limits_{x\to0}\frac{\int_0^x \arctan t\,dt}{x^2}$.

分析　本题属于 $\frac{0}{0}$ 型未定式，可以运用洛必达法则.

解　原式$=\lim\limits_{x\to0}\frac{\left[\int_0^x \arctan t\,dt\right]'}{(x^2)'}=\lim\limits_{x\to0}\frac{\arctan x}{2x}=\lim\limits_{x\to0}\frac{\frac{1}{1+x^2}}{2}=\frac{1}{2}$.

5.4.2　微积分基本公式

定理 5-4-2　设函数 $f(x)$ 在闭区间 $[a,b]$ 上连续，又 $F(x)$ 是 $f(x)$ 的任一原函数，则有

$$\int_a^b f(x)dx=F(b)-F(a).$$

上式又称为**牛顿-莱布尼茨**(Newton-Leibniz)**公式**，也称为**微积分基本公式**.

【例 4】　求下列定积分.

(1)$\int_0^1 \frac{1}{1+x^2}dx$；　　(2)$\int_1^2 \left(x+\frac{1}{x}\right)^2 dx$；　　(3)$\int_0^{\frac{\pi}{3}} \tan x\,dx$.

解　(1) 原式 $=\arctan x\Big|_0^1=\arctan1-\arctan0=\frac{\pi}{4}$；

(2) 原式 $=\int_1^2\left(x^2+2+\frac{1}{x^2}\right)dx=\left(\frac{x^3}{3}+2x-\frac{1}{x}\right)\Big|_1^2=\frac{29}{6}$；

(3) 根据 5.2.1 节例 6 的结论

$$\int \tan x\,\mathrm{d}x = \int \frac{\sin x}{\cos x}\mathrm{d}x = -\int \frac{\mathrm{d}(\cos x)}{\cos x} = -\ln|\cos x| + C,$$

所以

$$\int_0^{\frac{\pi}{3}} \tan x\,\mathrm{d}x = -\ln|\cos x|\Big|_0^{\frac{\pi}{3}} = -\ln\left|\cos\frac{\pi}{3}\right| + 0 = -\ln\frac{1}{2} = \ln 2.$$

【例 5】 求$\int_{-1}^{2}|x|\,\mathrm{d}x$.

分析 被积函数含绝对值,需先去掉绝对值,故需使用积分区间的分割性质.前提是要找到分割点,一般的做法是令绝对值里的解析式为零,有几个为零的点即有几个分割点.

解 原式$=\int_{-1}^{0} -x\,\mathrm{d}x + \int_0^2 x\,\mathrm{d}x = -\frac{1}{2}x^2\Big|_{-1}^{0} + \frac{1}{2}x^2\Big|_0^2$

$$= -\frac{1}{2}[0^2 - (-1)^2] + \frac{1}{2}(2^2 - 0^2) = \frac{5}{2}.$$

习题 5-4

1. 填空题.

(1)牛顿-莱布尼茨公式是________________;

(2) 设 $f(x) = \int_0^x \sin t^2\,\mathrm{d}t$,则 $f'\left(\sqrt{\frac{\pi}{2}}\right) =$________;

(3) 设 $f(x) = \int_x^0 \sin t^2\,\mathrm{d}t$,则 $f'\left(\sqrt{\frac{\pi}{2}}\right) =$________;

(4) 设 $f(x) = \int_x^{2x} \sin t^2\,\mathrm{d}t$,则 $f'\left(\sqrt{\frac{\pi}{2}}\right) =$________;

(5) 若$\int_0^x f(t)\,\mathrm{d}t = \mathrm{e}^{-3x}$,则 $f(x) =$________;

(6)$\left(\int_a^x x f(t)\,\mathrm{d}t\right)' =$________.

2. 下列积分可以用牛顿-莱布尼茨公式进行计算的是(　　).

A. $\int_0^2 x\mathrm{e}^x\,\mathrm{d}x$　　　B. $\int_0^2 \frac{1}{1-x}\mathrm{d}x$

C. $\int_{\frac{1}{\mathrm{e}}}^{\mathrm{e}} \frac{1}{x\ln x}\mathrm{d}x$;　　　D. $\int_{-1}^{1} \frac{1}{1-x^2}\mathrm{d}x$

3. $\int_a^b f(c-x)\,\mathrm{d}x =$(　　).

A. $\int_{c-a}^{c-b} f(x)\,\mathrm{d}x$　　　B. $\int_{c-b}^{c-a} f(x)\,\mathrm{d}x$

C. $\int_{a-c}^{b-c} f(x)\,\mathrm{d}x$　　　D. $\int_{b-c}^{a-c} f(x)\,\mathrm{d}x$

4. 计算下列定积分.

(1)$\int_0^2 |1-x|\,\mathrm{d}x$; (2)$\int_{-2}^{1} x^2|x|\,\mathrm{d}x$; (3)$\int_0^{2\pi} |\sin x|\,\mathrm{d}x$.

5. 计算下列各题.

(1) $\int_0^1 x^{100}\,dx$； (2) $\int_1^4 \sqrt{x}\,dx$； (3) $\int_0^1 e^x\,dx$；

(4) $\int_0^1 100^x\,dx$； (5) $\int_0^{\frac{\pi}{2}} \sin x\,dx$； (6) $\int_0^1 \left(x^2+1+\dfrac{1}{1+x^2}\right)dx$.

6. 计算下列各题.

(1) $\lim\limits_{x\to 1}\dfrac{\int_1^x \sin\pi t\,dt}{1+\cos\pi x}$； (2) $\lim\limits_{x\to 0}\dfrac{\int_0^x \sin t\,dt}{1-\cos x}$； (3) $\lim\limits_{x\to 0}\dfrac{\int_0^x (t-\sin t)\,dt}{\ln(1+x^4)}$；

(4) 设 $f(x)=\begin{cases} x+4, & 3\leqslant x<6 \\ 2-x, & 0\leqslant x<3 \end{cases}$，求 $\int_0^5 f(x)\,dx$；

(5) 设 $f(x)=\begin{cases} \dfrac{1}{1+x^2}, & 0\leqslant x<1 \\ 2x, & 1<x\leqslant 2 \end{cases}$，求 $\int_0^2 f(x)\,dx$；

(6) 设 $f(x)=\begin{cases} x, & 0\leqslant x<2 \\ 2x+1, & 2\leqslant x\leqslant 4 \end{cases}$，当 $x\in[2,4]$ 时，求 $\int_0^x f(t)\,dt$.

5.5 定积分的计算

5.5.1 定积分的换元法

1. 第一换元积分法(凑微分法)

【例 1】 求 $\int_{-1}^2 e^{2x}\,dx$.

解 原式 $=\dfrac{1}{2}\int_{-1}^2 e^{2x}\,d2x=\dfrac{1}{2}e^{2x}\Big|_{-1}^2=\dfrac{1}{2}(e^4-e^{-2})$.

【例 2】 求 $\int_0^1 \dfrac{1}{3x+2}dx$.

解 原式 $=\dfrac{1}{3}\int_0^1 \dfrac{1}{3x+2}d(3x+2)=\dfrac{1}{3}\ln|3x+2|\Big|_0^1$

$=\dfrac{1}{3}(\ln 5-\ln 2)=\dfrac{1}{3}\ln\dfrac{5}{2}$.

【例 3】 求 $\int_1^2 \dfrac{\ln x}{x}dx$.

解 原式 $=\int_1^2 \ln x\cdot\dfrac{1}{x}dx=\int_1^2 \ln x\,d\ln x$

$=\dfrac{1}{2}\ln^2 x\Big|_1^2=\dfrac{1}{2}\ln^2 2$.

由以上例题可以发现，定积分的计算思路与不定积分一样，只不过加了积分范围，所以在进行计算时，如果不熟练可以将定积分先看成不定积分进行计算，之后再计算积分范围.

2. 第二换元积分法

【例 4】 求 $\int_0^4 \dfrac{dx}{1+\sqrt{x}}$.

解法 1　$\int \frac{dx}{1+\sqrt{x}} \xlongequal{令\sqrt{x}=t} \int \frac{2t\,dt}{1+t} = 2\int\left(1-\frac{1}{1+t}\right)dt$

$$= 2(t - \ln|1+t|) + C$$

$$\xlongequal{回代} 2(\sqrt{x} - \ln|1+\sqrt{x}|) + C.$$

所以$\int_0^4 \frac{dx}{1+\sqrt{x}} = 2(\sqrt{x} - \ln|1+\sqrt{x}|)\Big|_0^4 = 4 - 2\ln 3.$

解法 2　换元时,连带换积分区间.

设$\sqrt{x}=t$,即$x=t^2(t>0)$.

当$x=0$时,$t=0$;当$x=4$时,$t=2$.所以

$$\int_0^4 \frac{dx}{1+\sqrt{x}} = \int_0^2 \frac{2t\,dt}{1+t} = 2\int_0^2\left(1-\frac{1}{1+t}\right)dt$$

$$= 2(t - \ln|1+t|)\Big|_0^2 = 2(2-\ln 3).$$

虽然解法 2 优于解法 1,步骤更为简单.

一般地,定积分换元法可叙述如下:

定理 5-5-1　设$f(x)$在$[a,b]$上连续,而$x=\varphi(x)$满足下列条件:

(1)$x=\varphi(t)$在$[\alpha,\beta]$上有连续导数;

(2)$\varphi(\alpha)=a$,$\varphi(\beta)=b$,且当t在$[\alpha,\beta]$上变化时,$x=\varphi(t)$的值在$[a,b]$上变化,则有换元公式:

$$\int_a^b f(x)dx = \int_\alpha^\beta f[\varphi(t)]\varphi'(t)dt.$$

上述条件是为了保证两端的被积函数在相应区间上连续,从而可积.应用时,我们强调指出:换元必须换限.(原)上限对(新)上限,(原)下限对(新)下限.

【例 5】　求$\int_0^{\ln 2}\sqrt{e^x-1}\,dx$.

解　设$\sqrt{e^x-1}=t$,即$x=\ln(t^2+1)$,$dx=\frac{2t}{t^2+1}dt$.

当$x=0$时,$t=0$;当$x=\ln 2$时,$t=1$,于是

$$\int_0^{\ln 2}\sqrt{e^x-1}\,dx = \int_0^1 t\cdot\frac{2t}{t^2+1}dt = 2\int_0^1\left(1-\frac{1}{t^2+1}\right)dt$$

$$= 2(t-\arctan t)\Big|_0^1 = 2-\frac{\pi}{2}.$$

【例 6】　求$\int_a^{2a}\frac{\sqrt{x^2-a^2}}{x^4}dx$.

解　设$x=a\sec t$,则$dx=a\sec t\tan t\,dt$.

当$x=a$时,$t=0$;当$x=2a$时,$t=\frac{\pi}{3}$,于是

$$\int_a^{2a}\frac{\sqrt{x^2-a^2}}{x^4}dx = \int_0^{\frac{\pi}{3}}\frac{a\tan t}{a^4\sec^4 t}a\sec t\tan t\,dt = \int_0^{\frac{\pi}{3}}\frac{1}{a^2}\sin^2 t\cos t\,dt$$

$$= \frac{1}{a^2}\int_0^{\frac{\pi}{3}}\sin^2 t\,d(\sin t)$$

$$=\frac{1}{a^2}\cdot\frac{\sin^3 t}{3}\bigg|_0^{\frac{\pi}{3}}=\frac{\sqrt{3}}{8a^2}.$$

【例 7】 设 $f(x)$ 在对称区间 $[-a,a]$ 上连续，试证明：

$$\int_{-a}^{a} f(x)\mathrm{d}x=\begin{cases}2\int_0^a f(x)\mathrm{d}x, & \text{当 } f(x) \text{ 为偶函数时} \\ 0, & \text{当 } f(x) \text{ 为奇函数时}\end{cases}.$$

证明 因为 $\int_{-a}^{a} f(x)\mathrm{d}x=\int_{-a}^{0} f(x)\mathrm{d}x+\int_0^a f(x)\mathrm{d}x$，对积分 $\int_{-a}^{0} f(x)\mathrm{d}x$ 作变量代换 $x=-t$，由定积分换元法，得

$$\int_{-a}^{0} f(x)\mathrm{d}x=-\int_a^0 f(-t)\mathrm{d}t=\int_0^a f(-t)\mathrm{d}t=\int_0^a f(-x)\mathrm{d}x,$$

所以

$$\int_{-a}^{a} f(x)\mathrm{d}x=\int_0^a f(-x)\mathrm{d}x+\int_0^a f(x)\mathrm{d}x=\int_0^a[f(-x)+f(x)]\mathrm{d}x.$$

(1) 若 $f(x)$ 为偶函数，即 $f(-x)=f(x)$，则

$$\int_{-a}^{a} f(x)\mathrm{d}x=2\int_0^a f(x)\mathrm{d}x;$$

(2) 若 $f(x)$ 为奇函数，即 $f(-x)=-f(x)$，$f(-x)+f(x)=0$，则

$$\int_{-a}^{a} f(x)\mathrm{d}x=0.$$

该题的几何意义是很明显的，如图 5-5-1 所示.

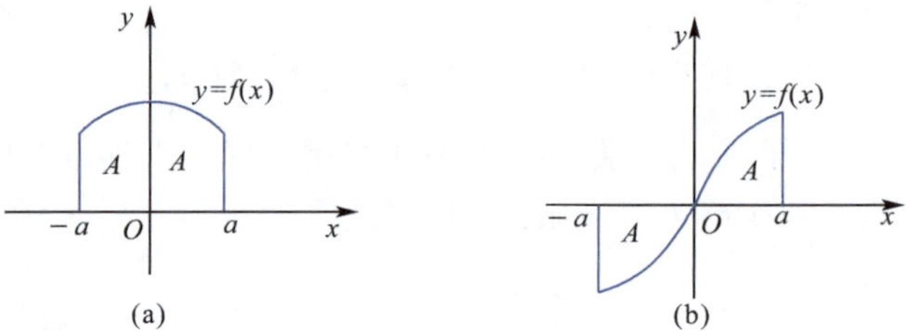

图 5-5-1

【例 8】 计算 $\int_{-2}^{2} x\sqrt{(4-x^2)^3}\,\mathrm{d}x$.

分析 积分区间 $[-2,2]$ 为对称区间，被积函数为奇函数.

解 $\int_{-2}^{2} x\sqrt{(4-x^2)^3}\,\mathrm{d}x=0.$

5.5.2 定积分的分部积分法

设 $u(x)$，$v(x)$ 在 $[a,b]$ 上有连续导数，则有

$$\int_a^b u\,\mathrm{d}v=uv\Big|_a^b-\int_a^b v\,\mathrm{d}u.$$

该公式称为**定积分的分部积分公式**，使用该公式时要注意，把先积出来的那一部分代上下限求值，余下的部分继续积分.

【例 9】 求 $\int_1^2 \ln x\,\mathrm{d}x$.

解 原式 $=(\ln x\cdot x)\Big|_1^2-\int_1^2 x\,\mathrm{d}\ln x=2\ln 2-\int_1^2 x\cdot(\ln x)'\mathrm{d}x$

$$=2\ln 2-\int_1^2 x\cdot\frac{1}{x}\mathrm{d}x=2\ln 2-x\Big|_1^2$$

$=2\ln2-1.$

【例 10】 求$\int_0^1 x\,e^x\,dx$.

解　原式$=\int_0^1 x\,de^x=x\,e^x\Big|_0^1-\int_0^1 e^x\,dx=e-e^x\Big|_0^1=1.$

【例 11】 求$\int_0^{\frac{\pi}{2}} x\cos x\,dx$.

解　原式$=\int_0^{\frac{\pi}{2}} x\,d(\sin x)=x\sin x\Big|_0^{\frac{\pi}{2}}-\int_0^{\frac{\pi}{2}}\sin x\,dx$

$=\frac{\pi}{2}+\cos x\Big|_0^{\frac{\pi}{2}}$

$=\frac{\pi}{2}-1.$

习题 5-5

1. 填空题.

(1)$\int_{-1}^{1} x^2\,dx=$________；

(2)$\int_{-1}^{1} x^3\,dx=$________；

(3)$\int_{-\frac{\pi}{2}}^{\frac{\pi}{2}} x^2\sin x\,dx=$________；

(4)$\int_{-\frac{\pi}{2}}^{\frac{\pi}{2}} x\cos x\,dx=$________；

(5)$\int_{-1}^{1} 19x^{18}(1+\sin x)\,dx=$________；

(6)$\int_{-1}^{1}(\sin x+x^2)\,dx=$________.

2. 求下列定积分.

(1)$\int_0^4\sqrt{2x+1}\,dx$；　(2)$\int_0^1\frac{1}{(2x-1)^9}\,dx$；

(3)$\int_{-2}^{-1}\sin(1-2x)\,dx$；　(4)$\int_1^2 e^{3x-4}\,dx$；

(5)$\int_0^1\frac{1}{\sqrt{9-x^2}}\,dx$；　(6)$\int_0^1\frac{1}{9+x^2}\,dx$；

(7)$\int_0^1(e^{2x}-\cos x)\,dx$；　(8)$\int_0^1\frac{x}{(x+1)(x+2)}\,dx$；

(9)$\int_0^1(2x+1)e^{x^2+x}\,dx$；　(10)$\int_2^3\frac{\sin\frac{1}{x-1}}{(x-1)^2}\,dx$；

(11)$\int_0^{\frac{\pi}{2}}\sin x\cos^{10}x\,dx$；　(12)$\int_1^{e^2}\frac{2+\ln^2 x}{x}\,dx$；

(13)$\int_0^1\frac{x}{1+x^2}\,dx$；　(14)$\int_0^1\frac{1-x}{\sqrt{1-x^2}}\,dx$.

3. 求下列定积分.

(1) $\int_0^1 \frac{x}{\sqrt{1+x}}\mathrm{d}x$；　(2) $\int_0^8 \frac{1}{1+\sqrt[3]{x}}\mathrm{d}x$；

(3) $\int_1^2 \frac{\sqrt{x^2-1}}{x}\mathrm{d}x$；　(4) $\int_0^{\sqrt{2}} \sqrt{2-x^2}\,\mathrm{d}x$.

4. 求下列定积分.

(1) $\int_0^1 \arcsin x\,\mathrm{d}x$；　(2) $\int_0^1 \arctan x\,\mathrm{d}x$；

(3) $\int_1^2 \ln(3x-1)\mathrm{d}x$；　(4) $\int_0^1 x\arctan x\,\mathrm{d}x$；

(5) $\int_1^2 x\ln x\,\mathrm{d}x$；　(6) $\int_0^{\pi} x\sin 3x\,\mathrm{d}x$；

(7) $\int_0^3 \arctan\sqrt{x}\,\mathrm{d}x$；　(8) $\int_3^8 \mathrm{e}^{\sqrt{x+1}}\mathrm{d}x$.

5.6　无穷限广义积分

广义积分又名反常积分，是对普通定积分的推广，指含有无穷上限或下限，或者被积函数含有瑕点(被积函数在邻域内无界的点)的积分，前者称为无穷限广义积分.故无穷限广义积分是广义积分的一种.

5.6.1　无穷限广义积分的概念及敛散性判断

定义 5-6-1　设函数 $f(x)$ 在 $[a,+\infty)$ 上连续，取 $b>a$，若极限 $\lim\limits_{b\to+\infty}\int_a^b f(x)\mathrm{d}x$ 存在，则称此极限为 $f(x)$ 在 $[a,+\infty)$ 上的广义积分，记为 $\int_a^{+\infty} f(x)\mathrm{d}x$，即

$$\int_a^{+\infty} f(x)\mathrm{d}x=\lim_{b\to+\infty}\int_a^b f(x)\mathrm{d}x.$$

此时称**广义积分收敛**，否则称**广义积分发散**.

定义 5-6-2　设函数 $f(x)$ 在 $(-\infty,b]$ 上连续，取 $b>a$，若极限 $\lim\limits_{a\to-\infty}\int_a^b f(x)\mathrm{d}x$ 存在，则称此极限为 $f(x)$ 在 $(-\infty,b]$ 上的广义积分，记为 $\int_{-\infty}^b f(x)\mathrm{d}x$，即

$$\int_{-\infty}^b f(x)\mathrm{d}x=\lim_{a\to-\infty}\int_a^b f(x)\mathrm{d}x.$$

此时称**广义积分收敛**，否则称**广义积分发散**.

类似地，定义 $f(x)$ 在 $(-\infty,+\infty)$ 上的广义积分为

$$\int_{-\infty}^{+\infty} f(x)\mathrm{d}x=\int_{-\infty}^{c} f(x)\mathrm{d}x+\int_c^{+\infty} f(x)\mathrm{d}x.$$

其中 c 为任意实数(如可取 $c=0$)，只有当右端两个广义积分都收敛时，广义积分 $\int_{-\infty}^{+\infty} f(x)\mathrm{d}x$ 才是收敛的，否则是发散的.

5.6.2　无穷限广义积分的计算

设 $F(x)$ 是 $f(x)$ 的一个原函数，则

$$\begin{aligned}\int_a^{+\infty} f(x)\mathrm{d}x &= \lim_{b\to+\infty}\int_a^b f(x)\mathrm{d}x \\ &= \lim_{b\to+\infty}[F(b)-F(a)] \\ &= \lim_{b\to+\infty}F(b)-F(a);\end{aligned}$$

$$\begin{aligned}\int_{-\infty}^{b} f(x)\mathrm{d}x &= \lim_{a\to-\infty}\int_a^b f(x)\mathrm{d}x \\ &= \lim_{a\to-\infty}[F(b)-F(a)] \\ &= F(b)-\lim_{a\to-\infty}F(a);\end{aligned}$$

$$\begin{aligned}\int_{-\infty}^{+\infty} f(x)\mathrm{d}x &= \int_{-\infty}^{c} f(x)\mathrm{d}x+\int_{c}^{+\infty} f(x)\mathrm{d}x \\ &= F(c)-\lim_{x\to-\infty}F(x)+\lim_{x\to+\infty}F(x)-F(c) \\ &= \lim_{x\to+\infty}F(x)-\lim_{x\to-\infty}F(x).\end{aligned}$$

为书写简便,实际运算过程中常常省去极限记号,而形式地把 ∞ 当成一个“数”,记

$$F(+\infty)=\lim_{x\to+\infty}F(x),F(-\infty)=\lim_{x\to-\infty}F(x).$$

直接利用牛顿-莱布尼茨公式进行计算,可得下列公式:

$$\int_a^{+\infty} f(x)\mathrm{d}x = F(x)\Big|_a^{+\infty} = F(+\infty)-F(a);$$

$$\int_{-\infty}^{b} f(x)\mathrm{d}x = F(x)\Big|_{-\infty}^{b} = F(b)-F(-\infty);$$

$$\int_{-\infty}^{+\infty} f(x)\mathrm{d}x = F(x)\Big|_{-\infty}^{+\infty} = F(+\infty)-F(-\infty).$$

【例 1】 求 $\int_0^{+\infty}\mathrm{e}^{-x}\mathrm{d}x$.

解 原式 $=-\mathrm{e}^{-x}\Big|_0^{+\infty}=\lim\limits_{x\to+\infty}(-\mathrm{e}^{-x})-(-1)=1.$

所以 $\int_0^{+\infty}\mathrm{e}^{-x}\mathrm{d}x$ 收敛.

【例 2】 讨论 $\int_2^{+\infty}\frac{\mathrm{d}x}{x\ln x}$ 的敛散性.

解 原式 $=\int_2^{+\infty}\frac{\mathrm{d}(\ln x)}{\ln x}=\ln|\ln x|\Big|_2^{+\infty}=+\infty$,所以 $\int_2^{+\infty}\frac{\mathrm{d}x}{x\ln x}$ 发散.

【例 3】 计算下列积分.

(1) $\int_{-\infty}^{+\infty}\frac{\mathrm{d}x}{1+x^2}$;　　(2) $\int_{-\infty}^{0}x\mathrm{e}^{x}\mathrm{d}x$.

解 (1) 原式 $=\arctan x\Big|_{-\infty}^{+\infty}=\lim\limits_{x\to+\infty}\arctan x-\lim\limits_{x\to-\infty}\arctan x$

$$=\frac{\pi}{2}-\left(-\frac{\pi}{2}\right)=\pi.$$

(2) 原式 $=\int_{-\infty}^{0}x\mathrm{d}\mathrm{e}^{x}=x\mathrm{e}^{x}\Big|_{-\infty}^{0}-\int_{-\infty}^{0}\mathrm{e}^{x}\mathrm{d}x$

$$=(0-\lim_{x\to-\infty}x\mathrm{e}^{x})-\mathrm{e}^{x}\Big|_{-\infty}^{0}$$

$$=0-0-1+\lim_{x\to-\infty}\mathrm{e}^{x}=-1.$$

·注意· 在 $x\mathrm{e}^{x}\Big|_{-\infty}^{0}$ 中 x 用 $-\infty$ 代替,实际上是计算极限.

【例 4】 讨论$\int_{a}^{+\infty}\frac{1}{x^{p}}\mathrm{d}x$的敛散性$(a>0)$.

解 (1) 当 $p>1$ 时,$\int_{a}^{+\infty}\frac{\mathrm{d}x}{x^{p}}=\frac{x^{1-p}}{1-p}\Big|_{a}^{+\infty}=\frac{1}{(p-1)a^{p-1}}$(收敛);

(2) 当 $p=1$ 时,$\int_{a}^{+\infty}\frac{\mathrm{d}x}{x^{p}}=\int_{a}^{+\infty}\frac{\mathrm{d}x}{x}=\ln x\Big|_{a}^{+\infty}=+\infty$(发散);

(3) 当 $p<1$ 时,$\int_{a}^{+\infty}\frac{\mathrm{d}x}{x^{p}}=\frac{1}{1-p}x^{1-p}\Big|_{a}^{+\infty}=+\infty$(发散).

综上所述,$\int_{a}^{+\infty}\frac{1}{x^{p}}\mathrm{d}x=\begin{cases}\frac{1}{(p-1)a^{p-1}}, & p>1(\text{收敛})\\ +\infty, & p\leqslant 1(\text{发散})\end{cases}$.

这个结果是固定的,可以当成结论直接运用.

习题 5-6

1. 填空题.

(1) 广义积分$\int_{2}^{+\infty}\frac{1}{x^{k}}\mathrm{d}x$ 发散时 k 的取值范围________;

(2) 广义积分$\int_{1}^{+\infty}\frac{1}{x^{2a-5}}\mathrm{d}x$ 收敛时 a 的取值范围________;

(3) 广义积分$\int_{1}^{+\infty}\frac{1}{x^{a+1}}\mathrm{d}x$ 发散时 a 的取值范围________;

(4) 广义积分$\int_{1}^{+\infty}\frac{1}{x^{3+3^{a}}}\mathrm{d}x$ 收敛时 a 的取值范围________.

2. 计算下列广义积分,并说明敛散性.

(1) $\int_{1}^{+\infty}(x-1)\mathrm{d}x$;

(2) $\int_{0}^{+\infty}\sin x\,\mathrm{d}x$;

(3) $\int_{-\infty}^{1}\mathrm{e}^{x}\mathrm{d}x$;

(4) $\int_{0}^{+\infty}\frac{1}{1+x^{2}}\mathrm{d}x$;

(5) $\int_{3}^{+\infty}\frac{1}{x^{2}}\mathrm{d}x$;

(6) $\int_{1}^{+\infty}\mathrm{e}^{-2x}\mathrm{d}x$;

(7) $\int_{3}^{+\infty}\frac{1}{x}\mathrm{d}x$;

(8) $\int_{1}^{+\infty}\frac{1}{2x-1}\mathrm{d}x$;

(9) $\int_{-\infty}^{+\infty}\frac{1}{100+x^{2}}\mathrm{d}x$;

(10) $\int_{-\infty}^{+\infty}\frac{1}{x^{2}+4x+5}\mathrm{d}x$;

(11) $\int_{0}^{+\infty}\frac{1}{x^{2}+2x+2}\mathrm{d}x$;

(12) $\int_{-\infty}^{+\infty}\frac{\mathrm{e}^{x}}{1+\mathrm{e}^{2x}}\mathrm{d}x$.

5.7 定积分的应用

5.3 节已经对定积分进行了定义,并解释了其几何意义,求任意一个曲边梯形 $y=f(x)$ 在$[a,b]$上的面积分为四步.

第一步 细小分割成 n 份,化整为零.即把$[a,b]$分成 n 个小区间$[x_{i-1},x_{i}](i=1,2,\cdots,n)$,$\Delta x_{i}=x_{i}-x_{i-1}$.

第二步 近似求值理想化,以直代曲.即小曲边梯形的面积

$\Delta A_i \approx f(\xi_i)\Delta x_i (i=1,2,\cdots,n)$，其中 $\xi_i \in [x_{i-1},x_i]$.

第三步 n 份求和得整值，积零为整. 即 $A \approx \sum_{i=1}^{n}\Delta A_i \approx \sum_{i=1}^{n} f(\xi_i)\Delta x_i$.

第四步 无限累加得确值，极限思想. 即 $A = \lim_{\lambda\to 0}\sum_{i=1}^{n} f(\xi_i)\Delta x_i$，其中 $\lambda = \max\{\Delta x_1, \Delta x_2, \cdots, \Delta x_n\}$.

最终得出 $A = \int_a^b f(x)\mathrm{d}x = \lim_{\lambda\to 0}\sum_{i=1}^{n} f(\xi_i)\Delta x_i$.

由此推导出定积分的微元法.

5.7.1 微元法

用定积分来解决实际问题，则实际问题中的所求量 A 应符合下列条件：

(1)A 在区间 $[a,b]$ 上具有可加性；

(2) 局部量的近似值 ΔA_i 可表示为 $f(\xi_i)\Delta x_i$，这里 $f(x)$ 是实际问题选择的函数.

则可以表示为 $A = \int_a^b f(x)\mathrm{d}x$.

解决步骤如下(图 5-7-1).

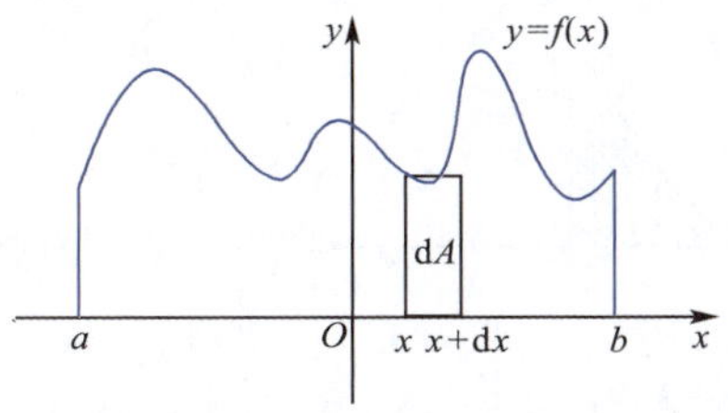

图 5-7-1

第一步 分割区间，写出微元：分割区间 $[a,b]$，取具有代表性的任意一个小区间(不必写出下标号)，记作 $[x, x+\mathrm{d}x]$，设相应的局部量为 ΔA，分析局部量 ΔA，选择函数 $f(x)$，写出近似等式：$\Delta A \approx \mathrm{d}A = f(x)\mathrm{d}x$.

第二步 求定积分得整体量：令 $\Delta x \to 0$，对这些微元求和取极限，得到的定积分就是所要求的整体量：

$$A = \int_a^b \mathrm{d}A = \int_a^b f(x)\mathrm{d}x.$$

此方法称为**微元法**.

微元法口诀：**化整为零细分割，以常代变得微分，积零为整微分和，无限累加得积分.**

5.7.2 用定积分求平面图形的面积

1. 由连续曲线 $y=f(x)$，直线 $x=a$，$x=b$，$y=0$ 所围成的平面图形的面积

如图 5-7-2(a) ~ 5-7-2(c) 所示，面积公式为 $A = \int_a^b |f(x)|\mathrm{d}x$，关键是搞清哪些区域 $f(x)\geqslant 0$，哪些区域 $f(x)\leqslant 0$.

【例 1】 求曲线 $y=x^2$，$x=2$，x 轴所围成图形的面积.

分析 先作图 5-7-3，并在图中将所围图形用阴影部分表示，再确定所围

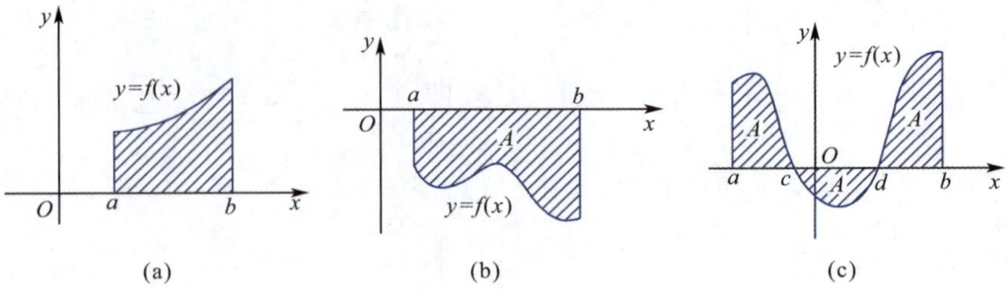

图 5-7-2

封闭图形的形状与范围,然后选择积分变量与被积函数,列出积分表达式.从图 5-7-3 可以看到,整个函数都在 x 轴上方.

解 $A=\int_0^2 x^2\mathrm{d}x=\frac{1}{3}x^3\Big|_0^2=\frac{1}{3}(2^3-0^3)=\frac{8}{3}.$

【例 2】 求由抛物线 $y=x^2-1$,直线 $x=2$ 及 x 轴所围成的平面图形的面积.

分析 如图 5-7-4 所示,所围图形一部分在 x 轴上方,一部分在 x 轴下方,出现这种情况就必须遵循积分的可分割性质进行分段.

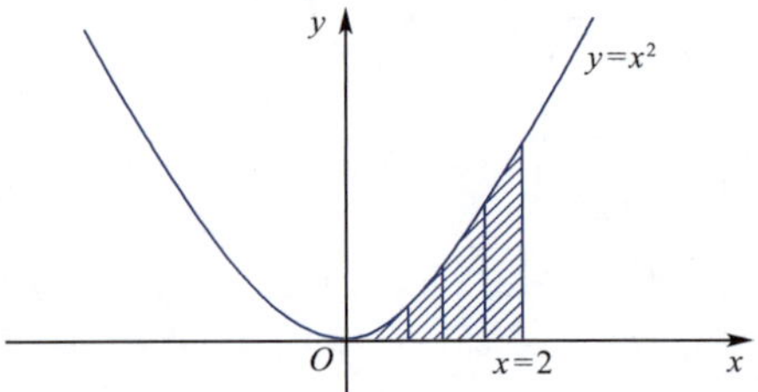

图 5-7-3

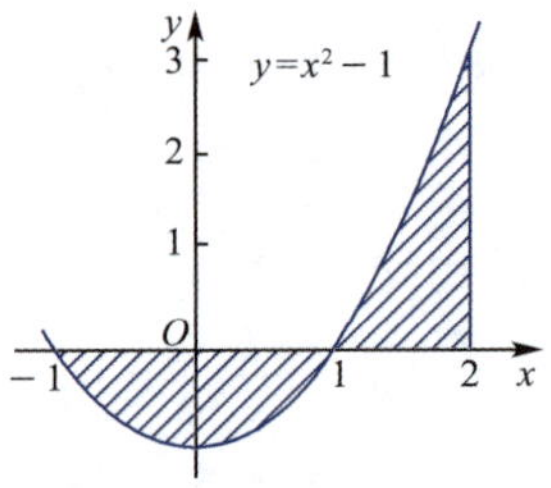

图 5-7-4

解 作出图形(图 5-7-4).

选择 x 作为积分变量

联立方程组 $\begin{cases}y=x^2-1\\y=0\end{cases}$.

解得 $x=\pm1$,积分区间为$[-1,2]$.

当 $-1\leqslant x<1$ 时,$x^2-1<0$;当 $1\leqslant x\leqslant 2$ 时,$x^2-1\geqslant 0$.

故所求图形的面积为

$$A=-\int_{-1}^{1}(x^2-1)\mathrm{d}x+\int_1^2(x^2-1)\mathrm{d}x$$

$$=-2\cdot\left(\frac{1}{3}x^3-x\right)\Big|_0^1+\left(\frac{1}{3}x^3-x\right)\Big|_1^2=\frac{8}{3}.$$

2. 由连续曲线 $y=f(x)$,$y=g(x)$ 与直线 $x=a$,$x=b$ 所围成的平面图形的面积

如图 5-7-5 所示,面积公式为 $A=\int_a^b|f(x)-g(x)|\mathrm{d}x$,关键是搞清哪些区域 $f(x)\geqslant g(x)$,哪些区域 $f(x)\leqslant g(x)$.

3. 由连续曲线 $x=\varphi(y)$ 与直线 $y=c$,$y=d$,$x=0$ 所围成的平面图形的面积

当 $\varphi(y)\geqslant 0$ 时,如图 5-7-6(a) 所示,$A=\int_c^d\varphi(y)\mathrm{d}y$.

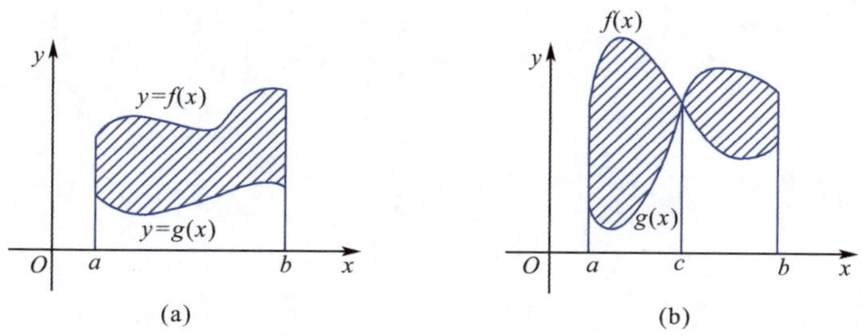

图 5-7-5

4. 由连续曲线 $x=\varphi(y)$，$x=\psi(y)$ 与直线 $y=c$，$y=d$ 所围成的平面图形的面积

当 $\varphi(y)\geqslant\psi(y)$ 时，如图 5-7-6(b) 所示，$A=\int_c^d[\varphi(y)-\psi(y)]\mathrm{d}y$.

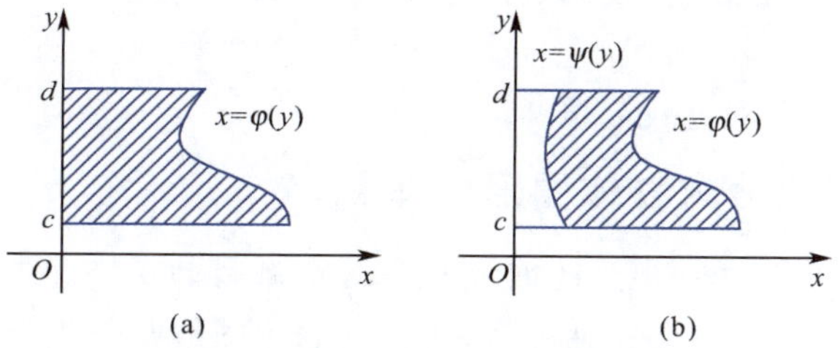

图 5-7-6

·总结·　用定积分计算所围成的图形的面积是有规律的.

(1) 积分变量是 x，里面的被积函数就是阴影部分上界函数－阴影部分下界函数；

(2) 积分变量是 y，里面的被积函数就是阴影部分右界函数－阴影部分左界函数.

【例 3】　计算由抛物线 $y^2=2x$ 和直线 $y=x-4$ 所围成的图形的面积.

解　联立方程组 $\begin{cases} y^2=2x \\ y=x-4 \end{cases}$ 得交点(2，－2)、(8，4).

若以 x 为积分变量，如图 5-7-7(a) 所示.

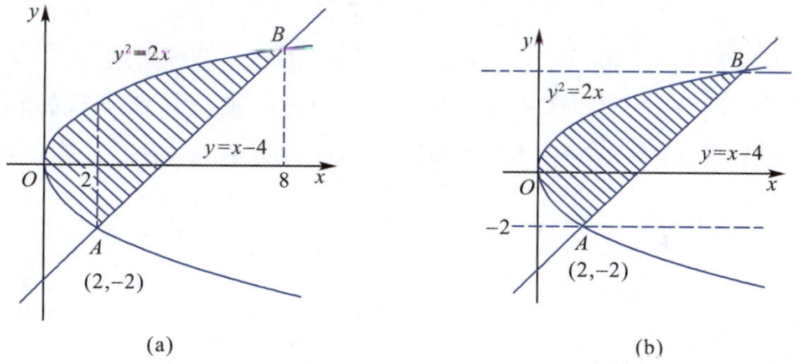

图 5-7-7

$$A=\int_0^2[\sqrt{2x}-(-\sqrt{2x})]\mathrm{d}x+\int_2^8[\sqrt{2x}-(x-4)]\mathrm{d}x$$

$$=2\sqrt{2}\int_0^2\sqrt{x}\,\mathrm{d}x+\int_2^8(\sqrt{2}\cdot\sqrt{x}-x+4)\mathrm{d}x$$

$$=\frac{4\sqrt{2}}{3}x^{\frac{3}{2}}\Big|_0^2+\left(\frac{2\sqrt{2}}{3}x^{\frac{3}{2}}-\frac{1}{2}x^2+4x\right)\Big|_2^8$$
$$=18.$$

若以 y 为积分变量,如图 5-7-7(b) 所示.

$$A=\int_{-2}^{4}\left(y+4-\frac{y^2}{2}\right)\mathrm{d}y$$
$$=\left(\frac{1}{2}y^2+4y-\frac{1}{6}y^3\right)\Big|_{-2}^{4}$$
$$=18.$$

同样一道题,取的积分变量不同,计算量就会有区别.所以,在选择积分变量时,我们一般遵循以下原则:

(1) 被积函数简单,被积函数的原函数易求;

(2) 较少的分割区域;

(3) 积分上、下限比较简单.

5.7.3 用定积分求立体图形的体积

通常碰到的旋转体:由连续曲线 $y=f(x)(x\geqslant 0)$ 与直线 $x=a$,$x=b$ 及 x 轴所围成的曲边梯形绕 x 轴旋转,所得的立体图形叫作**旋转体**,x 轴叫作**旋转轴**.如图 5-7-8 所示.

取 x 为积分变量,$x\in[a,b]$,$\forall[x,x+\mathrm{d}x]$,体积微元

$$\mathrm{d}V=\pi y^2\mathrm{d}x=\pi f^2(x)\mathrm{d}x.$$

所以,绕 x 轴旋转的旋转体体积为

$$V_x=\pi\int_a^b y^2\mathrm{d}x=\pi\int_a^b f^2(x)\mathrm{d}x.$$

同理可得,由连续曲线 $x=\varphi(y)$ 与直线 $y=c$,$y=d(c<d)$ 及 y 轴所围成的曲边梯形绕 y 轴旋转所得的立体图形的体积.可以取 y 为积分变量,$y\in[c,d]$.

所以,绕 y 轴旋转的旋转体体积为

$$V_y=\pi\int_c^d x^2\mathrm{d}y=\pi\int_c^d\varphi^2(y)\mathrm{d}y.$$

【例 4】 设由曲线 $y=x^2$,$x=2$,x 轴所围成的图形,求:

(1) 绕 x 轴旋转所得旋转体的体积;(2) 绕 y 轴旋转所得旋转体的体积.

解 (1) 取 x 为积分变量,如图 5-7-9(a) 所示,$x\in[0,2]$,$\forall[x,x+\mathrm{d}x]$,体积微元

$$\mathrm{d}V=\pi(x^2)^2\mathrm{d}x=\pi x^4\mathrm{d}x.$$

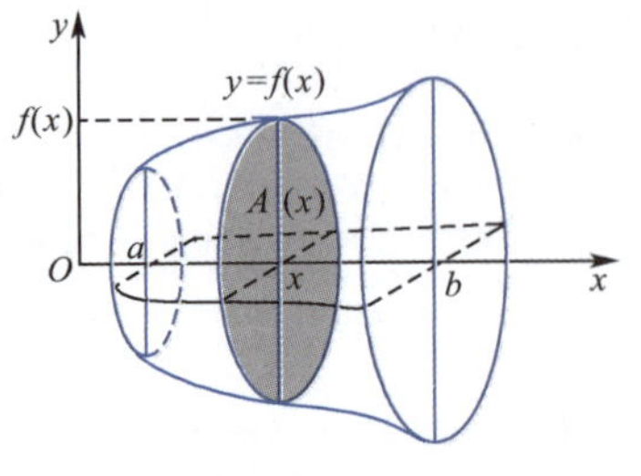

图 5-7-8

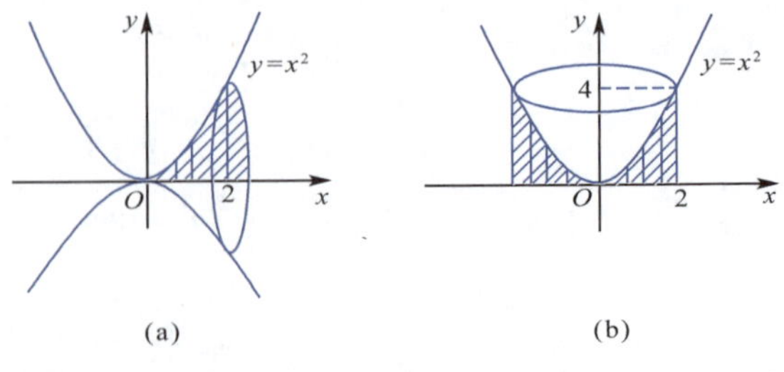

图 5-7-9

所以，绕 x 轴旋转所得旋转体的体积为

$$V_x = \pi\int_0^2 x^4 \mathrm{d}x = \frac{\pi}{5}x^5\Big|_0^2 = \frac{32}{5}\pi.$$

(2) 取 y 为积分变量，如图 5-7-9(b) 所示，$y \in [0,4]$，$\forall\ [y, y+\mathrm{d}y]$，由图形可以看出旋转体是一个中空的旋转体，它是 $x=2$ 绕 y 轴旋转所得旋转体的体积减去 $y=x^2$ 绕 y 轴旋转所得旋转体的体积. 体积微元

$$\mathrm{d}V = \pi 2^2\mathrm{d}y - \pi x^2\mathrm{d}y = (4-y)\pi\mathrm{d}y.$$

所以，绕 y 轴旋转所得旋转体的体积为

$$V_y = \pi\int_0^4 (4-y)\mathrm{d}y = \pi\left(4y - \frac{1}{2}y^2\right)\Big|_0^4 = 8\pi.$$

5.7.4 定积分在物理学上的应用

变力沿直线运动所做的功(图 5-7-10)

由于功具有可加性，故只要寻找到功的微元，再于直线区间上作积分即可.

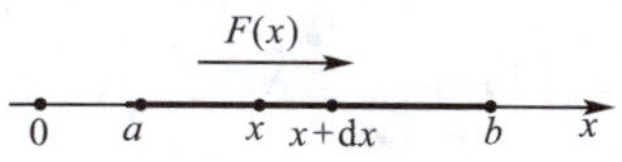

图 5-7-10

由物理学可知，如果物体在做直线运动的过程中有一个不变的力 F 作用在物体上，且力的方向与物体运动的方向一致，那么当物体移动了距离 s 时，力 F 对物体所做的功为 $W=F\cdot s$，如果物体在运动过程中所受的力是变化的，那么就不能简单地按此公式来计算. 这也是一个求总量的问题，它满足微元法应用的条件，因此我们可以用微元法来计算变力对物体所做的功.

设物体在力 $F=f(x)$ 的作用下沿直线运动，力的方向与物体运动方向一致，求物体从 a 点运动到 b 点时变力 F 对其所做的功.

以 x 为积分变量，它的变化区间为 $[a,b]$，在任一小区间 $[x, x+\mathrm{d}x]$ 上，变力 F 所做的功 ΔW 可用 $F\mathrm{d}x$ 作为它的近似值，即功的元素为 $\mathrm{d}W = F\mathrm{d}x -$ $f(x)\mathrm{d}x$，从而所做的功为 $W=\int_a^b f(x)\mathrm{d}x$.

【例 5】 一物体按规律 $x=ct^2$ 直线运动，所受的阻力与速度的平方成正比，计算物体从 $x=0$ 运动到 $x=a$ 克服力所做的功.

解 位于 x 处时物体运动的速度 $\frac{\mathrm{d}x}{\mathrm{d}t} = 2ct = 2c\cdot\sqrt{\frac{x}{c}} = 2\sqrt{cx}$.

所受的阻力 $F = k4cx = 4ckx$.

从点 x 运动到点 $x+\mathrm{d}x$ 所做的功元素 $\mathrm{d}W = 4ckx\,\mathrm{d}x$.

物体从 0 运动到 a 克服力所做的功 $W = \int_0^a 4kcx\,\mathrm{d}x = 2a^2kc$.

【例 6】 一块矩形木板长 10 米，宽 5 米. 木板垂直于水平面，沉没于水中，其一宽与水面平齐，求木板一侧受到的压力.(水的密度 $\rho=1$)

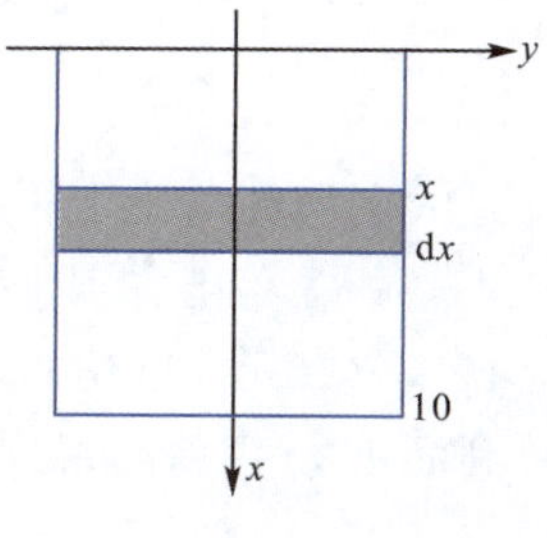

图 5-7-11

解 如图 5-7-11 所示. 木板在 x 处所受的压强为 $x\rho$. 位于 x 处、长为 5 米、宽为 $\mathrm{d}x$ 米的小矩形受到的压力元素

$$\mathrm{d}F = x\rho 5\mathrm{d}x = 5x\,\mathrm{d}x\text{(吨)}.$$

整块木板一侧受到的压力

$$F=\int_0^{10}5x\,\mathrm{d}x=5\cdot\frac{x^2}{2}\bigg|_0^{10}=250(\text{吨}).$$

5.7.5 定积分在经济学上的应用

由变化率求总量及其改变量.

(1) 总成本函数 $C(x)=\int_0^x \mathrm{MC}\mathrm{d}x+C_0$,其中 C_0 为固定成本.

边际成本 $\mathrm{MC}=C'(x)$.

总成本的改变量 $\Delta C=\int_a^b \mathrm{MC}\mathrm{d}x$.

平均成本 $\overline{C}(x)=\frac{C(x)}{x}$.

(2) 总收入函数 $R(x)=\int_0^x \mathrm{MR}\mathrm{d}x$.

边际收入 $\mathrm{MR}=R'(x)$.

总收入的改变量 $\Delta R=\int_a^b \mathrm{MR}\mathrm{d}x$.

平均收益 $\overline{R}(x)=\frac{R(x)}{x}=\frac{1}{x}\int_0^x R'(x)\mathrm{d}x$.

(3) 总利润函数 $L(x)=\int_0^x(\mathrm{MR}-\mathrm{MC})\mathrm{d}x-C_0$,其中 C_0 为固定成本.

边际利润 $\mathrm{ML}=L'(x)$.

总利润的改变量 $\Delta L=\int_a^b(\mathrm{MR}-\mathrm{MC})\mathrm{d}x$.

【例 7】 设生产某产品的边际成本为 $\mathrm{MC}=3$(万元 / 件),边际收入为 $\mathrm{MR}=18-0.06x$,若在最大利润的基础上再生产 30 件产品,利润会发生什么变化?

分析 凡涉及经济变量的最大值或最小值时,通常要找到驻点确定此时的产量.

解 该产品的边际利润为

$$L'(x)=\mathrm{MR}-\mathrm{MC}=18-0.06x-3=15-0.06x.$$

令 $L'(x)=0$,即 $15-0.06x=0$,得唯一驻点 $x=250$,且 $L''(x)=-0.06$,$L''(250)=-0.06<0$.

所以产量为 250 件时,利润有极大值也是最大值.在最大利润的基础上再生产 30 件产品,利润的改变量

$$\Delta L=\int_{250}^{280}(\mathrm{MR}-\mathrm{MC})\mathrm{d}x=\int_{250}^{280}(15-0.06x)\mathrm{d}x$$

$$=(15x-0.03x^2)\bigg|_{250}^{280}=-27(\text{万元}).$$

即最大利润的基础上再生产 30 件产品,利润会减少 27 万元.

【例 8】 已知某商品每周生产 x 单位时,总费用的变化率是 $f(x)=0.4x-12$(元 / 单位),求总费用 $F(x)$;如果这种产品的销售单价是 20 元,求总利润 $L(x)$,并问每周生产多少单位时才能获得最大利润?

解 总费用 $F(x)=\int_0^x(0.4x-12)\mathrm{d}x$

$$=(0.2x^2-12x)\Big|_0^x$$

$$=0.2x^2-12x.$$

销售 x 单位商品得到的总收入为 $R(x)=20x$.

又利润 $L(x)=R(x)-F(x)$,所以

$$L(x)=20x-(0.2x^2-12x)=32x-0.2x^2,$$

$$L'(x)=32-0.4x, L''(x)=-0.4.$$

令 $L'(x)=0$,即 $32-0.4x=0$,得唯一驻点 $x=80$.

且 $L''(80)=-0.4<0$.

所以当销售量 $x=80$ 单位时,利润有极大值也是最大值.

此时最大利润为:$L(80)=32\times 80-0.2\times 80^2=1\ 280$(元).

习题 5-7

1.画出下列函数的图形.

(1)$y=x$;　　(2)$y=x^2$;

(3)$y=x^2+1$;　　(4)$y=-x^2-1$;

(5)$y=x^3$;　　(6)$y=3x^3-2$;

(7)$y=\sqrt{x}$;　　(8)$y=\sqrt{x-1}$;

(9)$y=e^x$;　　(10)$y=\ln x$;

(11)$y=\sin x$;　　(12)$y=\cos x$.

2.求函数 $y=\sin x, x\in[0,2\pi]$ 与 x 轴、y 轴所围图形的面积.

3.求函数 $y=\cos x, x\in[0,2\pi]$ 与 x 轴、y 轴所围图形的面积.

4.求 $y=\sin x, y=\cos x, x=0, x=\dfrac{\pi}{2}$ 所围成的平面图形的面积.

5.设曲线 $y=e^x, x=0, x=1$ 和 x 轴所围成的平面图形为 A,

(1)求面积 A;

(2)求 A 绕 x 轴旋转一周所得旋转体的体积.

6.设曲线 $y=\sqrt{x+1}$ 和直线 $y=x+1$ 所围成的平面图形为 A,

(1)求面积 A;

(2)求 A 绕 x 轴旋转一周所得旋转体的体积.

7.设曲线 $y=x-x^2$ 和 $y=0$ 所围成的平面图形为 A,

(1)求面积 A;

(2)求 A 绕 x 轴旋转一周所得旋转体的体积.

8.设曲线 $x=y^2$ 和直线 $x-y-2=0$ 所围成的平面图形为 A,

(1)求面积 A;

(2)求 A 绕 y 轴旋转一周所得旋转体的体积.

9.设曲线 $y=x^2+1$ 与 $x=0, x=1, x$ 轴所围成的平面图形的面积为 A,

(1)求面积 A;

(2)求 A 绕 x 轴旋转一周所得旋转体的体积;

(3)求 A 绕 y 轴旋转一周所得旋转体的体积.

10.设曲线 $y=\sqrt{x}$ 与直线 $x+y-2=0, y=0$ 所围成的平面图形的面积为 A,

(1) 求面积 A；

(2) 求 A 绕 x 轴旋转一周所得旋转体的体积；

(3) 求 A 绕 y 轴旋转一周所得旋转体的体积.

11. 设曲线 $y=\ln x$ 与 $x=1, x=2, y=0$ 所围成的平面图形的面积为 A，

(1) 求面积 A；

(2) 求 A 绕 x 轴旋转一周所得旋转体的体积；

(3) 求 A 绕 y 轴旋转一周所得旋转体的体积.

12. 一条均匀的链条长 28 m，质量为 20 kg，悬挂于某建筑物顶部，需做多少功才能把它全部拉上建筑物顶部.

13. 一个圆柱形水池，底面半径为 5 米，水深 10 米，要把池中的水全部抽出，所做的功等于多少？(水的密度 $\rho=1$)

14. 生产某产品的边际成本函数为 $C'(x)=9x^2-2x+300$，固定成本 $C(0)=900$，计算生产 x 单位产品时的总成本.

15. 已知边际收入函数为 $R'(x)=50-3x$，$R(0)=0$，求收入函数.

本章小结

一、思维导图

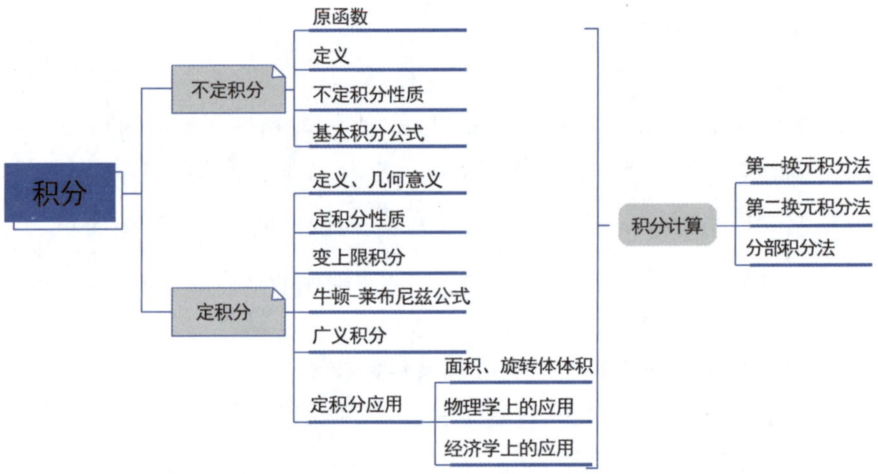

二、主要内容

1. 原函数和不定积分的概念

设 $f(x)$ 是定义在某区间的已知函数，若存在函数 $F(x)$，使得 $F'(x)=f(x)$ 或 $\mathrm{d}F(x)=f(x)\mathrm{d}x$，则称 $F(x)$ 为 $f(x)$ 的一个原函数.

在区间 I 上，$f(x)$ 的全体原函数的集合，称为 $f(x)$ 在区间 I 上的不定积分，记为 $\int f(x)\mathrm{d}x=F(x)+C$.

2. 不定积分的基本公式

(1) $\int k\mathrm{d}x=kx+C$　(k 为常数)；

(2) $\int x^a\mathrm{d}x=\frac{1}{1+a}x^{1+a}+C$　($a\neq-1$)；

(3) $\int\frac{1}{x}\mathrm{d}x=\ln|x|+C$；

(4) $\int a^x \mathrm{d}x = \frac{a^x}{\ln a} + C$；

(5) $\int \mathrm{e}^x \mathrm{d}x = \mathrm{e}^x + C$；

(6) $\int \cos x \mathrm{d}x = \sin x + C$；

(7) $\int \sin x \mathrm{d}x = -\cos x + C$；

(8) $\int \frac{1}{\cos^2 x} \mathrm{d}x = \int \sec^2 x \mathrm{d}x = \tan x + C$；

(9) $\int \frac{1}{\sin^2 x} \mathrm{d}x = \int \csc^2 x \mathrm{d}x = -\cot x + C$；

(10) $\int \sec x \tan x \mathrm{d}x = \sec x + C$；

(11) $\int \csc x \cot x \mathrm{d}x = -\csc x + C$；

(12) $\int \frac{1}{\sqrt{1-x^2}} \mathrm{d}x = \arcsin x + C$；

(13) $\int \frac{1}{1+x^2} \mathrm{d}x = \arctan x + C$.

3. 不定积分的性质

性质 1　$\int kf(x)\mathrm{d}x = k\int f(x)\mathrm{d}x \quad (k \neq 0)$；

性质 2　$\int [f(x) \pm g(x)] \mathrm{d}x = \int f(x)\mathrm{d}x \pm \int g(x)\mathrm{d}x$；

性质 3　$\left[\int f(x)\mathrm{d}x\right]' = f(x)$ 或 $\mathrm{d}\int f(x)\mathrm{d}x = f(x)\mathrm{d}x$；

性质 4　$\int F'(x)\mathrm{d}x = F(x) + C$ 或 $\int \mathrm{d}F(x) = F(x) + C$.

4. 不定积分的积分方法

第一换元积分法：

$$\int f[\varphi(x)]\varphi'(x)\mathrm{d}x \xlongequal{\text{凑微分}} \int f[\varphi(x)]\mathrm{d}\varphi(x)$$

$$\xlongequal{\text{令 } u=\varphi(x)} \int f(u)\mathrm{d}u = F(u) + C$$

$$\xlongequal{\text{回代}} F[\varphi(x)] + C.$$

(1) 直接凑微分，如 $\int \mathrm{e}^{2x} \mathrm{d}x$、$\int \sin 5x \mathrm{d}x$、$\int \frac{1}{x-1} \mathrm{d}x$；

(2) 有导数关系的凑微分，如 $\int \frac{\ln x}{x} \mathrm{d}x$、$\int x \mathrm{e}^{x^2} \mathrm{d}x$、$\int \frac{1}{x^2} \sin \frac{1}{x} \mathrm{d}x$.

第二换元积分法：

$$\int f(x)\mathrm{d}x \xlongequal[\text{换元}]{x=\varphi(t)} \int f[\varphi(t)]\varphi'(t)\mathrm{d}t$$

$$\xlongequal{\text{积分}} F(t) + C$$

$$\xlongequal[\text{回代}]{t=\varphi^{-1}(x)} F[\varphi^{-1}(x)]+C.$$

(1) 根式代换,如$\int \frac{1}{1+\sqrt{x}}\mathrm{d}x$、$\int \frac{1}{\sqrt{x}+\sqrt[4]{x}}\mathrm{d}x$;

(2) 三角代换,如$\int \sqrt{a^2-x^2}\mathrm{d}x$、$\int \sqrt{a^2+x^2}\mathrm{d}x$、$\int \sqrt{x^2-a^2}\mathrm{d}x$.

分部积分法:$\int u\mathrm{d}v=uv-\int v\mathrm{d}u$,按"反、对、幂、三、指"的顺序,排在前面的作为$u$保持不变,排在后面的凑到微分里作为$v$.

(1) 直接分部积分,如$\int \ln x\mathrm{d}x$、$\int \arctan x\mathrm{d}x$;

(2) 先凑微分再分部积分,如$\int x\sin x\mathrm{d}x$、$\int x\arctan x\mathrm{d}x$.

5.定积分的概念、性质和几何意义

概念:分为四个过程记忆:分割;取近似;求和;取极限.

几何意义:(1) 如果$f(x)\geqslant 0$,则$\int_a^b f(x)\mathrm{d}x\geqslant 0$,此时$\int_a^b f(x)\mathrm{d}x$表示由曲线$y=f(x)$,$x=a$,$x=b$及$x$轴所围成的曲边梯形的面积$A$,即$\int_a^b f(x)\mathrm{d}x=A$;

(2) 如果$f(x)\leqslant 0$,则$\int_a^b f(x)\mathrm{d}x\leqslant 0$,此时$\int_a^b f(x)\mathrm{d}x$表示由曲线$y=f(x)$,$x=a$,$x=b$及$x$轴所围成的曲边梯形的面积$A$的相反数,即$\int_a^b f(x)\mathrm{d}x=-A$;

(3) 如果$f(x)$在$[a,b]$上有正有负时,则$\int_a^b f(x)\mathrm{d}x$表示由曲线$y=f(x)$,直线$x=a$,$x=b$及x轴所围成的平面图形的面积位于x轴上方的面积减去位于x轴下方的面积(或者定积分的数值是各个几何面积的代数和),即

$$\int_a^b f(x)\mathrm{d}x=A_1-A_2+A_3.$$

6个性质:

性质1(加减运算) $\int_a^b [f(x)\pm g(x)]\mathrm{d}x=\int_a^b f(x)\mathrm{d}x\pm\int_a^b g(x)\mathrm{d}x$.

性质2(数乘运算) $\int_a^b kf(x)\mathrm{d}x=k\int_a^b f(x)\mathrm{d}x$ (k为常数).

性质3(积分区间的分割性质) 若$a<c<b$,则

$$\int_a^b f(x)\mathrm{d}x=\int_a^c f(x)\mathrm{d}x+\int_c^b f(x)\mathrm{d}x.$$

性质4(积分的比较性质) 在$[a,b]$上若$f(x)\geqslant g(x)$,则

$$\int_a^b f(x)\mathrm{d}x\geqslant\int_a^b g(x)\mathrm{d}x.$$

性质5(积分估值性质) 设M与m分别是$f(x)$在$[a,b]$上的最大值与最小值,则

$$m(b-a)\leqslant\int_a^b f(x)\mathrm{d}x\leqslant M(b-a).$$

性质 6(积分中值定理) 如果 $f(x)$ 在 $[a,b]$ 上连续,则至少存在一点 $\xi\in[a,b]$,使得

$$\int_a^b f(x)\mathrm{d}x=f(\xi)(b-a).$$

6. 变上限的定积分的概念和运算公式

概念:如果函数 $f(x)$ 在区间 $[a,b]$ 上连续,则变上限积分 $\Phi(x)=\int_a^x f(t)\mathrm{d}t$ 在 $[a,b]$ 上可导,且其导数是 $\Phi'(x)=\frac{\mathrm{d}}{\mathrm{d}x}\int_a^x f(t)\mathrm{d}t=f(x)(a\leqslant x\leqslant b)$.

变限积分的运算公式:

$$\frac{\mathrm{d}}{\mathrm{d}x}\int_a^{\beta(x)} f(t)\mathrm{d}t=\left[\int_a^{\beta(x)} f(t)\mathrm{d}t\right]'=f[\beta(x)]\cdot\beta'(x);$$

$$\frac{\mathrm{d}}{\mathrm{d}x}\int_{\alpha(x)}^{\beta} f(t)\mathrm{d}t=\left[\int_{\alpha(x)}^{\beta} f(t)\mathrm{d}t\right]'=-f[\alpha(x)]\cdot\alpha'(x);$$

$$\frac{\mathrm{d}}{\mathrm{d}x}\int_{\alpha(x)}^{\beta(x)} f(t)\mathrm{d}t=\left[\int_{\alpha(x)}^{\beta(x)} f(t)\mathrm{d}t\right]'=f[\beta(x)]\cdot\beta'(x)-f[\alpha(x)]\cdot\alpha'(x).$$

7. 牛顿-莱布尼茨(Newton-Leibniz)公式

设函数 $f(x)$ 在闭区间 $[a,b]$ 上连续,又 $F(x)$ 是 $f(x)$ 的任一个原函数,则有

$$\int_a^b f(x)\mathrm{d}x=F(b)-F(a).$$

8. 定积分的积分方法

(1) 第一换元积分法(换元必换限);

(2) 第二换元积分法;

(3) 分部积分法:$\int_a^b u\mathrm{d}v=uv\Big|_a^b-\int_a^b v\mathrm{d}u$.

方法与不定积分求解思路一样.

9. 广义积分

(1) $\int_a^{+\infty} f(x)\mathrm{d}x=\lim\limits_{b\to+\infty}\int_a^b f(x)\mathrm{d}x$,若极限存在,称广义积分 $\int_a^{+\infty} f(x)\mathrm{d}x$ 收敛;否则,称 $\int_a^{+\infty} f(x)\mathrm{d}x$ 发散;

(2) $\int_{-\infty}^b f(x)\mathrm{d}x=\lim\limits_{a\to-\infty}\int_a^b f(x)\mathrm{d}x$,若极限存在,称广义积分 $\int_{-\infty}^b f(x)\mathrm{d}x$ 收敛;否则,称 $\int_{-\infty}^b f(x)\mathrm{d}x$ 发散;

(3) $\int_{-\infty}^{+\infty} f(x)\mathrm{d}x=\int_{-\infty}^c f(x)\mathrm{d}x+\int_c^{+\infty} f(x)\mathrm{d}x$. 其中 c 为任意实数(如可取 $c=0$),当右端两个广义积分都收敛时,广义积分 $\int_{-\infty}^{+\infty} f(x)\mathrm{d}x$ 才是收敛的,否则是发散的.

10. 定积分的应用

(1) 求平面图形的面积

如果选择 x 为积分变量,则面积可以用以下两个公式求出:$A=\int_a^b|f(x)|\mathrm{d}x$ 或者 $A=\int_a^b|f(x)-g(x)|\mathrm{d}x$(上界-下界).

如果选择 y 为积分变量，则面积可以用以下两个公式求出：$A=\int_c^d|\varphi(y)|\mathrm{d}y$ 或者 $A=\int_c^d|\varphi(y)-\psi(y)|\mathrm{d}y$（右界－左界）.

（2）求旋转体的体积

由连续曲线 $y=f(x)(y\geqslant 0)$ 与直线 $x=a$，$x=b$ 及 x 轴所围成的曲边梯形绕 x 轴旋转，所得的旋转体的体积为：$V_x=\pi\int_a^b y^2\mathrm{d}x=\pi\int_a^b f^2(x)\mathrm{d}x$.

由连续曲线 $x=\varphi(y)(x\geqslant 0)$ 与直线 $y=c$，$y=d$ 及 y 轴所围成的曲边梯形绕 y 轴旋转，所得的旋转体的体积为：$V_y=\pi\int_c^d x^2\mathrm{d}y=\pi\int_c^d\varphi^2(y)\mathrm{d}y$.

（3）定积分在物理学上的应用

设物体在力 $F=f(x)$ 的作用下沿直线运动，力的方向与物体运动方向一致，求物体从 a 点运动到 b 点时变力 F 对其所做的功.

以 x 为积分变量，它的变化区间为 $[a,b]$，在任一小区间 $[x,x+\mathrm{d}x]$ 上，变力 F 所做的功 ΔW 可用 $F\mathrm{d}x$ 作为它的近似值，即功的元素为 $\mathrm{d}W=F\mathrm{d}x=f(x)\mathrm{d}x$，从而所做的功为 $W=\int_a^b f(x)\mathrm{d}x$.

（4）定积分在经济学上的应用

① 总成本函数 $C(x)=\int_0^x \mathrm{MC}\mathrm{d}x+C_0$，其中 C_0 为固定成本.

总成本的改变量 $\Delta C=\int_a^b \mathrm{MC}\mathrm{d}x$. 平均成本 $\overline{C}(x)=\dfrac{C(x)}{x}$.

② 总收入函数 $R(x)=\int_0^x \mathrm{MR}\mathrm{d}x$.

总收入的改变量 $\Delta R=\int_a^b \mathrm{MR}\mathrm{d}x$.

平均收益 $\overline{R}(x)=\dfrac{R(x)}{x}=\dfrac{1}{x}\int_0^x R'(x)\mathrm{d}x$.

③ 总利润函数 $L(x)=\int_0^x(\mathrm{MR}-\mathrm{MC})\mathrm{d}x-C_0$，其中 C_0 为固定成本.

总利润的改变量 $\Delta L=\int_a^b(\mathrm{MR}-\mathrm{MC})\mathrm{d}x$.

复习题 9

一、选择题.

1. 若 $F(x)$ 是 $f(x)$ 在某区间上的一个原函数，则以下说法正确的是（　　）.

A. 任意函数都有原函数　　B. $f(x)$ 仅有一个原函数

C. $f(x)$ 有无数多个原函数　　D. $\int f(x)\mathrm{d}x=F(x)$

2. $\int 2\mathrm{e}^x\mathrm{d}x=$（　　）.（选项中的 C 是任意常数）

A. $2\mathrm{e}^{2x}+C$　　B. $2\mathrm{e}^x+C$

C. e^{2x}　　D. e^x

3. $\int xf''(x)\mathrm{d}x=$（　　）.

A. $xf'(x)-\int f(x)dx$　　B. $xf'(x)-f'(x)+C$

C. $xf'(x)-f(x)+C$　　D. $f(x)-xf'(x)+C$

4. 若 $f(x)$ 是 $g(x)$ 的一个原函数,则(　　).

A. $\int f(x)dx=g(x)+C$　　B. $\int g(x)dx=f(x)+C$

C. $\int g'(x)dx=f(x)+C$　　D. $\int f'(x)dx=g(x)+C$

5. 下列等式正确的是(　　).

A. $\int f'(x)dx=f(x)+C$　　B. $\frac{d}{dx}\left(\int f(x)dx\right)=f(x)dx$

C. $\int df(x)=f(x)$　　D. $d\left(\int f(x)dx\right)=f(x)$

6. 下列式子中正确的是(　　).

A. $\int x^2 dx=x^3+C$　　B. $\int \frac{1}{x^2}dx=\frac{1}{x}+C$

C. $\int \sin x dx=\cos x+C$　　D. $\int \cos x dx=\sin x+C$

7. 若 $\int_0^1 (3x+k)dx=2$,则 $k=$(　　).

A. $-\frac{1}{2}$　　B. 0　　C. -1　　D. $\frac{1}{2}$

8. $\int \frac{1}{x}dx=$(　　).

A. $\ln x+C$　　B. $\ln x$　　C. $\ln|x|+C$　　D. $\ln|x|$

9. 下列分部积分法正确的是(　　).

A. $\int u dv=\int uv dx-\int v du$　　B. $\int u dv=u'v-\int v du$

C. $\int u dv=uv-\int v du$　　D. $\int u dv=uv'-\int v du$

10. 设 $f(x)=\begin{cases}x^2, & x\in[0,1]\\ 2-x, & x\in(1,2]\end{cases}$,则 $\int_0^2 f(x)dx=$(　　).

A. $\frac{3}{4}$　　B. $\frac{4}{5}$　　C. $\frac{5}{6}$　　D. 不存在

二、填空题.

1. 已知 x^2 为 $f(x)$ 的一个原函数,则 $f(x)=$________.

2. $\int \frac{1}{2+x}dx=$________.

3. 已知 $\left(\int f(x)dx\right)'=\ln x$,则 $f(x)=$________.

4. $\int \sin(x-3)dx=$________.

5. $\int x^{\frac{5}{6}}dx=$________.

6. 一物体以速度 $v=t^2+3t$(m/s) 做直线运动,则物体在 $t=0$ 到 $t=3$ 这段时间内行进的路程为________.

7. 假设$\int_1^a\left(2x+\frac{1}{x}\right)dx=3+\ln 2$,则 a 的值为________.

8. 假设 $f(x)=x$,则$\int_0^1 f(x)dx+\int_1^2 f(x)dx+\int_2^3 f(x)dx=$________.

三、计算题.

1. $\int \sin x\cos x\,dx$.

2. $\int x^2 e^x\,dx$.

3. $\int e^{2x}\,dx$.

4. $\int_2^3 \frac{2}{x^2-1}dx$.

5. $\int_{-1}^2 |x^2-2x|\,dx$.

四、解答题.

1. 求由抛物线 $y^2=2x$ 与直线 $2x+y-2=0$ 所围成的图形的面积.

2. 求由抛物线 $y=-x^2+4x-3$ 及其在点(0,-3)和(3,0)处的切线所围成的图形的面积.

3. 求由 $x^2+y^2=2$ 和 $x^2=y$ 所围成的图形绕 x 轴旋转而成的旋转体的体积.

复习题 10

一、选择题.

1. 设$\int xf(x)dx=e^{-x^2}+C$,则 $f(x)=($　　).

A. xe^{-x^2}　　B. $-xe^{-x^2}$　　C. $-2e^{-x^2}$　　D. $2e^{-x^2}$

2. $d\left(\int_a^b \cos x^2dx\right)=($　　).(其中 a,b 为常数)

A. $\sin x^2dx$　　B. $\cos x^2dx$

C. 0　　D. $2x\cos x^2dx$

3. 广义积分$\int_{-\infty}^{+\infty}\frac{e^x}{1+e^{2x}}dx=($　　).

A. π　　B. $\frac{\pi}{2}$　　C. $\frac{\pi}{4}$　　D. 0

4. 若$\int f(x)dx=e^{2x}+C$,则 $f(x)=($　　).

A. e^{2x}　　B. $2e^{2x}$　　C. $\frac{1}{2}e^{2x}+C$　　D. $e^{2x}+C$

5. 不定积分$\int \cot x\,dx=($　　).

A. $\ln|\sin x|+C$　　B. $\ln\sin x+C$

C. $\ln|\cos x|+C$　　D. $\ln\cos x+C$

6. $\frac{d}{dx}\left(\int_0^{2x}\sin t\,dt\right)=($　　).

A. $\sin t$　　B. 0　　C. $2\sin 2x$　　D. $\sin 2x$

7. 使广义积分$\int_0^{+\infty}\frac{1}{x^k}\mathrm{d}x$发散的$k$的取值范围是(　　).

A. $(-\infty,2]$　　B. $(-\infty,1]$

C. $[2,+\infty)$　　D. $[1,+\infty)$

8. 积分$\int_{-\pi}^{\pi}\sin x\cos x\,\mathrm{d}x=$(　　).

A. -1　　B. 0　　C. 1　　D. 2

9. 设函数$f(x)=\int_0^x\cos^2 t\,\mathrm{d}t$，则$f'(x)=$(　　).

A. $\cos x^2$　　B. $\cos^2 x$

C. $2x\cos x^2$　　D. $-\sin x\cos^2 x$

10. 定积分$\int_{-1}^{1}19x^{18}(1-\sin x)\mathrm{d}x=$(　　).

A. -1　　B. 0　　C. 1　　D. 2

二、填空题.

1. 积分$\int 1\mathrm{d}x=$________.

2. 定积分$\int_{-2}^{4}|x|\mathrm{d}x=$________.

3. 函数$f(x)=\int_{\frac{1}{2}}^{x}\ln t\,\mathrm{d}t$的极值点是________.

4. 定积分$\int_0^{\pi}\sqrt{1+\cos 2x}\,\mathrm{d}x=$________.

5. 定积分$\int_{-1}^{1}[\mathrm{e}^{x^2}\tan x-2(\arcsin x)^3+3]\mathrm{d}x=$________.

6. 积分$\int_0^1\frac{1}{\sqrt{x}}\mathrm{d}x=$________.

7. 积分$\int(\sin x+\cos x)^2\mathrm{d}x=$________.

三、计算题.

1. $\int_0^1 x\mathrm{e}^x\mathrm{d}x$.　　2. $\int_0^4\sqrt{2x+1}\,\mathrm{d}x$.

3. $\int(2x+1)^2\mathrm{d}x$.　　4. $\int\sin(2x-1)\mathrm{d}x$.

5. $\int x^2\arctan x\,\mathrm{d}x$.　　6. $\int_0^2\frac{\mathrm{d}x}{\sqrt{x+1}+\sqrt{(x+1)^3}}$.

7. $\int\cos^2 x\sin^3 x\,\mathrm{d}x$.　　8. $\int_0^{\ln 2}\sqrt{\mathrm{e}^x-1}\,\mathrm{d}x$.

9. $\int x\cos 2x\,\mathrm{d}x$.　　10. $\int_0^1 x\sqrt{1-x^2}\,\mathrm{d}x$.

四、解答题.

1. 求由直线$y=\mathrm{e}^x$，$y=2^{-x}$与直线$x=1$及坐标轴围成的平面图形的面积，并求此平面图形绕x轴旋转一周所得旋转体的体积.

2. 计算由抛物线$\sqrt{y}=x$，直线 $y=2-x$ 及 x 轴围成的平面图形的面积以及该图形绕 y 轴旋转一周所得旋转体的体积.

3. 已知曲线 $y=\sqrt{x}$，直线 $x+y=6$ 及 x 轴所围成的平面区域为 D. 求：(1)D 的面积；(2)D 绕 x 轴旋转一周所得旋转体的体积.

4. 已知平面图形 D 由曲线 $y=\sqrt{1+x}$，$y=1+x$ 围成. 求：

(1)D 的面积；

(2)D 绕 x 轴旋转一周所得旋转体的体积.

5. 求抛物线 $x=y^2$ 与直线 $x=y+2$ 所围成的封闭图形的面积，以及该封闭图形绕 y 轴旋转而成的旋转体的体积.

6. 设曲线 $y=x-x^2$ 与 x 轴所围成的封闭图形为 D，求：

(1)D 的面积；

(2)D 绕 x 轴旋转一周所得旋转体的体积.

7. 已知函数 $y=\cos x$，$x=-\dfrac{\pi}{2}$，$x=\dfrac{\pi}{2}$围成平面图形 D. 求：

(1)平面图形 D 的面积；

(2)平面图形 D 绕 x 轴旋转一周所得旋转体的体积.

8. 设曲线 $y=x^4+1$ 与直线 $x=0$，$x=1$ 及 x 轴所围成的平面区域为 D，求：

(1) D 的面积；

(2)D 绕 x 轴旋转一周所得旋转体的体积.

9. 求曲线 $y=\dfrac{1}{x}$和直线 $x+2y-3=0$ 所围成的封闭图形的面积，及该图形绕 x 轴旋转一周所得旋转体的体积.

第 6 章　常微分方程

常微分方程是现代数学的一个重要分支，是人们理解世界、分析与解决各种实际问题的有效工具，它在几何、物理、化学、生物、医学、天文、经济等领域都有广泛且重要的应用.

本章主要介绍常微分方程的一些基本概念与常见的简单的微分方程类型的解法. 不同类型的微分方程有不同的求解方法. 学习本章时要注意不同类型的微分方程之间的区别和联系. 首先应弄清方程所属的类型，然后再选择正确的求解方法.

6.1　微分方程的基本概念

微分方程是在科学家们利用微积分处理实际问题中产生的，差不多与微积分同时存在. 1676 年莱布尼茨在给牛顿的信中首次提出了微分方程的概念.

6.1.1　微分方程的基本概念

许多实际问题的解决虽然归结为寻找变量间的函数关系，但在很多情况下函数关系不能直接找到，而只能间接地得到这些量以及其导数之间的关系.

我们先看两个引例.

【例 1】　求曲线方程问题

已知一条曲线过点(1,2)，且在该曲线上任意点 $P(x,y)$ 处的切线斜率为 $2x$，求该曲线方程.

解　设所求曲线方程为 $y=y(x)$，据导数的几何意义，得

$$y'=2x. \tag{6-1-1}$$

要求出 $y(x)$，只需对上式两端积分，得

$$y=\int 2x\,dx,$$

即

$$y=x^2+C\quad(C\text{ 为任意常数}).$$

因为曲线过点(1,2)，即当 $x=1$ 时，$y=2$. 将该条件代入 $y=x^2+C$ 即得 $C=$

微分方程的早期成就改变了西方文化的进程. 牛顿用它构造了一个全新的宇宙体系，解决了潮汐的节律，预测行星在未来任意时刻的位置和运动速度等问题. 科学家利用该体系预测出“缺失行星”的位置，寻找到了海王星、天王星等.

如今，微分方程可以帮助我们预测流行病将如何传播，台风将在哪里登陆，卫星将如何上空等.

在人类努力探索的每个领域，微分方程已经成为描述我们周围和内部事物如何变化的通用框架.

1.所求曲线的方程为 $y=x^2+1$.

【例 2】 确定运动规律问题

列车在平直轨道上以 20 m/s 的速度行驶，当制动时，列车加速度为 $-0.4\ \mathrm{m/s^2}$，求制动后列车的运动规律.

解 设列车制动后 t 秒内行驶了 S 米. 即 $S=S(t)$.

据二阶导数的物理意义，得

$$\frac{\mathrm{d}^2 S}{\mathrm{d}t^2}=-0.4. \tag{6-1-2}$$

要求出 $S(t)$，只需对上式两端进行两次积分，分别得

$$\frac{\mathrm{d}S}{\mathrm{d}t}=-0.4t+C_1,$$

$$S=-0.2t^2+C_1t+C_2 \quad (C_1,C_2\text{ 为任意常数})$$

因为制动开始时的速度为 20 m/s，则当 $t=0$ 时，$v=20$，即 $S'\big|_{t=0}=20$.

假定路程 S 是从开始制动算起，则当 $t=0$ 时，$S=0$，即 $S\big|_{t=0}=0$.

将以上两个条件代入 $S=-0.2t^2+C_1t+C_2$，得

$$C_1=20, C_2=0.$$

于是制动后列车的运动规律为

$$S=-0.2t^2+20t.$$

以上两例中方程(6-1-1)与方程(6-1-2)都含有未知函数的导数或微分，这样的方程就称为微分方程.

定义 6-1-1 含有未知函数的导数或微分的方程，称为**微分方程**.

未知函数是一元函数的微分方程，称为**常微分方程**.

若微分方程中，未知函数及其各阶导数都是一次幂的，则称该方程为**线性微分方程**.

未知函数是多元函数的微分方程，称为**偏微分方程**.

微分方程中未知函数的导数的最高阶数，称为**微分方程的阶**.

例如：(1)方程 $y'=2x$，$\left(\frac{\mathrm{d}y}{\mathrm{d}x}\right)^2+x\frac{\mathrm{d}y}{\mathrm{d}x}+y=0$ 是一阶常微分方程，其中 $y'=2x$ 还是一阶线性微分方程；

(2) $\frac{\mathrm{d}^2 S}{\mathrm{d}t^2}=-0.4$，$\frac{\mathrm{d}^2 y}{\mathrm{d}x^2}+4\frac{\mathrm{d}y}{\mathrm{d}x}+5y=f(x)$ 是二阶常微分方程；

(3) $\frac{\partial^2 T}{\partial x^2}+\frac{\partial^2 T}{\partial y^2}+\frac{\partial^2 T}{\partial z^2}=0$，$\frac{\partial^2 T}{\partial x^2}=4\frac{\partial^2 T}{\partial t^2}$ 是二阶偏微分方程.

定义 6-1-2 若一个已知函数代替微分方程中的未知函数，可使得方程两端恒等，则称此函数为该微分方程的**解**.

·注意· 微分方程的解有无穷个，既可以是显函数形式 $y=f(x)$，也可以为 $F(x,y)=0$ 所确定的隐函数形式. 如 $y=3\mathrm{e}^{2x}$，$y=5\mathrm{e}^{2x}$，$y=C\mathrm{e}^{2x}$ (C 为任意常数)都是方程 $y'=2y$ 的显式解，而 $x^2+y^2=1$，是方程 $(y')^2+1=y^{-2}$ 的隐式解.

【例 3】 验证 $y=\frac{\sin x}{x}$ 为方程 $xy'+y=\cos x$ 的解.

解 将 $y=\frac{\sin x}{x}$，$y'=\frac{x\cos x-\sin x}{x^2}$代入方程 $xy'+y=\cos x$ 的左端，得

$$左=x\cdot\frac{x\cos x-\sin x}{x^2}+\frac{\sin x}{x}=\cos x=右.$$

故 $y=\frac{\sin x}{x}$为方程 $xy'+y=\cos x$ 的解.

从解的结构形式看，微分方程的解可分为通解和特解.

定义 6-1-3 如果微分方程的解中含有任意常数，且任意常数是相互独立的，其个数与方程的阶数相同，这样的解称为微分方程的**通解**. 微分方程的不含任意常数的解，称为微分方程的**特解**. 通解中的任意常数一旦通过某些附加条件确定后，就得到微分方程的特解，这些附加条件叫作微分方程的**初始条件**.

如例 1 中，$y=x^2+C$ 就是方程 $y'=2x$ 的通解；$y=x^2+1$ 是方程 $y'=2x$ 满足初始条件 $y\big|_{x=1}=2$ 的特解.

雅各布·伯努利
(1654—1705)
◈伯努利家族代表人物之一，瑞士数学家. 公认的概率论的先驱之一.
◈最早使用“积分”这个术语的人，也是较早使用极坐标系的数学家之一.
◈1695 年，发现了伯努利微分方程.
◈伯努利家族是 17—18 世纪瑞士一个出过多个数理科学家的家族，包括雅各布、约翰、丹尼尔等.

例 2 中，$S=-0.2t^2+C_1t+C_2$ 就是方程 $\frac{d^2S}{dt^2}=-0.4$ 的通解. $S=-0.2t^2+20t$ 是方程$\frac{d^2S}{dt^2}=-0.4$ 满足初始条件 $S\big|_{t=0}=0$，$S'\big|_{t=0}=20$ 的特解.

【例 4】 验证 $y=Ce^{-2x}$（C 为任意常数）是微分方程 $y'+2y=0$ 的通解，并求方程满足初始条件 $y(0)=1$ 的特解.

解 (1)对 $y=Ce^{-2x}$ 求导，得

$$y'=-2Ce^{-2x},$$

将它代入 $y'+2y=0$，得

$$-2Ce^{-2x}+2Ce^{-2x}=0.$$

所以 $y=Ce^{-2x}$ 是微分方程 $y'+2y=0$ 的通解.

(2)把 $y(0)=1$ 代入 $y=Ce^{-2x}$，得 $Ce^0=1$，解得 $C=1$.

所以满足初始条件 $y(0)=1$ 时，方程的特解为 $y=e^{-2x}$.

6.1.2 可分离变量的微分方程

由于生产实践和科学技术的需要，我们建立了许多微分方程. 但解微分方程是复杂且困难的工作. 可以说是差之毫厘谬以千里，各类微分方程的解法各不相同. 在微分方程发展史中，莱布尼茨、伯努利、欧拉、牛顿、泰勒、柯西等一大批数学家付出了艰苦的劳动和毕生的心血，研究出了一系列微分方程的解法，体现了数学家孜孜不倦的探索精神和勇于钻研的奋斗精神. 在此我们介绍一种简单的微分方程——可分离变量的微分方程.

1691 年，莱布尼茨给出了变量分离法.

定义 6-1-4 形如

$$\frac{dy}{dx}=f(x)g(y)$$

这种形式的方程称为**可分离变量的微分方程**.

可分离变量的微分方程的**特点**是变量 x 和 y 可以分别分离到等号的两侧，方程可以化为

$$\frac{dy}{g(y)}=f(x)dx$$

形式.这种方程的解法称为**分离变量法**,步骤如下:

(1)分离变量,得

$$\frac{dy}{g(y)}=f(x)dx;$$

(2)两边积分,得

$$\int\frac{dy}{g(y)}=\int f(x)dx.$$

【例 5】 求微分方程 $\frac{dy}{dx}=2xy$ 的特解.

解 分离变量,得

$$\frac{dy}{y}=2x\,dx.$$

两边积分,得

$$\int\frac{dy}{y}=\int 2x\,dx.$$

有

$$\ln|y|=x^2+\ln C_1.$$

记任意常数为 $\ln C_1$(其中,$C_1>0$),这是为了便于化简.

从而,得

$$|y|=C_1e^{x^2},$$

$$y=\pm C_1e^{x^2}\quad(C_1>0).$$

显然 $y=0$ 也是方程的解,所以方程的通解为 $y=Ce^{x^2}$.

【例 6】 求微分方程 $y'=(\cos x-\sin x)\sqrt{1-y^2}$ 的通解.

解 分离变量,得

$$\frac{1}{\sqrt{1-y^2}}dy=(\cos x-\sin x)dx.$$

两边积分,得

$$\int\frac{1}{\sqrt{1-y^2}}dy=\int(\cos x-\sin x)dx.$$

计算,得

$$\arcsin y=\sin x+\cos x+C\quad(C\text{ 为任意常数})$$

为原微分方程的通解.

【例 7】 求微分方程 $\sqrt{1-y^2}=3x^2yy'$ 的通解.

解 分离变量,得

$$\frac{y\,dy}{\sqrt{1-y^2}}=\frac{dx}{3x^2}.$$

两边积分,得

$$\int\frac{y\,dy}{\sqrt{1-y^2}}=\int\frac{dx}{3x^2}.$$

得

$$-\sqrt{1-y^2}=-\frac{1}{3x}+C$$

或写成

$$\sqrt{1-y^2}-\frac{1}{3x}+C=0.$$

这就是原方程的通解.

【例 8】 嫌疑犯问题(尸体冷却问题)

受害者的尸体于晚上 7:30 被发现,法医于晚上 8:20 赶到凶案现场测得尸体体温为 32.6 ℃;1 小时后,当尸体即将被抬走时,测得尸体温度为 31.4 ℃,室温在几小时内始终保持在 26 ℃.此案最大的嫌疑犯是张某,但张某声称自己是无罪的,并有证人说:"下午张某一直在办公室上班,5 点时打了一个电话,打完电话后就离开了办公室."从张某的办公室到受害者家(凶案现场)步行需 5 分钟,现在的问题是张某不在凶案现场的证词能否被采信,使他排除在嫌疑犯之外?

解　首先应确定凶案的发生时间,若死亡时间在下午 5 点 5 分之前,则张某就不是嫌疑犯,否则不能将张某排除在嫌疑犯之外.

设 $T(t)$ 表示时刻 t 尸体的温度,并计晚上 8:20 为 $t=0$,则 $T(0)=32.6$ ℃,$T(1)=31.4$ ℃.假设受害者死亡时,体温是正常的.那么确定受害者死亡时体温 $T=37$ ℃对应的时间,即 $T=37$ ℃的时刻,就可以确定张某是否是嫌疑犯.

人体体温受大脑神经中枢调节.人死亡后体温调节的功能消失,尸体的温度受外界环境温度的影响.假设尸体温度的变化率服从牛顿冷却定律即

$$\frac{\mathrm{d}T}{\mathrm{d}t}=-k(T-26).$$

牛顿冷却定律　一个较周围热的物体温度 T 的变化率与它同周围温度 C 的温度差 $T-C$ 成正比.即 $\frac{\mathrm{d}T}{\mathrm{d}t}=-k(T-C)$.其中物体冷却的温度变化率为负值.因为热量总是从温度高的物体向温度低的物体传导.

分离变量并积分得

$$T(t)=26+Ce^{-kt}.$$

因为

$$T(0)=32.6, T(1)=31.4,$$

所以

$$T(0)=26+C=32.6,$$

解得 $C=6.6$,由

$$T(1)=26+6.6e^{-k}=31.4,$$

解得 $e^{-k}=\frac{54}{66}$,即 $k\approx 0.20$.所以

$$T(t)=26+6.6e^{-0.20t}.$$

案情解析:当 $T=37$ ℃时,解得 $t=-2.55$ 小时 $=-2$ 小时 33 分,8 小时 20 分 -2 小时 33 分 $=5$ 小时 47 分.即死亡时间大约在下午 5:47,因此张某不能被排除在嫌疑犯之外.

【例 9】 放射性物质衰变问题

已知放射性元素铀的衰变速度与现存未衰变的铀的质量 M 成正比,比例系数为 1.39×10^{-10},且 $t=0$ 时铀的含量为 M_0.求:(1)在衰变过程中铀含量 M 随时

间 t 的变化规律.(2)当铀的量剩余原来的一半时,所用的时间,即半衰期.

解 (1)依题意,得

$$\begin{cases}\dfrac{dM}{dt}=1.39\times10^{-10}M \\ M\Big|_{t=0}=M_0\end{cases}.$$

用分离变量法,得

$$\int\frac{1}{M}dM=1.39\times10^{-10}dt,$$

$$\ln M=1.39\times10^{-10}t+\ln C,$$

$$M=Ce^{1.39\times10^{-10}t}.$$

利用初始条件 $M\Big|_{t=0}=M_0$,得

$$M=M_0e^{1.39\times10^{-10}t}.$$

所以在衰变过程中铀含量 M 随时间 t 的变化规律为 $M=M_0e^{1.39\times10^{-10}t}$.

(2)当铀的量剩余原来的一半时,$M=\dfrac{M_0}{2}$.代入方程,得

$$\frac{M_0}{2}=M_0e^{1.39\times10^{-10}t},$$

$$t\approx5\times10^9.$$

所以铀的半衰期约为 50 亿年.

习题 6-1

1.(多选题)下列方程中是微分方程的是(　　).

①$y''-3y'+2y=x$;　②$y^2-3y+2=0$;　③$y'=2x+6$;

④$y=2x+6$;　⑤$dy=(2x+6)dx$;　⑥$\dfrac{d^2y}{dx^2}=\sin x$.

2.方程 $y''+3y'+2y=x^2$ 的阶数是(　　),方程 $\dfrac{dy}{dx}+\dfrac{\sqrt{1-y^2}}{\sqrt{1-x^2}}=0$ 的阶数是(　　),方程 $\left(\dfrac{d^3y}{dx^3}\right)^2-y^4=e^x$ 的阶数是(　　),方程 $y-x^4y'=y^2+y'''$ 的阶数是(　　).

A. 1　　B. 2　　C. 3　　D. 4

3.验证下列各题中所给函数是否是相应微分方程的解.

(1)$yy'=x-2x^3$,$y=x\sqrt{1-x^2}$;

(2)$(x-y)dx+xdy=0$,$y=x(C-\ln x)$;

(3)$y'=\dfrac{1+y^2}{1+x^2}$,$y=\dfrac{1+x}{1-x}$.

4.给定一阶微分方程 $\dfrac{dy}{dx}=2x$.

(1)求出其通解;

(2)求过点(1,4)的特解；

(3)求出由微分方程$\frac{dy}{dx}=2x$所确定的曲线与直线$y=2x+3$相切的特解；

(4)求出满足条件$\int_0^1 y\,dx=2$的特解.

5.求微分方程$\frac{dy}{dx}=xy$的通解.

6.求微分方程$y'=\frac{e^x}{\sin y}$的通解.

6.2　一阶线性微分方程

本节将学习新的微分方程类型——一阶线性微分方程，其解法为常数变易法.常数变易法是法国数学家约瑟夫·拉格朗日历经11年坚持不懈探索的成果.1694年，莱布尼茨使用常数变易法把一阶常微分方程化成积分.

定义6-2-1　形如

$$\frac{dy}{dx}+p(x)y=q(x)$$

这种形式的方程称为**一阶线性微分方程**.

当$q(x)=0$时，称为一阶**齐次**线性微分方程；

当$q(x)\neq 0$时，称为一阶**非齐次**线性微分方程.

下面分两种情形来讨论其解.

6.2.1　一阶齐次线性微分方程

$$\frac{dy}{dx}+p(x)y=0$$

解法如下：

1.分离变量法

$$\frac{dy}{y}=-p(x)dx.$$

两边积分，得

$$\ln y=-\int p(x)dx+\ln C.$$

方程的通解为

$$y=Ce^{-\int p(x)dx}.$$

如果我们将以上结论当作公式使用，便有以下公式法.

2.公式法

$$y=Ce^{-\int p(x)dx}.$$

6.2.2　一阶非齐次线性微分方程

$$\frac{dy}{dx}+p(x)y=q(x).$$

解法如下：

1. 常数变易法

解一阶非齐次线性微分方程的一般步骤：

(1)求出它所对应的齐次线性微分方程的通解；

(2)将此通解中的常数 C 换成待定函数 $C(x)$；

(3)将所得的新的解代入原非齐次线性微分方程，解出 $C(x)$，即可求得原微分方程的通解.

由于齐次方程 $\frac{dy}{dx}+p(x)y=0$ 的通解为 $y=Ce^{-\int p(x)dx}$，这时我们设想将常数 C 换成待定函数 $C(x)$ 后，有可能是非齐次线性微分方程的解.

令

$$y=C(x)e^{-\int p(x)dx}$$

是非齐次方程 $\frac{dy}{dx}+p(x)y=q(x)$ 的解.

对 $y=C(x)e^{-\int p(x)dx}$ 求导，得

$$\begin{aligned} y'&=C'(x)e^{-\int p(x)dx}+C(x)e^{-\int p(x)dx}[-p(x)] \\ &=C'(x)e^{-\int p(x)dx}-p(x)y. \end{aligned}$$

代入非齐次方程，可得

$$C'(x)e^{-\int p(x)dx}=q(x).$$

于是可求出

$$C(x)=\int q(x)e^{\int p(x)dx}dx+C.$$

这样便得非齐次方程 $\frac{dy}{dx}+p(x)y=q(x)$ 的通解为

$$y=e^{-\int p(x)dx}\left[\int q(x)e^{\int p(x)dx}dx+C\right].$$

如果我们将以上结论当作公式使用，便有以下公式法.

2. 公式法

$$y=e^{-\int p(x)dx}\left[\int q(x)e^{\int p(x)dx}dx+C\right]. \tag{6-2-1}$$

【例 1】 求微分方程 $\frac{dy}{dx}+y=x$ 的通解.

解法 1 常数变易法

先求对应的齐次方程 $\frac{dy}{dx}+y=0$ 的通解. 解得

$$y=Ce^{-x}.$$

再进行常数变易，即设原非齐次方程的解为

$$y=C(x)e^{-x},$$

从而得 $y'=C'(x)e^{-x}-C(x)e^{-x}$，

代入原方程化简后，得 $C'(x)=xe^{x}$.

于是有

$$C(x)=\int x\mathrm{e}^{x}\mathrm{d}x=x\mathrm{e}^{x}-\mathrm{e}^{x}+C.$$

代回,得原方程的通解为

$$y=\mathrm{e}^{-x}(x\mathrm{e}^{x}-\mathrm{e}^{x}+C),$$

即

$$y=C\mathrm{e}^{-x}+x-1.$$

解法 2　公式法

从原方程可看出

$$p(x)=1,q(x)=x.$$

代入公式(6-2-1),得

$$\begin{aligned}y&=\mathrm{e}^{-\int\mathrm{d}x}\left(\int x\mathrm{e}^{\int\mathrm{d}x}\mathrm{d}x+C\right)\\&=\mathrm{e}^{-x}(x\mathrm{e}^{x}-\mathrm{e}^{x}+C),\end{aligned}$$

得原方程的通解为

$$y=C\mathrm{e}^{-x}+x-1.$$

【例 2】　求微分方程 $x\mathrm{d}y+(y-x\mathrm{e}^{-x})\mathrm{d}x=0$ 的通解.

解　可将方程化为标准形式

$$\frac{\mathrm{d}y}{\mathrm{d}x}+\frac{1}{x}y=\mathrm{e}^{-x},$$

这里

$$p(x)=\frac{1}{x},q(x)=\mathrm{e}^{-x}.$$

代入公式(6-2-1),得

$$\begin{aligned}y&=\mathrm{e}^{-\int\frac{1}{x}\mathrm{d}x}\left[\int\mathrm{e}^{-x}\,\mathrm{e}^{\int\frac{1}{x}\mathrm{d}x}\mathrm{d}x+C\right]=\frac{1}{x}\left(\int\mathrm{e}^{-x}\cdot x\mathrm{d}x+C\right)\\&=\frac{1}{x}[-(x+1)\mathrm{e}^{-x}+C].\end{aligned}$$

于是原方程的通解为

$$y=\frac{1}{x}[-(x+1)\mathrm{e}^{-x}+C].$$

【例 3】　求微分方程 $\dfrac{\mathrm{d}y}{\mathrm{d}x}=\dfrac{y}{y^{3}+x}$ 的通解.

解　此方程乍一看,让人不易认出,不是分离变量方程,不是齐次方程,似乎也不像线性方程.但如果我们把 y 看作自变量,x 看作因变量,把方程改写成

$$\frac{\mathrm{d}x}{\mathrm{d}y}=\frac{y^{3}+x}{y}=\frac{1}{y}x+y^{2},$$

就可将方程看作一个关于未知函数 $x(y)$ 的一阶线性非齐次方程.

写成标准形式

$$\frac{\mathrm{d}x}{\mathrm{d}y}-\frac{1}{y}x=y^{2},$$

这里

$$p(y)=-\frac{1}{y},q(y)=y^{2}.$$

代入公式(6-2-1),得

$$\begin{aligned}x&=\mathrm{e}^{-\int\left(-\frac{1}{y}\right)\mathrm{d}y}\left[C+\int y^{2}\,\mathrm{e}^{\int\left(-\frac{1}{y}\right)\mathrm{d}y}\mathrm{d}y\right]\\&=y\left(C+\int y\,\mathrm{d}y\right)\\&=Cy+\frac{1}{2}y^{3}.\end{aligned}$$

于是原方程的通解为

$$x=Cy+\frac{1}{2}y^{3}.$$

【例 4】 某实验室正在研究某细菌与某种抗生素抗衡试验.该细菌每小时的瞬时增长率等于培养皿中细菌数量的两倍.假设该抗生素以每小时 8 盎司的恒定速率注入培养皿.每盎司抗生素每小时杀死 25 000 个单位的细菌.求:

(1) 假定最初细菌数为 50 000 个单位,求此时细菌数随时间的变化规律.

(2) 假定最初细菌数为 49 999 个单位,求此时细菌数随时间的变化规律.

解 设在 t 小时时,细菌数量为 y 个单位.则该细菌的瞬时增长率为$\frac{\mathrm{d}y}{\mathrm{d}t}$,且在 t 小时内抗生素的量为 $8t$ 盎司,这些量的抗生素杀死细菌的速率为 $25\ 000\times 8t=200\ 000t$ 个单位/时,依题意,得

$$\frac{\mathrm{d}y}{\mathrm{d}t}=2y-200\ 000t,$$

化为标准式为

$$\frac{\mathrm{d}y}{\mathrm{d}t}-2y=-200\ 000t,$$

这里

$$p(t)=-2,q(t)=-200\ 000t.$$

代入公式(6-2-1),得

$$\begin{aligned}y&=\mathrm{e}^{-\int(-2)\,\mathrm{d}t}\left[C+\int(-200\ 000t)\,\mathrm{e}^{\int(-2)\mathrm{d}t}\mathrm{d}t\right]\\&=\mathrm{e}^{2t}\left(C-\int 200\ 000t\,\mathrm{e}^{-2t}\mathrm{d}t\right)\\&=100\ 000t+50\ 000+C\mathrm{e}^{2t}.\end{aligned}$$

于是原方程的通解为

$$y=100\ 000t+50\ 000+C\mathrm{e}^{2t}.$$

(1) 因当 $t=0$ 时,$y=50\ 000$.代入通解中,得 $C=0$,特解为

$$y=100\ 000t+50\ 000,$$

所以此时细菌数随时间的变化规律为

$$y=100\ 000t+50\ 000.$$

(2) 因当 $t=0$ 时,$y=49\ 999$.代入通解中,得 $C=-1$,特解为

$$y=100\ 000t+50\ 000-\mathrm{e}^{2t},$$

思考:最初细菌数 50 000 与 49 999 之间只差 1 个单位,细菌数随时间的变化规律有什么不同?

所以此时细菌数随时间的变化规律为

$$y=100\ 000t+50\ 000-e^{2t}.$$

【例 5】 假设某学校净资产本身产生利息，并以 5% 的年利率增长，同时该校平均每年支付职工工资约 1 500 万.

(1) 求描述该校净资产变化的微分方程.

(2) 假设该学校初始净资产是10亿元(100 000万元)，求出 t 年后，描述该学校净资产的函数.

解 (1) 设该校在 t 年的净资产为 y 万元. 则该校净资产关于时间的变化率为 $\frac{dy}{dt}$，它等于盈取利息的速率与工资支付率的差，即

$$\frac{dy}{dt}=0.05y-1\ 500.$$

先将方程化为标准式，得

$$\frac{dy}{dt}-0.05y=-1\ 500,$$

这里

$$p(t)=-\frac{1}{20},q(t)=-1\ 500.$$

代入公式(6-2-1)，得

$$\begin{aligned}y&=e^{-\int\left(-\frac{1}{20}\right)dt}\left[\int(-1500)e^{\int\left(-\frac{1}{20}\right)dt}dt+C\right]\\&=e^{\frac{1}{20}t}\left(30\ 000e^{-\frac{1}{20}t}+C\right)\\&=30\ 000+Ce^{\frac{1}{20}t}.\end{aligned}$$

于是原方程的通解为

$$y=30\ 000+Ce^{\frac{1}{20}t}.$$

(2)已知该学校的初始净资产是 10 亿元，即有 $y(0)=100\ 000$，则

$$100\ 000=30\ 000+C,$$

解得 $C=70\ 000$. 所以 t 年后，该学校净资产的函数为

$$y=30\ 000+70\ 000e^{\frac{1}{20}t}.$$

习题 6-2

1. 求下列微分方程的通解.

(1) $4xdx-3ydy=3x^2ydy-2xy^2dx$；

(2) $x\sqrt{1+y^2}+yy'\sqrt{1+x^2}=0$；

(3) $y\ln y+xy'=0$；

(4) $(1+e^x)yy'=e^x$.

2. 求下列微分方程满足初始条件的特解.

(1) $xdy-3ydx=0,y\Big|_{x=1}=1$；

(2) $y^2dy+(x+1)dx=0,y\Big|_{x=0}=1$；

(3) $y'+y=e^{x}, y\Big|_{x=0}=2$;

(4) $x^{2}dy=(xy+1)dx, y\Big|_{x=1}=0$.

3. 求下列微分方程的通解.

(1) $y'+y\cos x=\frac{1}{2}\sin 2x$;

(2) $y'-\frac{1}{x+1}y=e^{x}(x+1)$;

(3) $y'+2xy+2x^{3}=0$;

(4) $y'+\frac{xy}{2(1-x^{2})}-\frac{x}{2}=0$.

4. 求下列一阶线性常微分方程满足初始条件的特解.

(1) $y'-y=2e^{-x}, y(0)=1$;

(2) $\frac{dy}{dx}=-y-x, y(1)=e$;

(3) $\frac{dy}{dx}=\frac{xy}{x^{2}-y^{2}}, y(0)=1$.

5. 某人将1万元存入银行,年利率是1.25%,按复利计算,求本息所满足的微分方程,并求该微分方程的解.

6.3 可降阶的高阶微分方程

在有了一阶方程的研究结果以后,我们自然想把理论推广到高阶.本节以三种特殊类型的二阶微分方程为例,主要通过变量代换化为低阶微分方程来求解.

6.3.1 $y''=f(x)$ 型微分方程

微分方程

$$y''=f(x) \tag{6-3-1}$$

的特点是其右侧是仅含自变量 x 的函数.

首先两边积分,得

$$y'=\int f(x)dx+C_1.$$

再次积分,便得到方程(6-3-1)的通解

$$y=\int\left[\int f(x)dx\right]dx+C_1x+C_2.$$

这种方法也适用于如下形式的高阶方程

$$y^{(n)}=f(x).$$

要求解该方程,只需逐次进行 n 次积分即可求出方程的通解.

【例1】 求微分方程 $y''=x\cos x$ 的通解.

解 对原方程逐次积分,依次得到

$$y'=\int x\cos x\,dx=\int x\,d\sin x$$

$$=x\sin x-\int\sin x\,dx$$
$$=x\sin x+\cos x+C_1,$$
$$y=\int[x\sin x+\cos x+C_1]\,dx$$
$$=\int x\,d(-\cos x)+\sin x+C_1x$$
$$=-x\cos x+\int\cos x\,dx+\sin x+C_1x$$
$$=-x\cos x+2\sin x+C_1x+C_2.$$

所以该方程的通解为

$$y=-x\cos x+2\sin x+C_1x+C_2.$$

6.3.2 $y''=f(x,y')$型的微分方程

微分方程

$$y''=f(x,y') \tag{6-3-2}$$

的特点是其右边不显含 y.

令 $y'=p$,将 p 看作新的未知函数,x 仍是自变量,于是$\frac{dp}{dx}=y''$,代入方程(6-3-2),可得

$$\frac{dp}{dx}=f(x,p).$$

这是一个关于未知函数 $p=p(x)$的一阶微分方程,使用前面所学的方法,可求出方程(6-3-2)的通解.

【例 2】 求微分方程 $y''=\frac{1}{x}y'$的通解.

解 令 $y'=p$,有$\frac{dp}{dx}=y''$,代入方程,得

$$\frac{dp}{dx}=\frac{1}{x}p,$$

分离变量,得

$$\frac{dp}{p}=\frac{dx}{x},$$

两边积分,得

$$p=C_1x,$$

即

$$\frac{dy}{dx}=C_1x.$$

再积分,得通解为

$$y=\frac{1}{2}C_1x^2+C_2,$$

或写成

$$y=C_1x^2+C_2.$$

6.3.3 $y''=f(y,y')$型微分方程

微分方程

$$y''=f(y,y') \tag{6-3-3}$$

的特点是右边不显含自变量，若令 $y'=p$，由复合函数的求导，得

$$y''=\frac{dp}{dx}=\frac{dp}{dy}\cdot\frac{dy}{dx}=p\frac{dp}{dy},$$

代入方程(6-3-3)，得

$$p\frac{dp}{dy}=f(y,p).$$

这是一个关于自变量 y、未知函数 $p=p(y)$的一阶微分方程，假设由此方程得出其解为

$$p=F(y,C),$$

代回 $p=\dfrac{dy}{dx}$，得

$$\frac{dy}{dx}=F(y,C).$$

求解这一方程就可得到原方程的通解.

【例 3】 求微分方程 $yy''-(y')^2=0$ 的通解.

解 令 $y'=p$，得 $y''=p\dfrac{dp}{dy}$，代入原方程，得

$$yp\frac{dp}{dy}-p^2=0$$

或

$$p\left(y\frac{dp}{dy}-p\right)=0,$$

于是得

$$p=0 \text{ 或 } y\frac{dp}{dy}-p=0,$$

解得

$$y=C \text{ 或 } p=C_1y.$$

将 $y'=p$ 并入 $p=C_1y$ 中有

$$\frac{dy}{dx}=C_1y.$$

分离变量，得

$$\frac{1}{y}dy=C_1dx,$$

两边积分，得

$$\ln y=C_1x+\ln C_2.$$

故原方程的通解为

$$y=C_2e^{C_1x}.$$

习题 6-3

求下列微分方程的通解.

(1) $y''=\sin 2x$；　　(2) $y''=y'+x$；

(3) $y''=2y'$；　　(4) $x^3y''-1=0$.

6.4　二阶常系数线性微分方程

定义 6-4-1　形如

$$y''+py'+qy=f(x) \tag{6-4-1}$$

的方程称为**二阶常系数线性微分方程**. 其中 p、q 均为实数，$f(x)$ 为已知的连续函数.

如果 $f(x)=0$，则方程(6-4-1)变成

$$y''+py'+qy=0 \tag{6-4-2}$$

将方程(6-4-2)称为**二阶常系数齐次线性微分方程**.

如果 $f(x)\neq 0$，则将方程(6-4-1)称为**二阶常系数非齐次线性微分方程**.

本节我们将讨论其解法.

6.4.1　二阶常系数线性微分方程解的结构

1. 解的叠加性

定理 6-4-1　如果函数 y_1 与 y_2 是式(6-4-2)的两个解，则 $y=C_1y_1+C_2y_2$ 也是式(6-4-2)的解，其中 C_1,C_2 是任意常数.

例如，$y_1=e^x$，$y_2=e^{-x}$ 是方程 $y''-y=0$ 的两个解，所以

$$y=C_1y_1+C_2y_2=C_1e^x+C_2e^{-x}$$

也是方程 $y''-y=0$ 的解.

需要注意的是，叠加起来的解从形式看含有 C_1,C_2 两个任意常数，但它不一定是方程(6-4-2)的通解.

2. 函数的线性相关性

定义 6-4-2　设

$$y_1(x),y_2(x),\cdots,y_n(x)$$

为定义在区间 I 内的 n 个函数，若存在不全为零的常数 $k_1,k_2,\cdots,k_n$，使得在区间 I 内有

$$k_1y_1(x)+k_2y_2(x)+\cdots+k_ny_n(x)\equiv 0,$$

则称这 n 个函数在区间 I 内**线性相关**，否则称**线性无关**.

例如，函数 $y_1=\cos 2x$，$y_2=\cos^2 x$，$y_3=\sin^2 x$ 在实数范围内是线性相关的，因为

$$\cos 2x-\cos^2 x+\sin^2 x\equiv 0.$$

又如，$y_1=x$，$y_2=x^2$ 在实数范围内是线性无关的，因为在该区间内要使

$$k_1x+k_2x^2\equiv 0,$$

必须 $k_1=k_2=0$.

对两个函数的情形，若$\frac{y_1}{y_2}=$常数，则 y_1, y_2 线性相关；若$\frac{y_1}{y_2}\neq$常数，则 y_1, y_2 线性无关.

3. 二阶常系数线性微分方程的通解

定理 6-4-2 如果 y_1 与 y_2 是方程(6-4-2)两个线性无关的特解，则

$$y=C_1y_1+C_2y_2$$

是方程(6-4-2)的**通解**. 其中 C_1, C_2 为任意常数.

例如，$y_1=\mathrm{e}^x, y_2=\mathrm{e}^{-x}$ 是方程 $y''-y=0$ 的两个特解，且$\frac{y_1}{y_2}=\mathrm{e}^{2x}\neq$常数，即 y_1, y_2 线性无关，所以

$$y=C_1y_1+C_2y_2=C_1\mathrm{e}^x+C_2\mathrm{e}^{-x}$$

是方程 $y''-y=0$ 的通解.

定理 6-4-3 设 y^* 是方程(6-4-1)的一个特解，Y 是式(6-4-1)所对应的齐次方程(6-4-2)的通解，则 $y=Y+y^*$ 是方程(6-4-1)的**通解**.

例如，方程 $y''-y=-x^2$ 是二阶常系数线性非齐次微分方程，$Y=C_1\mathrm{e}^x+C_2\mathrm{e}^{-x}$ 是与其对应的齐次方程 $y''-y=0$ 的通解，又容易验证 $y^*=x^2+2$ 是方程 $y''-y=-x^2$ 的一个特解，所以

$$y=Y+y^*=C_1\mathrm{e}^x+C_2\mathrm{e}^{-x}+x^2+2$$

是方程 $y''-y=-x^2$ 的通解.

6.4.2 二阶常系数线性齐次微分方程的解法

由定理 6-4-2 可知，求方程 $y''+py'+qy=0$ 的通解，只需要求出它的两个线性无关的特解.

此方程的特点是 y'', y', y 之间只相差一个常数因子，也就是说，y'', y', y 具有相同的形式. 由于指数函数 $y=\mathrm{e}^{rx}$（r 为常数）和它的各阶导数都只差一个常数因子，我们用 $y=\mathrm{e}^{rx}$ 来试试看能否选取适当的常数 r，使 $y=\mathrm{e}^{rx}$ 满足方程(6-4-2).

将 $y=\mathrm{e}^{rx}$ 求导，得

$$y'=r\mathrm{e}^{rx}, y''=r^2\mathrm{e}^{rx},$$

把 y, y', y''代入方程(6-4-2)，得

$$(r^2+pr+q)\mathrm{e}^{rx}=0.$$

因为 $\mathrm{e}^{rx}\neq 0$，所以

$$r^2+pr+q=0.$$

只要 r 满足此方程，那么 $y=\mathrm{e}^{rx}$ 就是方程(6-4-2)的解.

定义 6-4-3 我们将方程

$$r^2+pr+q=0 \tag{6-4-3}$$

叫作方程 $y''+py'+qy=0$ 的**特征方程**，特征方程的根叫作**特征根**.

特征方程(6-4-3)的两个根为 $r_{1,2}=\frac{-p\pm\sqrt{p^2-4q}}{2}$，可分为三种情况，因此方程(6-4-2)的通解有下列三种不同情形.

(1) 当 $p^2-4q>0$ 时，r_1, r_2 是两个不相等的实根.

$$r_1=\frac{-p+\sqrt{p^2-4q}}{2}, r_2=\frac{-p-\sqrt{p^2-4q}}{2}.$$

故 $y_1=e^{r_1x}, y_2=e^{r_2x}$ 是方程(6-4-2)的两个特解，并且 $\frac{y_1}{y_2}=e^{(r_1-r_2)x}\neq$ 常数，即 y_1 与 y_2 线性无关. 根据定理6-4-2，得方程(6-4-2)的通解为

$$y=C_1e^{r_1x}+C_2e^{r_2x}.$$

(2)当 $p^2-4q=0$ 时，r_1, r_2 是两个相等的实根.

$$r_1=r_2=-\frac{p}{2},$$

这时只能得到方程(6-4-2)的一个特解 $y_1=e^{r_1x}$，还需求出另一个解 y_2，且使 $\frac{y_2}{y_1}\neq$ 常数，设 $\frac{y_2}{y_1}=x$，容易验证 $y_2=xe^{r_1x}$ 是方程(6-4-2)的另一个解.

那么，方程(6-4-2)的通解为

$$y=C_1e^{r_1x}+C_2xe^{r_1x},$$

即

$$y=(C_1+C_2x)e^{r_1x}.$$

(3)当 $p^2-4q<0$ 时，特征方程(6-4-3)有一对共轭复根

$$r_1=\alpha+i\beta, r_2=\alpha-i\beta \quad (\beta\neq 0).$$

于是

$$y_1=e^{(\alpha+i\beta)x}, y_2=e^{(\alpha-i\beta)x}.$$

利用欧拉公式 $e^{ix}=\cos x+i\sin x$ 把 y_1, y_2 改写为

$$y_1=e^{(\alpha+i\beta)x}=e^{\alpha x}\cdot e^{i\beta x}=e^{\alpha x}(\cos\beta x+i\sin\beta x),$$

$$y_2=e^{(\alpha-i\beta)x}=e^{\alpha x}\cdot e^{-i\beta x}=e^{\alpha x}(\cos\beta x-i\sin\beta x).$$

y_1, y_2 之间成共轭关系，取

$$\overline{y}_1=\frac{1}{2}(y_1+y_2)=e^{\alpha x}\cos\beta x,$$

$$\overline{y}_2=\frac{1}{2i}(y_1-y_2)=e^{\alpha x}\sin\beta x.$$

因为方程的解具有叠加性，所以 $\overline{y}_1, \overline{y}_2$ 还是方程(6-4-2)的解，并且线性无关，所以方程(6-4-2)的通解为

$$y=e^{\alpha x}(C_1\cos\beta x+C_2\sin\beta x).$$

综上所述，求二阶常系数线性齐次方程 $y''+py'+qy=0$ 通解的步骤如下：

(1)写出此方程的特征方程 $r^2+pr+q=0$；

(2)求特征方程的两个根 r_1, r_2；

(3)根据 r_1, r_2 的不同情形，按表6-4-1写出此方程的通解.

表6-4-1　　二阶常系数线性齐次方程的通解

特征方程 $r^2+pr+q=0$ 的两个根 r_1, r_2	方程 $y''+py'+qy=0$ 的通解
两个不相等的实根 $r_1\neq r_2$	$y=C_1e^{r_1x}+C_2e^{r_2x}$
两个相等的实根 $r_1=r_2$	$y=(C_1+C_2x)e^{r_1x}$
一对共轭复根 $r_{1,2}=\alpha\pm i\beta$	$y=e^{\alpha x}(C_1\cos\beta x+C_2\sin\beta x)$

由上面的分析可以得出，求解二阶常系数线性齐次微分方程就是将问题转化为求一元二次方程的根的代数问题.

【例 1】 求方程 $y''+2y'-8y=0$ 的通解.

解 所给方程的特征方程为

$$r^2+2r-8=0,$$

其根为

$$r_1=-4, r_2=2.$$

所以原方程的通解为

$$y=C_1e^{-4x}+C_2e^{2x}.$$

【例 2】 求方程 $\frac{d^2y}{dx^2}+2\frac{dy}{dx}+y=0$ 满足初始条件 $y\Big|_{x=0}=0, y'\Big|_{x=0}=1$ 的特解.

解 所给方程的特征方程为

$$r^2+2r+1=0,$$

$$r_1=r_2=-1.$$

通解为

$$y=(C_1+C_2x)e^{-x}.$$

将初始条件 $y\Big|_{x=0}=0, y'\Big|_{x=0}=1$ 代入，得 $C_1=0, C_2=1$，故所求特解为

$$y=xe^{-x}.$$

【例 3】 求方程 $y''-4y'+5y=0$ 的通解.

解 所给方程的特征方程为

$$r^2-4r+5=0,$$

$$r_1=2+i, r_2=2-i.$$

所求通解为

$$y=e^{2x}(C_1\cos x+C_2\sin x).$$

【例 4】 两个质量都为 m 的重物挂于弹簧下端，若突然一个重物坠落，求另一个重物的运动规律. 已知弹簧挂一个重物伸长为 a.

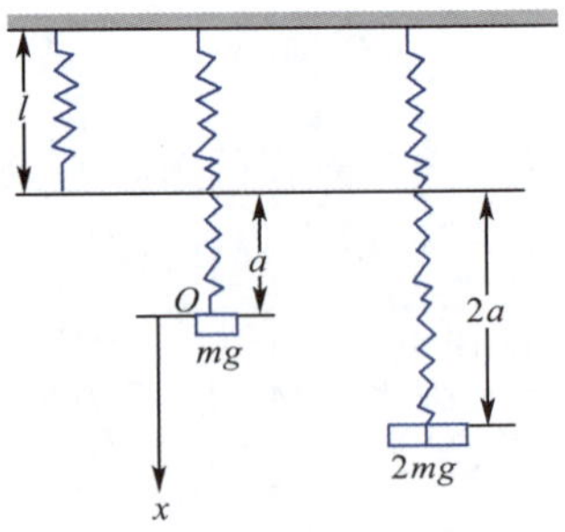

图 6-4-1

解 如图 6-4-1 所示，建立坐标系，设弹簧自由状态时长度为 l，则 $l+a$ 处是挂一重物时弹簧的长度，取 $l+a$ 处为坐标原点，取 x 轴铅直向下，设在时刻 t，重物在 x 处.

由胡克定律知，此时弹簧恢复力为 $-kx$，k 为弹簧系数. 负号是因为弹簧恢复力与位移反向，由牛顿第二定律，得

$$\begin{cases} m\frac{d^2x}{dt^2}=-kt \\ x(0)=a \\ x'(0)=0 \end{cases}.$$

因为挂两重物时，弹簧伸长 $2a$，由胡克定律，得

$$2mg=k\cdot 2a,$$

$$k=\frac{mg}{a}.$$

所以方程 $m\frac{\mathrm{d}^2x}{\mathrm{d}t^2}=-kt$ 可化为

$$m\frac{\mathrm{d}^2x}{\mathrm{d}t^2}=-\frac{mg}{a}t,$$

$$\frac{\mathrm{d}^2x}{\mathrm{d}t^2}=-\frac{g}{a}t.$$

其特征方程为

$$\lambda^2=-\frac{g}{a},\lambda=\pm\mathrm{i}\sqrt{\frac{g}{a}}.$$

所以方程的通解为

$$x=C_1\cos\sqrt{\frac{g}{a}}t+C_2\sin\sqrt{\frac{g}{a}}t,$$

$$x'=-C_1\sqrt{\frac{g}{a}}\sin\sqrt{\frac{g}{a}}t+C_2\sqrt{\frac{g}{a}}\cos\sqrt{\frac{g}{a}}t.$$

把初始条件 $x(0)=a,x'(0)=0$ 代入以上两式,得

$$C_1=a,C_2=0,$$

所求重物的运动规律为

$$x=a\cos\sqrt{\frac{g}{a}}t.$$

6.4.3 二阶常系数非齐次微分方程的解法

这里仅就方程 $y''+py'+qy=f(x)$(6-4-1)的右端函数 $f(x)=P_n(x)\mathrm{e}^{\lambda x}$ 型进行讨论.

$$f(x)=P_n(x)\mathrm{e}^{\lambda x},$$

其中 λ 为常数,$P_n(x)$是关于 x 的一个 n 次多项式.

方程(6-4-1)的右端 $f(x)$是多项式 $P_n(x)$与指数函数 $\mathrm{e}^{\lambda x}$ 乘积的导数,仍为同一类型函数,因此方程(6-4-1)的特解可能为 $y^*=Q(x)\mathrm{e}^{\lambda x}$,其中 $Q(x)$是某个多项式函数.

把

$$y^*=Q(x)\mathrm{e}^{\lambda x},$$

$$y^{*\prime}=[Q'(x)+\lambda Q(x)]\mathrm{e}^{\lambda x},$$

$$y^{*\prime\prime}=[Q''(x)+2\lambda Q'(x)+\lambda^2Q(x)]\mathrm{e}^{\lambda x}$$

代入方程(6-4-1)并消去 $\mathrm{e}^{\lambda x}$,得

$$Q''(x)+(2\lambda+p)Q'(x)+(\lambda^2+p\lambda+q)Q(x)=P_n(x) \qquad (6\text{-}4\text{-}4)$$

以下分三种不同情形,分别讨论函数 $Q(x)$的确定方法.

(1)若 λ 不是方程(6-4-2)的特征方程 $r^2+pr+q=0$ 的根,即

$$\lambda^2+p\lambda+q\neq0,$$

要使式(6-4-4)的两端恒等,可令 $Q(x)$为另一个 n 次多项式 $Q_n(x)$:

$$Q_n(x)=b_0+b_1x+b_2x^2+\cdots+b_nx^n.$$

代入式(6-4-4),并比较两端关于 x 同次幂的系数,就得到关于未知数 b_0,b_1,…,b_n 的 $n+1$ 个方程.联立方程组可解出 $b_i(i=0,1,\cdots,n)$.从而得到所求方程的特解

$$y^*=Q_n(x)e^{\lambda x}.$$

(2)若 λ 是特征方程 $r^2+pr+q=0$ 的单根，即

$$\lambda^2+p\lambda+q=0,2\lambda+p\neq 0.$$

要使式(6-4-4)成立，则 $Q'(x)$ 必须是 n 次多项式函数，于是令

$$Q(x)=xQ_n(x).$$

用同样的方法确定 $Q_n(x)$ 的系数 $b_i(i=0,1,\cdots,n)$.

(3)若 λ 是特征方程 $r^2+pr+q=0$ 的重根，即

$$\lambda^2+p\lambda+q=0,2\lambda+p=0.$$

要使式(6-4-4)成立，则 $Q''(x)$ 必须是一个 n 次多项式，可令

$$Q(x)=x^2Q_n(x).$$

用同样的方法确定 $Q_n(x)$ 的系数.

综上所述，若方程(6-4-1)中的 $f(x)=P_n(x)e^{\lambda x}$，则式(6-4-1)的特解为

$$y^*=x^kQ_n(x)e^{\lambda x}.$$

其中 $Q_n(x)$ 是与 $P_n(x)$ 同次的多项式，k 按 λ 不是特征方程的根，是特征方程的单根或是特征方程的重根依次取 0，1 或 2. 结论见表 6-4-2.

表 6-4-2　二阶常系数非齐次微分方程的特解

$f(x)$ 的形式	条件	特解 y^* 的形式
$f(x)=P_n(x)e^{\lambda x}$	λ 不是特征根	$y^*=Q_n(x)e^{\lambda x}$
	λ 是特征单根	$y^*=xQ_n(x)e^{\lambda x}$
	λ 是特征重根	$y^*=x^2Q_n(x)e^{\lambda x}$

【例 5】 求方程 $y''+2y'=5$ 的一个特解.

解 $f(x)$ 是 $P_n(x)e^{\lambda x}$ 型，且 $P_n(x)=5,\lambda=0$.
对应齐次方程的特征方程为

$$r^2+2r=0,$$

特征根为

$$r_1=0,r_2=-2.$$

$\lambda=0$ 是特征方程的单根，令 $y^*=Ax$，其中 A 为待定系数，代入原方程，解得 $A=\frac{5}{2}$. 故所求特解为

$$y^*=\frac{5}{2}x.$$

【例 6】 求方程 $y''-2y'+y=(x-1)e^x$ 的通解.

解 (1)先求对应齐次方程 $y''-2y'+y=0$ 的通解.

特征方程为

$$r^2-2r+1=0;r_1=r_2=1.$$

齐次方程的通解为

$$Y=(C_1+C_2x)e^x.$$

(2)再求所给方程的特解

$$\lambda=1,P_n(x)=x-1.$$

由于 $\lambda=1$ 是特征方程的二重根，所以

$$y^*=x^2(ax+b)e^x,$$

把它代入所给方程,并约去 e^x 得

$$6ax+2b=x-1.$$

比较系数,得

$$a=\frac{1}{6},b=-\frac{1}{2}.$$

于是

$$y^*=x^2\left(\frac{x}{6}-\frac{1}{2}\right)e^x.$$

故所给方程的通解为

$$y=Y+y^*=\left(C_1+C_2x-\frac{1}{2}x^2+\frac{1}{6}x^3\right)e^x.$$

【例 7】 求方程 $y''-6y'+5y=e^{5x}$ 满足初始条件 $y\Big|_{x=0}=0,y'\Big|_{x=0}=\frac{17}{4}$ 的通解.

解 (1)先求对应齐次方程 $y''-6y'+5y=0$ 的通解.
特征方程为

$$r^2-6r+5=0;r_1=1,r_2=5.$$

齐次方程的通解为

$$Y=C_1e^x+C_2e^{5x}.$$

(2)再求所给方程的特解

$$\lambda=5,P_n(x)=1.$$

由于 $\lambda=5$ 是特征方程的单根,所以

$$y^*=Axe^{5x},$$

把它代入所给方程,并约去 e^{5x} 得 $A=\frac{1}{4}$,于是

$$y^*=\frac{1}{4}xe^{5x}.$$

故所给方程的通解为

$$y=Y+y^*=C_1e^x+\left(C_2+\frac{1}{4}x\right)e^{5x}.$$

(3)最后求满足初始条件的特解.先对通解求导,得

$$y'=C_1e^x+\frac{1}{4}e^{5x}+5\left(C_2+\frac{1}{4}x\right)e^{5x}.$$

将初始条件 $y\Big|_{x=0}=0,y'\Big|_{x=0}=\frac{17}{4}$ 代入通解和上式,得

$$C_1=-1,C_2=1,$$

于是,原微分方程满足初始条件的特解为

$$y=-e^x+\left(1+\frac{1}{4}x\right)e^{5x}.$$

习题 6-4

1.判断下列函数组在它们的定义区间内的线性相关性.

(1) $3x,x^3$;　　(2) e^x,xe^x;

(3) $\sin 2x$, $\sin x\cos x$; (4) $\ln x$, $\ln x^2$.

2. 求下列微分方程的通解.

(1) $y''+2y'-3y=0$; (2) $y''-4y'+4y=0$;

(3) $y''+2y'+5y=0$.

3. 求下列微分方程满足所给初始条件的特解.

(1) $y''+2y'+y=0$, 满足初始条件 $y\big|_{x=0}=0$, $y'\big|_{x=0}=1$;

(2) $\dfrac{d^2S}{dt^2}+2\dfrac{dS}{dt}+S=0$, 满足初始条件 $S\big|_{t=0}=4$, $S'\big|_{t=0}=-2$;

(3) $y''-y=0$, 满足初始条件 $y\big|_{x=0}=0$, $y'\big|_{x=0}=2$.

4. 求下列微分方程的通解.

(1) $y''-2y'-3y=3x+1$; (2) $y''-5y'+6y=xe^{2x}$;

(3) $y''+2y'=3e^{-2x}$.

5. 求下列微分方程满足所给初始条件的特解.

(1) $y''-3y'+2y=4$, 满足初始条件 $y\big|_{x=0}=4$, $y'\big|_{x=0}=3$;

(2) $y''+5y'+6y=2e^{-x}$, 满足初始条件 $y\big|_{x=0}=3$, $y'\big|_{x=0}=-6$;

(3) $y''+y'=e^{-x}$, 满足初始条件 $y\big|_{x=0}=1$, $y'\big|_{x=0}=-1$.

本章小结

一、思维导图

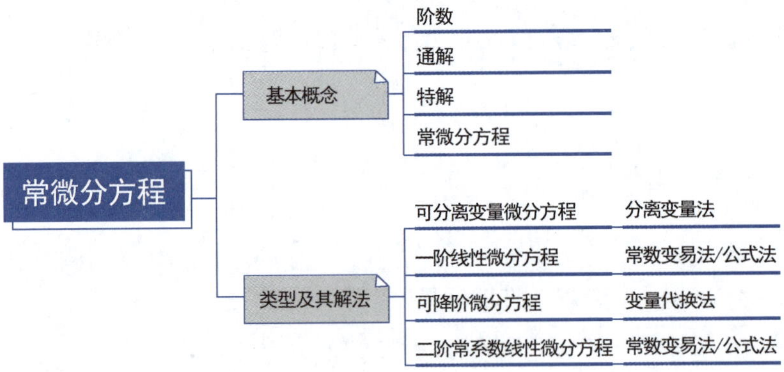

二、主要内容

(一) 基本概念

1. 微分方程、常微分方程、线性微分方程、常系数线性微分方程的概念;

2. 微分方程的阶数;

3. 通解、特解、初始条件.

(二) 可分离变量的微分方程

形如
$$\frac{dy}{dx}=f(x)g(y).$$

解法:分离变量法

（三）一阶线性微分方程

形如 $$\frac{dy}{dx}+p(x)y=q(x).$$

1. 一阶齐次线性微分方程 $\frac{dy}{dx}+p(x)y=0$.

解法 1　分离变量法；

解法 2　公式法.

$$y=Ce^{-\int p(x)dx}.$$

2. 一阶非齐次线性微分方程 $\frac{dy}{dx}+p(x)y=q(x)$.

解法 1　常数变易法；

解法 2　公式法.

$$y=e^{-\int p(x)dx}\left[\int q(x)e^{\int p(x)dx}dx+C\right].$$

（四）可降阶微分方程

形如 $$y^{(n)}=f(x).$$

解法：逐次进行 n 次积分.

（五）二阶常系数线性微分方程

形如 $$y''+py'+qy=f(x).$$

1. 二阶常系数齐次微分方程 $y''+py'+qy=0$.

求通解的步骤：

(1)写出此方程的特征方程 $r^2+pr+q=0$；

(2)求特征方程的两个根 r_1,r_2；

(3)根据 r_1,r_2 的不同情形，按表 6-4-1 写出此方程的通解.

表 6-4-1　　二阶常系数线性齐次方程的通解

特征方程 $r^2+pr+q=0$ 的两个根 r_1,r_2	方程 $y''+py'+qy=0$ 的通解
两个不相等的实根 $r_1\neq r_2$	$y=C_1e^{r_1x}+C_2e^{r_2x}$
两个相等的实根 $r_1=r_2$	$y=(C_1+C_2x)e^{r_1x}$
一对共轭复根 $r_{1,2}=\alpha\pm i\beta$	$y=e^{\alpha x}(C_1\cos\beta x+C_2\sin\beta x)$

2. 二阶常系数非齐次微分方程.

形如 $$y''+py'+qy=P_n(x)e^{\lambda x}.$$

求通解的步骤：

(1)求对应齐次方程的通解 $y=Y$；

(2)参照表 6-4-2 求特解.

表 6-4-2　　二阶常系数非齐次方程的特解

方程	条件	特解 y^* 的形式
$y''+py'+qy=P_n(x)e^{\lambda x}$	λ 不是特征根	$y^*=Q_n(x)e^{\lambda x}$
	λ 是特征单根	$y^*=xQ_n(x)e^{\lambda x}$
	λ 是特征重根	$y^*=x^2Q_n(x)e^{\lambda x}$

其中 $Q_n(x)$ 是与 $P_n(x)$ 同次的多项式，k 按 λ 不是特征方程的根，是特征方程的单根或是特征方程的重根依次取 0，1 或 2.

(3)所给方程的通解为 $y=Y+y^*$.

复习题 11

一、单项选择题.

1. 下列所给方程中,不是微分方程的是(　　).

A. $xy'=2y$

B. $x^2+y^2=C^2$

C. $y''+y=0$

D. $(7x-6y)\mathrm{d}x+(x+y)\mathrm{d}y=0$.

2. 微分方程 $5y^4y'+xy''-2y^{(3)}=0$ 的阶数是(　　).

A. 1　　B. 2　　C. 3　　D. 4

3. 下列所给方程中,是一阶微分方程的是(　　).

A. $y'+\dfrac{y}{x}=3(\ln x)y^2$　　B. $y'-\dfrac{2y}{x+1}=(x+1)^{\frac{5}{2}}$

C. $y'=(x+y)^2$　　D. $(x-y)\mathrm{d}x+(x+y)\mathrm{d}y=0$

4. 微分方程 $(x+y^2)\mathrm{d}x+2xy\mathrm{d}y=0$ 的方程类型是(　　).

A. 齐次微分方程　　B. 一阶线性微分方程

C. 可分离变量的微分方程　　D. 全微分方程

5. 方程 $y'''=\sin x$ 的通解是(　　).

A. $y=\cos x+\dfrac{1}{2}C_1x^2+C_2x+C_3$　　B. $y=\cos x+C_1$

C. $y=\sin x+\dfrac{1}{2}C_1x^2+C_2x+C_3$　　D. $y=2\sin 2x$

6. 微分方程 $y'+y''=xy''$ 满足条件 $y'\big|_{x=2}=1, y\big|_{x=2}=1$ 的解是(　　).

A. $y=(x-1)^2$　　B. $y=\left(x+\dfrac{1}{2}\right)^2-\dfrac{21}{4}$

C. $y=\dfrac{1}{2}(x-1)^2+\dfrac{1}{2}$　　D. $y=\left(x-\dfrac{1}{2}\right)^2-\dfrac{5}{4}$

7. 对方程 $y''=y+y'^2$,以下做法正确的是(　　).

A. 令 $y'=p(x), y''=p'$ 代入求解

B. 令 $y'=p(y), y''=p'p$ 代入求解

C. 按可分离变量的方程求解

D. 按伯努利方程求解

8. 下列函数中,不是微分方程 $y''+y=0$ 的解的是(　　).

A. $y=\sin x$　　B. $y=\cos x$

C. $y=e^x$　　D. $y=\sin x+\cos x$

9. 下列微分方程中,通解是 $y=C_1e^{-x}+C_2e^{3x}$ 的方程是(　　).

A. $y''-2y'-3y=0$　　B. $y''-2y'+5y=0$

C. $y''+y'-2y=0$　　D. $y''-2y'+y=0$

10. 下列微分方程中,通解是 $y=C_1e^x+C_2xe^x$ 的方程是(　　).

A. $y''-2y'-y=0$　　B. $y''-2y'+y=0$

C. $y''+2y'+y=0$　　D. $y''-2y'+4y=0$

二、填空题.

1. 微分方程$\frac{dx}{y}+\frac{dy}{x}=0$, $y\Big|_{x=3}=4$ 的解是________.

2. 微分方程 $3x^2+5x-5y'=0$ 的通解是________.

3. 微分方程 $xy'-y\ln y=0$ 的通解是________.

4. 微分方程$\frac{dy}{dx}+y=e^{-x}$ 的通解为________.

5. 微分方程$(x^2-y)dx-xdy=0$ 的通解为________.

6. 微分方程 $y''=x+\sin x$ 的通解为________.

7. 微分方程 $y''=y'+x$ 的通解为________.

8. 微分方程 $y''-4y'=0$ 的通解为________.

9. 微分方程 $y''+y'-2y=0$ 的通解为________.

10. 微分方程 $y''-4y'+4y=0$ 的通解为________.

三、计算题.

1. 解微分方程 $y'-y=1$.

2. 解微分方程 $y'-(\sin x)y=2xe^{-\cos x}$.

3. 解微分方程 $4\frac{d^2x}{dt^2}-20\frac{dx}{dt}+25x=0$.

4. 解微分方程 $y''+y'-6y=0$.

四、求下列微分方程满足所给初始条件的特解.

1. $y'=e^{2x-y}$, $y\Big|_{x=0}=0$.

2. $y'+2xy=2xe^{-x^2}$, $y\Big|_{x=0}=1$.

3. $y''-4y'+3y=0$, $y'\Big|_{x=0}=10$, $y\Big|_{x=0}=6$.

复习题 12

一、选择题.

1. 微分方程$(x^2-y^2)dx+(x^2+y^2)dy=0$ 是(   ).

A. 可分离变量微分方程　　B. 齐次方程

C. 一阶线性方程　　D. 伯努利方程

2. 一阶线性微分方程$\frac{dy}{dx}+p(x)y=q(x)$的积分因子为(   ).

A. $\mu=e^{-\int p(x)dx}$　　B. $\mu=e^{\int p(x)dx}$

C. $\mu=e^{-\int q(x)dx}$　　D. $\mu=e^{q(x)\int p(x)dx}$

3. 微分方程 $y''+2y'+1=0$ 的通解是(   ).

A. $y=(C_1+C_2x)e^{-x}$　　B. $y=C_1e^x+C_2e^{-x}$

C. $y=C_1+C_2e^{-2x}-\frac{1}{2}x$　　D. $y=C_1\cos x+C_2\sin x-\frac{1}{2}x$

4. 微分方程 $y''-y=e^x-2$ 的一个特解可设为(   ).

A. Ae^x+B　　B. Axe^x+Bx

C. Ae^x+Bx　　D. Axe^x+B

5. 微分方程 $y''+12y'+9y=x\cos x$ 的一个特解可设为(　　).

A. $(A_1x+B_1)\cos x+(A_2x+B_2)\sin x$

B. $A_1x\cos x+A_2x\sin x$

C. $A_1x\cos x$

D. $(Ax+B)\cos x$

6. 设常数 a、b 同号，则微分方程 $y''+(b-a)y'-aby=0$ 的通解为(　　).

A. $y=C_1e^{ax}+C_2e^{-bx}$　　B. $y=C_1e^{-ax}+C_2e^{bx}$

C. $y=C_1e^{ax}+C_2e^{bx}$　　D. $y=C_1e^{-ax}+C_2e^{-bx}$

7. 已知 $x=1$ 时，$y=1$，且函数 $y=f(x)$ 满足方程 $(x^2+2xy-y^2)dx+(y^2+2xy-x^2)dy=0$，则当 $x=\frac{1+\sqrt{2}}{2}$ 时，有 $y=$(　　).

A. 1　　B. $\frac{1}{2}$　　C. $\frac{\sqrt{2}}{2}$　　D. $\frac{1+\sqrt{2}}{2}$

8. 函数 $y=y(x)$ 在任意点 x 处当自变量有增量 Δx 时，函数的增量为 $\Delta y=x^2e^{3y}\Delta x+o(\Delta x)$，若 $y(1)=-\ln 3$，则 $y(\sqrt[3]{20})=$(　　).

A. $\ln 2$　　B. $-\ln 2$　　C. $\ln 20$　　D. $-\ln 20$

9. 微分方程 $y''-4y'=x$ 的通解为(　　).

A. $y=C_1+C_2e^{4x}-\frac{x^2}{8}+\frac{x}{16}$　　B. $y=C_1+C_2e^{4x}+\frac{x^2}{8}-\frac{x}{16}$

C. $y=(C_1+C_2x)e^{4x}-\frac{x^2}{8}-\frac{x}{16}$　　D. $y=C_1+C_2e^{4x}-\frac{x^2}{8}-\frac{x}{16}$

10. 微分方程 $y''+y'-2y=3xe^x$ 有一特解为(　　).

A. $y=\left(\frac{x^2}{2}-\frac{x}{3}\right)e^x$　　B. $y=\left(\frac{x^2}{2}+\frac{x}{3}\right)e^x$

C. $y=\left(\frac{x^2}{2}-x\right)e^x$　　D. $y=\left(\frac{x}{2}-\frac{1}{3}\right)e^x$.

二、填空题.

1. 微分方程 $(y'')^2=y'y'''+y'-y$ 是________阶微分方程.

2. 以 $y=(x+C)x$ 为通解的微分方程为________.

3. 由参数方程 $\begin{cases}x=(t-2)f(t)\\ y=tf(t)\end{cases}$ 所确定的函数 $y=y(x)$ 的导数为 $\frac{dy}{dx}=\frac{2t+1}{2t-3}$，则满足 $f(-\ln 3)=1$ 的函数为________.

4. 微分方程 $y'-y\tan x+y^2\cos x=0$ 的通解为________.

5. 微分方程 $y''-6y'+9y=(x-1)e^{3x}$ 的特解形式可设为________.

6. 微分方程 $y''+4y=-4\sin 2x$ 的特解形式可设为________.

7. $y_1=x$、$y_2=x+e^x$、$y_3=1+x+e^x$ 为常系数线性微分方程 $y''+py'+qy=f(x)$ 的解，则此方程的通解为________.

8. 微分方程 $y''-4y'+3y=0$ 的通解为________.

9. 微分方程 $y''+10y'+25y=2e^{-5x}$ 的通解为________.

10. 微分方程 $y''+y=2\cos x$ 的通解为________.

三、解答题.

1. 求微分方程 $y'=3x^2$ 满足初始条件 $y\Big|_{x=1}=3$ 的特解.

2. 求过点 $\left(\frac{1}{2},0\right)$ 且满足方程 $y'\arcsin x+\frac{y}{\sqrt{1-x^2}}=1$ 的曲线方程.

3. 求微分方程 $y''=\frac{3x^2}{1+x^3}y'$ 满足 $y\Big|_{x=0}=1$、$y'\Big|_{x=0}=4$ 的特解.

4. 求微分方程 $y''+y=x+\cos x$ 的通解.

第 7 章　空间解析几何

解析几何来源于人类生产实践. 16 世纪以后，天文学、力学、航海、大地测量等方面的发展需要将曲线或轨迹定量化，计算精确化，而不能仅靠当时的几何学(主要指欧氏几何). 进入 17 世纪，法国数学家勒内・笛卡儿和皮埃尔・德・费马从不同角度触摸到了坐标和曲线方程的思想，由此创立了解析几何. 解析几何开创了数学研究的变量时代，给科学提供了有效的工具和方法.

空间解析几何的主要思想是利用代数的方法研究几何问题. 本章的学习，有利于培养学习者的空间想象能力，并为高维数学问题提供形象的几何模型，且为后续多元函数微积分的学习奠定基础.

中学时，我们学过平面解析几何，如平面向量的坐标表示、直线与圆的方程、圆锥曲线等. 本章利用类比的方法理解空间直角坐标系、空间向量、平面方程与曲面方程等，并在此过程中体会平面解析几何与空间解析几何的共性和差异，帮助我们更好地理解空间解析几何知识.

勒内・笛卡儿
(1596—1650)

◈著名的哲学家、数学家、物理学家.

◈对现代数学的发展作出了重要的贡献，因将几何坐标体系公式化而被认为是解析几何之父.

◈名言：我思故我在.

7.1　空间直角坐标系与两点间的距离公式

为了确定平面上点的位置，我们建立平面直角坐标系，并用平面直角坐标系上的一对有序实数对(x,y)表示该点的位置. 那么空间中的点的位置理应可以通过建立一个新的坐标系的方法来表示.

7.1.1　空间直角坐标系

定义 7-1-1　在空间任取一点 O，以 O 为原点作三条相互垂直的数轴 Ox，Oy，Oz，这样就构成了**空间直角坐标系**，记作 $Oxyz$. 其中点 O 称为坐标原点，这三条坐标轴分别称为 x 轴、y 轴、z 轴，统称为**坐标轴**. 通常将 x 轴叫作**横轴**，y 轴叫作**纵轴**，z 轴叫作**竖轴**. 如图 7-1-1 所示. 每两个坐标轴所在的平面 xOy、xOz、yOz 叫作**坐标平面**.

定义 7-1-2　已知 M 为空间一点. 过点 M 作三个平面分别垂直于 x 轴、y 轴、z 轴，它们与 x 轴、y 轴和 z 轴的交点分别为 P、Q、R，如图 7-1-2 所示. 这三点在 x 轴、y 轴、z 轴上的坐标分别为 x、y、z. 于是空间的一点 M 就由一个有序数组(x,y,z)唯一确定了. 这组数(x,y,z)就叫作点 M 的**坐标**，记为

$M(x,y,z)$，并依次称 x,y,z 为点 M 的**横坐标、纵坐标和竖坐标**.

【例 1】 在空间直角坐标系中，画出点 $A(0,0,1)$，$B(2,3,0)$，$C(1,3,2)$.

解 根据点的坐标特点，点 $A(0,0,1)$ 在 z 轴上，点 $B(2,3,0)$ 在 xOy 面上. 画点 C 时，先在 x 轴的正方向上取 1 个单位的点，y 轴的正方向上取 3 个单位的点，过这两个点在 xOy 面上分别作 x 轴与 y 轴的平行线，交于点 M，过点 M 作 z 轴的平行线 MN，在直线 MN 上，点 M 的上方取 2 个单位便得到点 C，如图 7-1-3 所示.

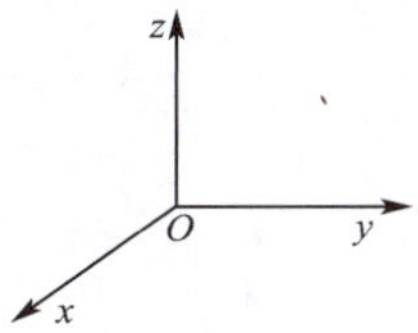

图 7-1-1

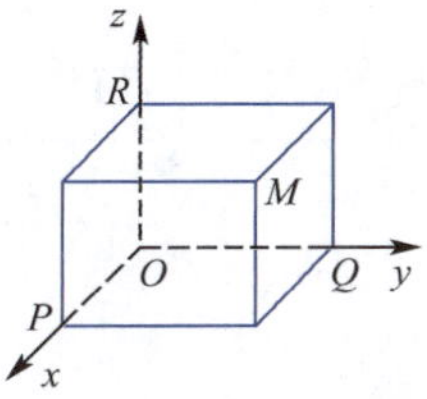

图 7-1-2

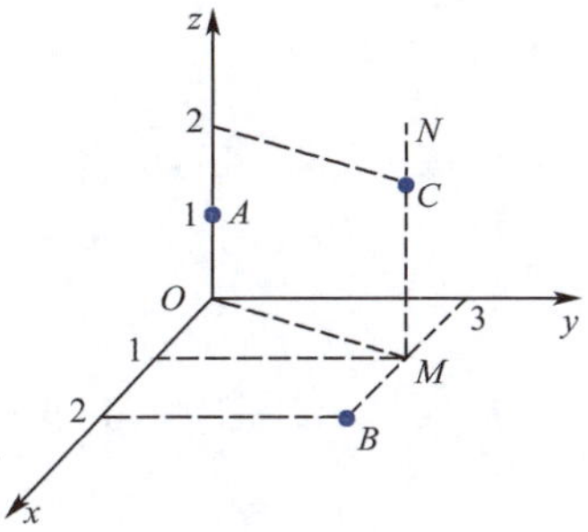

图 7-1-3

【例 2】 点 $M(x,y,z)$ 是空间直角坐标系 $Oxyz$ 中的一点，写出满足下列条件的点的坐标.

(1)与点 M 关于 x 轴对称的点；

(2)与点 M 关于 y 轴对称的点；

(3)与点 M 关于 z 轴对称的点；

(4)与点 M 关于原点对称的点；

(5)与点 M 关于 xOy 平面对称的点；

(6)与点 M 关于 xOz 平面对称的点；

(7)与点 M 关于 yOz 平面对称的点.

解 根据空间直角坐标系的特点可知：

(1)与点 M 关于 x 轴对称的点：$(x,-y,-z)$；

(2)与点 M 关于 y 轴对称的点：$(-x,y,-z)$；

(3)与点 M 关于 z 轴对称的点：$(-x,-y,z)$；

(4)与点 M 关于原点对称的点：$(-x,-y,-z)$；

(5)与点 M 关于 xOy 平面对称的点：$(x,y,-z)$；

(6)与点 M 关于 xOz 平面对称的点：$(x,-y,z)$；

(7)与点 M 关于 yOz 平面对称的点：$(-x,y,z)$.

7.1.2 空间两点间的距离

平面上任意两点 $A(x_1,y_1)$，$B(x_2,y_2)$ 之间的距离公式为

$$|AB|=\sqrt{(x_2-x_1)^2+(y_2-y_1)^2},$$

那么对于空间中任意两点 $A(x_1,y_1,z_1)$，$B(x_2,y_2,z_2)$ 之间的距离的公式会是怎样呢？会不会是 $|AB|=\sqrt{(x_2-x_1)^2+(y_2-y_1)^2+(z_2-z_1)^2}$ 呢？

首先，过点 A，B 分别作垂直于 xOy 平面的直线，垂足分别是 A_1，B_1，则 $A_1(x_1,y_1,0)$，$B_1(x_2,y_2,0)$，如图 7-1-4 所示.

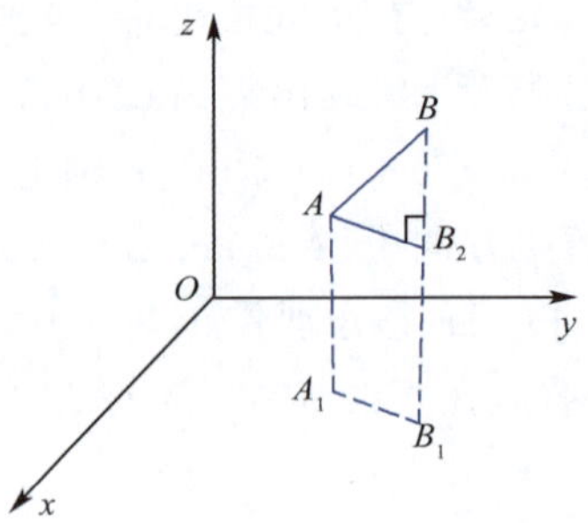

图 7-1-4

连接 A_1B_1，得 $|A_1B_1|=\sqrt{(x_2-x_1)^2+(y_2-y_1)^2}$.

过点 A 作 BB_1 的垂线，垂足为 B_2，则 $A_1B_1=AB_2$，即

$$|AB_2|=\sqrt{(x_2-x_1)^2+(y_2-y_1)^2}.$$

在 $Rt\triangle AB_2B$ 中，根据勾股定理，得

$$|AB|=\sqrt{|AB_2|^2+|BB_2|^2}$$
$$=\sqrt{(x_2-x_1)^2+(y_2-y_1)^2+(z_2-z_1)^2}.$$

定义 7-1-3 设空间中任意两点 $A(x_1,y_1,z_1)$，$B(x_2,y_2,z_2)$之间的**距离为**

$$|AB|=\sqrt{(x_2-x_1)^2+(y_2-y_1)^2+(z_2-z_1)^2}.$$

特别地，空间中任意一点 $P(x,y,z)$与原点之间的距离公式为

$$|OP|=\sqrt{x^2+y^2+z^2}.$$

【例 3】 设空间两点 $A(2,3,5)$，$B(3,1,4)$，求 A 与 B 两点之间的距离.

解 由定义 7-1-3，得 A 与 B 两点之间的距离为

$$|AB|=\sqrt{(x_2-x_1)^2+(y_2-y_1)^2+(z_2-z_1)^2}$$
$$=\sqrt{(3-2)^2+(1-3)^2+(4-5)^2}$$
$$=\sqrt{6}.$$

【例 4】 求证：以 $A(2,-1,6)$，$B(4,1,4)$，$C(3,0,5)$三点为顶点的三角形是等腰三角形.

证明 由两点间的距离公式，得

$$|AB|=\sqrt{(4-2)^2+(1+1)^2+(4-6)^2}=2\sqrt{3},$$
$$|AC|=\sqrt{(3-2)^2+(0+1)^2+(5-6)^2}=\sqrt{3},$$
$$|BC|=\sqrt{(3-4)^2+(0-1)^2+(5-4)^2}=\sqrt{3}.$$

所以 $|AC|=|BC|$，即 $\triangle ABC$ 是等腰三角形.

习题 7-1

1. 在空间直角坐标系中，画出下列各点.

$$A(2,-1,0),B(0,3,0),C(3,0,5),D(1,2,5).$$

2. 求点(1,2,3)在各坐标平面的投影点的坐标.

3. 求下列两点间的距离.

(1)$A(2,1,-3)$，$B(4,3,0)$； (2)$A(-4,1,6)$，$B(5,-2,3)$.

4. 求点(1，－2，4)与原点、各坐标平面和各坐标轴的距离.

7.2　空间向量的坐标表示及其运算的坐标表示

在平面内研究向量，故向量称为平面向量；同理，在空间内研究向量，则向量称为空间向量. 若只考虑向量的大小和方向，则平面向量的运算与空间向量的运算并无不同. 故空间向量的加法、减法与数乘、数量积运算，大致上与平面向量的这些运算相同. 所以本节我们主要讨论空间向量的坐标表示，以及空间向量运算的坐标表示.

7.2.1　空间向量及其线性运算与数量积

1. 空间向量的概念

定义 7-2-1　在空间中，既有大小又有方向的量，叫作**空间向量**.

空间向量可以用有向线段 $\overrightarrow{AB}$ 表示，可以用粗体小写字母 $\boldsymbol{a}$，$\boldsymbol{b}$，$\boldsymbol{c}$，…表示，手写时要写成 $\vec{a}$，$\vec{b}$，$\vec{c}$，…

2. 空间向量的加法

定义 7-2-2　已知向量 $\boldsymbol{a}$ 和 $\boldsymbol{b}$，在空间内任取一点 O，作 $\overrightarrow{OA}=\boldsymbol{a}$，$\overrightarrow{AB}=\boldsymbol{b}$，则向量 $\overrightarrow{OB}$ 叫作 $\boldsymbol{a}$ 和 $\boldsymbol{b}$ 的**和**，记作 $\boldsymbol{a}+\boldsymbol{b}$. 如图 7-2-1 所示，即

$$\boldsymbol{a}+\boldsymbol{b}=\overrightarrow{OA}+\overrightarrow{AB}=\overrightarrow{OB}.$$

求两个向量和的运算叫作**向量的加法**.

根据向量加法的定义得出的求向量和的方法，称为向量加法的**三角形法则**.

定义 7-2-3　如图 7-2-2 所示，以同一点 O 为起点的两个已知向量 $\boldsymbol{a}$ 和 $\boldsymbol{b}$ 为邻边作平行四边形 $OACB$，则以 O 为起点的向量 $\overrightarrow{OC}$ 就是 $\boldsymbol{a}$ 和 $\boldsymbol{b}$ 的和，记作 $\boldsymbol{a}+\boldsymbol{b}$. 即

$$\boldsymbol{a}+\boldsymbol{b}=\overrightarrow{OA}+\overrightarrow{OB}=\overrightarrow{OC}.$$

我们把这种求两个向量和的方法叫作**向量加法的平行四边形法则**.

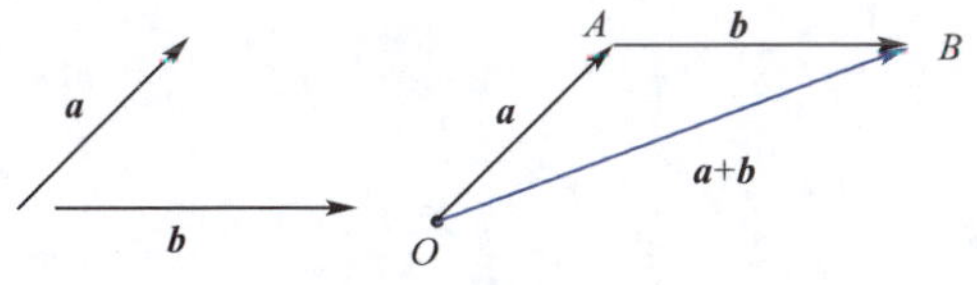

图 7-2-1

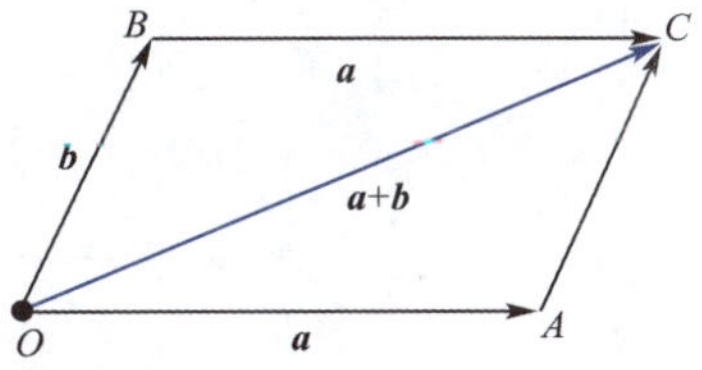

图 7-2-2

3. 空间向量的减法

定义 7-2-4　向量 $\boldsymbol{a}$ 加上向量 $\boldsymbol{b}$ 的相反向量，叫作 $\boldsymbol{a}$ 与 $\boldsymbol{b}$ 的差，即

$$\boldsymbol{a}-\boldsymbol{b}=\boldsymbol{a}+(-\boldsymbol{b}).$$

求两个向量差的运算叫作**向量的减法**.

4. 空间向量的数乘运算

定义 7-2-5　实数 λ 与向量 $\boldsymbol{a}$ 的积是一个向量，这种运算叫作**向量的数乘**，记作 $\lambda\boldsymbol{a}$，它的长度与方向规定如下：

(1) $|\lambda \boldsymbol{a}|=|\lambda||\boldsymbol{a}|$;

(2)当 $\lambda>0$ 时,$\lambda \boldsymbol{a}$ 的方向与 $\boldsymbol{a}$ 的方向相同;当 $\lambda<0$ 时,$\lambda \boldsymbol{a}$ 的方向与 $\boldsymbol{a}$ 的方向相反.

说明:(1)当 $\lambda=0$ 时,$\lambda \boldsymbol{a}=\boldsymbol{0}$;(2)$(-1)\boldsymbol{a}=-\boldsymbol{a}$.

定理 7-2-1 向量 $\boldsymbol{a}(\boldsymbol{a}\neq\boldsymbol{0})$ 与 $\boldsymbol{b}$ 共线的充要条件是:存在唯一一个实数 λ,使 $\boldsymbol{b}=\lambda \boldsymbol{a}$.

5. 空间向量的数量积

定义 7-2-6 已知两个非零向量 $\boldsymbol{a}$ 和 $\boldsymbol{b}$,它们的夹角为 θ,我们把数量 $|\boldsymbol{a}||\boldsymbol{b}|\cos\theta$ 叫作向量 $\boldsymbol{a}$ 和 $\boldsymbol{b}$ 的**数量积**(或**内积**),记作 $\boldsymbol{a}\cdot\boldsymbol{b}$,即

$$\boldsymbol{a}\cdot\boldsymbol{b}=|\boldsymbol{a}||\boldsymbol{b}|\cos\theta.$$

规定:零向量与任一向量的数量积为 0.

由向量数量积的定义易知:

(1)两向量的数量积是一个数量,而不是向量,符号由夹角决定;

(2) $\boldsymbol{a}\cdot\boldsymbol{b}$ 中间的"·"在向量运算中不能省略掉,也不能换成"×";

(3)运用数量积公式时,一定要注意两向量间的夹角范围是 $[0°,180°]$;

(4)对于两个非零向量 $\boldsymbol{a}$、$\boldsymbol{b}$,$\boldsymbol{a}$ 与 $\boldsymbol{b}$ 垂直的充要条件是它们的数量积为零,即

$$\boldsymbol{a}\perp\boldsymbol{b}\Leftrightarrow\boldsymbol{a}\cdot\boldsymbol{b}=0.$$

7.2.2 空间向量的坐标表示

类比平面向量的坐标,设在空间直角坐标系中,x 轴、y 轴、z 轴的单位向量分别为 $\boldsymbol{i}$、$\boldsymbol{j}$、$\boldsymbol{k}$,则 x 轴、y 轴、z 轴上的向量分别表示为 $x\boldsymbol{i}$、$y\boldsymbol{j}$、$z\boldsymbol{k}$,其中 x、y、z 分别是它们在数轴上的坐标.

如图 7-2-3 所示,$\overrightarrow{OM}$ 为从坐标原点出发的向量,点 M 的坐标为 (x,y,z),则

$$\overrightarrow{OA}=x\boldsymbol{i},\overrightarrow{OB}=y\boldsymbol{j},\overrightarrow{OC}=z\boldsymbol{k}.$$

运用加法的平行四边形法则两次,最终得

$$\overrightarrow{OM}=\overrightarrow{OA}+\overrightarrow{OB}+\overrightarrow{OC}=x\boldsymbol{i}+y\boldsymbol{j}+z\boldsymbol{k}.$$

如图 7-2-4 所示,设点 $A(x_1,y_1,z_1)$,$B(x_2,y_2,z_2)$,则

$$\overrightarrow{AB}=\overrightarrow{OB}-\overrightarrow{OA}=(x_2-x_1)\boldsymbol{i}+(y_2-y_1)\boldsymbol{j}+(z_2-z_1)\boldsymbol{k}.$$

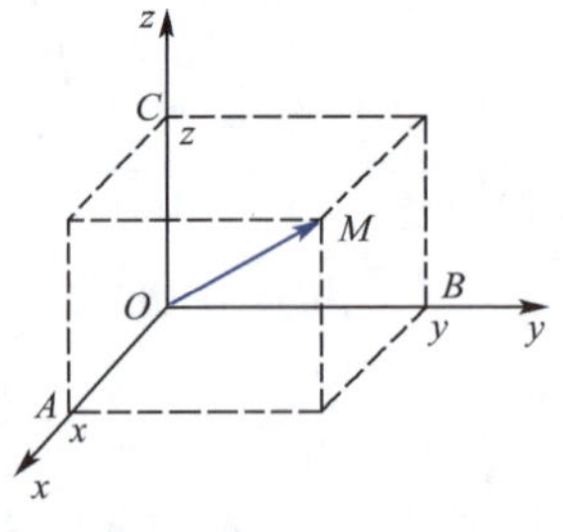

图 7-2-3

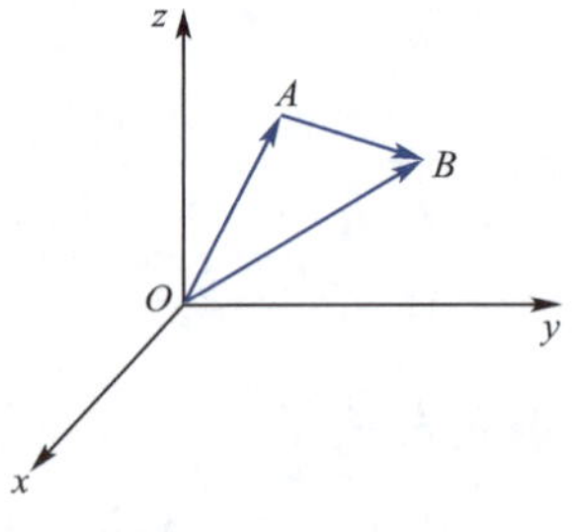

图 7-2-4

由此可知,对任意一个空间向量 $\boldsymbol{a}$,都存在一对有序实数 (x,y,z),使得

$$\boldsymbol{a}=x\boldsymbol{i}+y\boldsymbol{j}+z\boldsymbol{k}.$$

有序实数对 (x,y,z) 叫作向量 $\boldsymbol{a}$ 的**坐标**,记作 $\boldsymbol{a}=(x,y,z)$.

定义 7-2-7 设起点为点 $A(x_1,y_1,z_1)$,终点为点 $B(x_2,y_2,z_2)$ 的向量 $\overrightarrow{AB}$ 的坐标为

$$\overrightarrow{AB}=(x_2-x_1,y_2-y_1,z_2-z_1).$$

【例 1】 已知点 A,B 的坐标分别为(5,4,−1),(3,−2,4),求 $\overrightarrow{AB}$,$\overrightarrow{BA}$ 的坐标.

解 $\overrightarrow{AB}=(3,-2,4)-(5,4,-1)=(-2,-6,5)$,

$\overrightarrow{BA}=(5,4,-1)-(3,-2,4)=(2,6,-5)$.

7.2.3 空间向量线性运算和数量积的坐标表示

引入向量的坐标之后,就可以将向量的运算转化为代数运算,计算起来比较方便.

设在空间直角坐标系中,向量 $\boldsymbol{a}=(x_1,y_1,z_1)$ 及 $\boldsymbol{b}=(x_2,y_2,z_2)$,则由向量坐标定义有

$$\boldsymbol{a}=x_1\boldsymbol{i}+y_1\boldsymbol{j}+z_1\boldsymbol{k},$$
$$\boldsymbol{b}=x_2\boldsymbol{i}+y_2\boldsymbol{j}+z_2\boldsymbol{k}.$$

因此两向量的和、差、数乘、数量积分别为

$$\begin{aligned}
\boldsymbol{a}+\boldsymbol{b}&=(x_1\boldsymbol{i}+y_1\boldsymbol{j}+z_1\boldsymbol{k})+(x_2\boldsymbol{i}+y_2\boldsymbol{j}+z_2\boldsymbol{k})\\
&=(x_1+x_2)\boldsymbol{i}+(y_1+y_2)\boldsymbol{j}+(z_1+z_2)\boldsymbol{k};\\
\boldsymbol{a}-\boldsymbol{b}&=(x_1\boldsymbol{i}+y_1\boldsymbol{j}+z_1\boldsymbol{k})-(x_2\boldsymbol{i}+y_2\boldsymbol{j}+z_2\boldsymbol{k})\\
&=(x_1-x_2)\boldsymbol{i}+(y_1-y_2)\boldsymbol{j}+(z_1-z_2)\boldsymbol{k};\\
\lambda\boldsymbol{a}&=\lambda(x_1\boldsymbol{i}+y_1\boldsymbol{j}+z_1\boldsymbol{k})=\lambda x_1\boldsymbol{i}+\lambda y_1\boldsymbol{j}+\lambda z_1\boldsymbol{k};\\
\boldsymbol{a}\cdot\boldsymbol{b}&=(x_1\boldsymbol{i}+y_1\boldsymbol{j}+z_1\boldsymbol{k})\cdot(x_2\boldsymbol{i}+y_2\boldsymbol{j}+z_2\boldsymbol{k})\\
&=x_1x_2(\boldsymbol{i}\cdot\boldsymbol{i})+y_1y_2(\boldsymbol{j}\cdot\boldsymbol{j})+z_1z_2(\boldsymbol{k}\cdot\boldsymbol{k})\\
&=x_1x_2+y_1y_2+z_1z_2.
\end{aligned}$$

定义 7-2-8 设向量 $\boldsymbol{a}=(x_1,y_1,z_1)$ 及 $\boldsymbol{b}=(x_2,y_2,z_2)$,则它们的和、差与数乘向量坐标分别为

$$\boldsymbol{a}+\boldsymbol{b}=(x_1+x_2,y_1+y_2,z_1+z_2);$$
$$\boldsymbol{a}-\boldsymbol{b}=(x_1-x_2,y_1-y_2,z_1-z_2);$$
$$\lambda\boldsymbol{a}=(\lambda x_1,\lambda y_1,\lambda z_1).$$

它们的**数量积**为

$$\boldsymbol{a}\cdot\boldsymbol{b}=x_1x_2+y_1y_2+z_1z_2.$$

由定义,容易证明如下结论.

(1)向量 $\boldsymbol{a}=(x_1,y_1,z_1)$ 与非零向量 $\boldsymbol{b}=(x_2,y_2,z_2)$(且 x_2,y_2,z_2 都不为 0)平行的充要条件是其对应坐标成正比,即

$$\frac{x_1}{x_2}=\frac{y_1}{y_2}=\frac{z_1}{z_2};$$

(2)向量的模为

$$|\boldsymbol{a}|=\sqrt{\boldsymbol{a}\cdot\boldsymbol{a}}=\sqrt{x_1^2+y_1^2+z_1^2};$$

(3)两向量 $\boldsymbol{a}$,$\boldsymbol{b}$ 的夹角 θ 的余弦值为

$$\cos\theta=\frac{\boldsymbol{a}\cdot\boldsymbol{b}}{|\boldsymbol{a}||\boldsymbol{b}|}=\frac{x_1x_2+y_1y_2+z_1z_2}{\sqrt{x_1^2+y_1^2+z_1^2}\times\sqrt{x_2^2+y_2^2+z_2^2}};$$

(4)对于两个非零向量 $\boldsymbol{a}$、$\boldsymbol{b}$,$\boldsymbol{a}$ 与 $\boldsymbol{b}$ 垂直的充要条件是它们的数量积为零,即

$$\boldsymbol{a} \perp \boldsymbol{b} \Leftrightarrow x_1x_2+y_1y_2+z_1z_2=0.$$

【例 2】 设向量 $\boldsymbol{a}=(3,4,0)$，$\boldsymbol{b}=(0,-4,3)$，求：

(1)$\boldsymbol{a}+\boldsymbol{b}$，$\boldsymbol{a}-\boldsymbol{b}$；　(2)$\boldsymbol{a}\cdot\boldsymbol{b}$，$|\boldsymbol{a}|$，$|\boldsymbol{b}|$，$\theta$.

解　(1)$\boldsymbol{a}+\boldsymbol{b}=(3,4,0)+(0,-4,3)=(3,0,3)$，

$\boldsymbol{a}-\boldsymbol{b}=(3,4,0)-(0,-4,3)=(3,8,-3)$；

(2)$\boldsymbol{a}\cdot\boldsymbol{b}=3\times0+4\times(-4)+0\times3=-16$，

$$|\boldsymbol{a}|=\sqrt{3^2+4^2+0^2}=5,\ |\boldsymbol{b}|=\sqrt{0^2+(-4)^2+3^2}=5,$$

$$\cos\theta=\frac{\boldsymbol{a}\cdot\boldsymbol{b}}{|\boldsymbol{a}||\boldsymbol{b}|}=\frac{-16}{5\times5}=-\frac{16}{25},\theta=\arccos\left(-\frac{16}{25}\right).$$

【例 3】 在空间直角坐标系中，设三点 $A(1,-2,1)$，$B(4,7,1)$，$C(-5,0,-1)$，证明：$\overrightarrow{AB}\perp\overrightarrow{AC}$.

证明　$\overrightarrow{AB}=(3,9,0)$，$\overrightarrow{AC}=(-6,2,-2)$，则

$$\overrightarrow{AB}\cdot\overrightarrow{AC}=3\times(-6)+9\times2+0\times(-2)=0,$$

所以
$$\overrightarrow{AB}\perp\overrightarrow{AC}.$$

7.2.4 空间向量的向量积及其坐标表示

用手推门、用扳手拧螺母等案例中物体的旋转不仅跟力的大小有关，而且跟力和转动轴之间的距离有关. 物理中用力矩来描述外力对物体的转动所产生的影响大小.

设一杠杆的一端 O 固定，力 $\boldsymbol{F}$ 作用于杠杆上的点 A 处，$\boldsymbol{F}$ 与 $\overrightarrow{OA}$ 的夹角为 θ，则杠杆在力 $\boldsymbol{F}$ 的作用下绕点 O 旋转，如图 7-2-5 所示，这时可用力矩 $\boldsymbol{M}$ 来描述. 力 $\boldsymbol{F}$ 对 O 的力矩 $\boldsymbol{M}$ 是一个向量，$\boldsymbol{M}$ 的大小为

$$|\boldsymbol{M}|=|\overrightarrow{OA}||\boldsymbol{F}|\sin\theta,$$

$\boldsymbol{M}$ 的方向与 $\overrightarrow{OA}$ 及 $\boldsymbol{F}$ 都垂直，且 $\overrightarrow{OA}$，$\boldsymbol{F}$，$\boldsymbol{M}$ 成右手系，如图 7-2-6 所示.

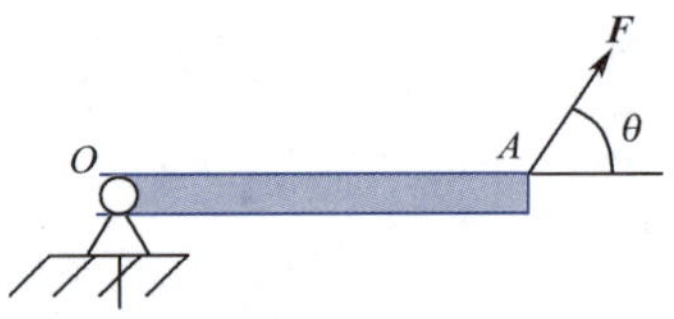

图 7-2-5

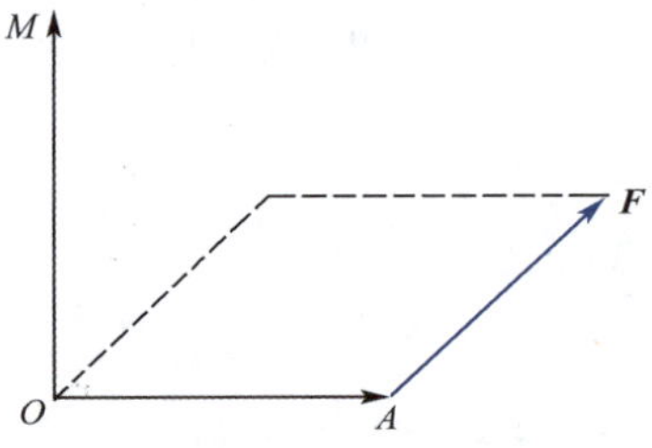

图 7-2-6

1. 空间向量的向量积的定义

在实际生活中，我们经常会遇到像这样由两个向量所决定的向量，这种向量有一个名字叫向量积.

定义 7-2-9　设 $\boldsymbol{a}$、$\boldsymbol{b}$ 为空间中的两个向量，由 $\boldsymbol{a}$、$\boldsymbol{b}$ 所决定的向量 $\boldsymbol{c}$，有以下特点：

(1)$|\boldsymbol{c}|=|\boldsymbol{a}||\boldsymbol{b}|\sin\theta$，$\theta$ 为 $\boldsymbol{a}$、$\boldsymbol{b}$ 的夹角；

(2)$\boldsymbol{c}$ 的方向与 $\boldsymbol{a}$、$\boldsymbol{b}$ 均垂直，且 $\boldsymbol{a}$，$\boldsymbol{b}$，$\boldsymbol{c}$ 成右手系；

则 $\boldsymbol{c}$ 叫作向量 $\boldsymbol{a}$ 与 $\boldsymbol{b}$ 的**向量积**(也称外积或叉积)，记作 $\boldsymbol{a}\times\boldsymbol{b}$，读作“$\boldsymbol{a}$ 叉乘 $\boldsymbol{b}$”. 即

$$|\boldsymbol{c}|=|\boldsymbol{a}\times\boldsymbol{b}|=|\boldsymbol{a}||\boldsymbol{b}|\sin\theta.$$

注意

(1)两向量 $\boldsymbol{a}$、$\boldsymbol{b}$ 的向量积 $\boldsymbol{a}\times\boldsymbol{b}$ 是一个向量,其模 $|\boldsymbol{a}\times\boldsymbol{b}|$ 的几何意义是以 $\boldsymbol{a}$、$\boldsymbol{b}$ 为邻边的平行四边形的面积;

(2)$\boldsymbol{a}\times\boldsymbol{b}=-\boldsymbol{b}\times\boldsymbol{a}$;

(3)对于两个非零向量 $\boldsymbol{a}$、$\boldsymbol{b}$,$\boldsymbol{a}$ 与 $\boldsymbol{b}$ 平行的充要条件是它们的向量积为零向量,即

$$\boldsymbol{a}/\!/\boldsymbol{b}\Leftrightarrow\boldsymbol{a}\times\boldsymbol{b}=\boldsymbol{0}.$$

【例 4】 已知在空间直角坐标系中,x 轴、y 轴、z 轴的单位向量为 $\boldsymbol{i}$、$\boldsymbol{j}$、$\boldsymbol{k}$,求 $\boldsymbol{i}\times\boldsymbol{i}$,$\boldsymbol{j}\times\boldsymbol{j}$,$\boldsymbol{k}\times\boldsymbol{k}$,$\boldsymbol{i}\times\boldsymbol{j}$,$\boldsymbol{k}\times\boldsymbol{i}$,$\boldsymbol{j}\times\boldsymbol{k}$.

解 $\boldsymbol{i}\times\boldsymbol{i}=\boldsymbol{j}\times\boldsymbol{j}=\boldsymbol{k}\times\boldsymbol{k}=\boldsymbol{0}$,$\boldsymbol{i}\times\boldsymbol{j}=\boldsymbol{k}$,$\boldsymbol{k}\times\boldsymbol{i}=\boldsymbol{j}$,$\boldsymbol{j}\times\boldsymbol{k}=\boldsymbol{i}$.

2. 向量积的坐标表示

介绍向量积的坐标表示之前,先简单介绍二阶行列式与三阶行列式的有关内容.

把 4 个数排成形如 $\begin{vmatrix} x_1 & y_1 \\ x_2 & y_2 \end{vmatrix}$,且等于 $x_1y_2-x_2y_1$ 的式子,叫作**二阶行列式**,即

$$\begin{vmatrix} x_1 & y_1 \\ x_2 & y_2 \end{vmatrix}=x_1y_2-x_2y_1,$$

其中每个数叫作行列式的元素.

而把 9 个数排成形如 $\begin{vmatrix} x_1 & y_1 & z_1 \\ x_2 & y_2 & z_2 \\ x_3 & y_3 & z_3 \end{vmatrix}$,且等于

$$x_1\begin{vmatrix} y_2 & z_2 \\ y_3 & z_3 \end{vmatrix}-y_1\begin{vmatrix} x_2 & z_2 \\ x_3 & z_3 \end{vmatrix}+z_1\begin{vmatrix} x_2 & y_2 \\ x_3 & y_3 \end{vmatrix}$$

的式子,叫作**三阶行列式**,即

$$\begin{vmatrix} x_1 & y_1 & z_1 \\ x_2 & y_2 & z_2 \\ x_3 & y_3 & z_3 \end{vmatrix}=x_1\begin{vmatrix} y_2 & z_2 \\ y_3 & z_3 \end{vmatrix}-y_1\begin{vmatrix} x_2 & z_2 \\ x_3 & z_3 \end{vmatrix}+z_1\begin{vmatrix} x_2 & y_2 \\ x_3 & y_3 \end{vmatrix}.$$

上式可以理解为左式等于三阶行列式按第一行元素展开的展开式.

在空间直角坐标系中,设向量 $\boldsymbol{a}=(x_1,y_1,z_1)$ 及 $\boldsymbol{b}=(x_2,y_2,z_2)$,则

$$\begin{aligned}\boldsymbol{a}\times\boldsymbol{b}&=(x_1\boldsymbol{i}+y_1\boldsymbol{j}+z_1\boldsymbol{k})\times(x_2\boldsymbol{i}+y_2\boldsymbol{j}+z_2\boldsymbol{k})\\&=(y_1z_2-z_1y_2)\boldsymbol{i}-(x_1z_2-x_2z_1)\boldsymbol{j}+(x_1y_2-y_1x_2)\boldsymbol{k}.\end{aligned}$$

为了便于记忆,结合前面介绍的二阶行列式及三阶行列式有

$$\begin{aligned}\boldsymbol{a}\times\boldsymbol{b}&=\begin{vmatrix} y_1 & z_1 \\ y_2 & z_2 \end{vmatrix}\boldsymbol{i}-\begin{vmatrix} x_1 & z_1 \\ x_2 & z_2 \end{vmatrix}\boldsymbol{j}+\begin{vmatrix} x_1 & y_1 \\ x_2 & y_2 \end{vmatrix}\boldsymbol{k}\\&=\begin{vmatrix} \boldsymbol{i} & \boldsymbol{j} & \boldsymbol{k} \\ x_1 & y_1 & z_1 \\ x_2 & y_2 & z_2 \end{vmatrix}.\end{aligned}$$

【例 5】 设向量 $\boldsymbol{a}=(2,-4,1)$ 及 $\boldsymbol{b}=(2,1,0)$,求 $\boldsymbol{a}\times\boldsymbol{b}$ 的坐标.

解　$\boldsymbol{a}\times\boldsymbol{b}=\begin{vmatrix}\boldsymbol{i} & \boldsymbol{j} \\ 2 & -4 \\ 2 & 1\end{vmatrix}=\begin{vmatrix}-4 & 1 \\ 1 & 0\end{vmatrix}\boldsymbol{i}-\begin{vmatrix}2 & 1 \\ 2 & 0\end{vmatrix}\boldsymbol{j}+\begin{vmatrix}2 & -4 \\ 2 & 1\end{vmatrix}\boldsymbol{k}$

$=-\boldsymbol{i}+2\boldsymbol{j}+10\boldsymbol{k}$,

所以 $\boldsymbol{a}\times\boldsymbol{b}=(-1,2,10)$.

【例 6】 在空间直角坐标系中,设向量 $\boldsymbol{a}=(2,0,-1)$ 及 $\boldsymbol{b}=(2,1,0)$,求同时垂直于 $\boldsymbol{a}$、$\boldsymbol{b}$ 的单位向量.

解　设 $\boldsymbol{c}=\boldsymbol{a}\times\boldsymbol{b}$,则 $\boldsymbol{c}$ 同时垂直于 $\boldsymbol{a}$、$\boldsymbol{b}$,且

$$\boldsymbol{c}=\boldsymbol{a}\times\boldsymbol{b}=\begin{vmatrix}\boldsymbol{i} & \boldsymbol{j} & \boldsymbol{k} \\ 2 & 0 & -1 \\ 2 & 1 & 0\end{vmatrix}=\boldsymbol{i}-2\boldsymbol{j}+2\boldsymbol{k},$$

所以 $\boldsymbol{c}=(1,-2,2)$. 再将 $\boldsymbol{c}$ 单位化,得

$$\boldsymbol{c}_0=\frac{1}{\sqrt{1^2+(-2)^2+2^2}}(1,-2,2)=\frac{1}{3}(1,-2,2)=\left(\frac{1}{3},-\frac{2}{3},\frac{2}{3}\right),$$

所以 $\pm\boldsymbol{c}_0$ 是同时垂直于 $\boldsymbol{a}$、$\boldsymbol{b}$ 的单位向量,即 $\left(\frac{1}{3},-\frac{2}{3},\frac{2}{3}\right)$,$\left(-\frac{1}{3},\frac{2}{3},-\frac{2}{3}\right)$.

习题 7-2

1. 设在空间直角坐标系中有三点 $A(1,1,0)$,$B(4,0,1)$,$C(-5,0,0)$,求向量 $\overrightarrow{AB}$,$\overrightarrow{BC}$,$\overrightarrow{CA}$.

2. 设向量 $\boldsymbol{a}=(1,2,-1)$,$\boldsymbol{b}=(0,2,-3)$,求 $\boldsymbol{a}+\boldsymbol{b}$,$\boldsymbol{a}-\boldsymbol{b}$,$2\boldsymbol{a}-3\boldsymbol{b}$.

3. 设 $|\boldsymbol{a}|=3$,$|\boldsymbol{b}|=4$,夹角 $\theta=\frac{\pi}{3}$,求 $\boldsymbol{a}\cdot\boldsymbol{b}$,$(2\boldsymbol{b}-\boldsymbol{a})\cdot\boldsymbol{a}$,$|\boldsymbol{a}-\boldsymbol{b}|$.

4. 已知两力 $\boldsymbol{F}_1=\boldsymbol{i}+2\boldsymbol{j}-2\boldsymbol{k}$,$\boldsymbol{F}_2=3\boldsymbol{i}-2\boldsymbol{j}+\boldsymbol{k}$ 作用于同一点,求作用于同一点,并能使它们平衡的力.

5. 设向量 $\boldsymbol{a}=(2,2,0)$,$\boldsymbol{b}=(0,-2,2)$,求 $\boldsymbol{a}\cdot\boldsymbol{b}$,$|\boldsymbol{a}|$,$|\boldsymbol{b}|$,$\theta$.

6. 设向量 $\boldsymbol{a}=(0,2,3)$,$\boldsymbol{b}=(1,3,4)$,且两向量的夹角为 θ,求:

(1) $\boldsymbol{a}\cdot\boldsymbol{b}$;　(2) $|\boldsymbol{a}|$;　(3) $\cos\theta$.

7. 设向量 $\boldsymbol{a}=(1,2,3)$,$\boldsymbol{b}=(1,0,4)$,求 $\boldsymbol{a}\times\boldsymbol{b}$.

8. 求同时垂直于向量 $\boldsymbol{a}=(2,4,1)$ 和竖轴的单位向量.

7.3　空间平面的方程

我们学习过平面的基本性质,知道经过不共线的三点确定一个平面,以及三个推论,那么这些可以用来求解空间平面的方程吗?本节将利用向量知识,在空间直角坐标系中建立平面的方程,进而研究平面间的关系、点与平面的关系.

7.3.1　空间平面方程的形式

请思考下列几种情况,能确定平面的有几种?

(1)过一个定点,且过一个非零向量;

(2)过两个不共线的非零向量;

(3)过两个平行向量;

(4)过一个定点,且垂直于一个非零向量;

(5)过三个不共线的点.

分析　(1)(2)(3)由于向量可以随意平移,向量的位置就不确定,所以过该向量的平面也无法确定;能确定平面的只有(4)(5).

下面我们分别从(4)(5)两种情况探讨平面方程的形式.

1. 平面的点法式方程

若一个非零向量 $\boldsymbol{n}$ 垂直于平面 α,则称向量 $\boldsymbol{n}$ 为平面 α 的一个**法向量**.

平面的法向量不唯一,但都平行.

已知平面 α 过一个定点 $M_0(x_0,y_0,z_0)$,且垂直于一个非零向量 $\boldsymbol{n}=(A,B,C)$,如图 7-3-1 所示,下面试求平面 α 的方程.

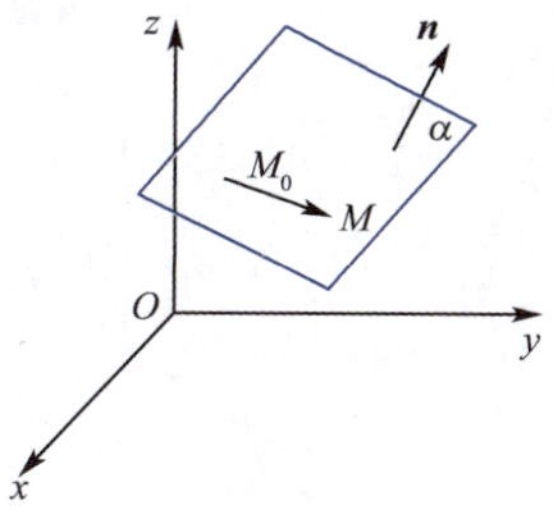

图 7-3-1

设 $M(x,y,z)$ 为平面 α 上的任一点.

因为 $\boldsymbol{n}\perp\alpha$,

所以 $\boldsymbol{n}\perp\overrightarrow{M_0M}$.

所以 $\boldsymbol{n}\cdot\overrightarrow{M_0M}=0$.

又因为 $\overrightarrow{M_0M}=(x-x_0,y-y_0,z-z_0)$,$\boldsymbol{n}=(A,B,C)$,

所以
$$A(x-x_0)+B(y-y_0)+C(z-z_0)=0 \tag{7-3-1}$$

由于平面上任意一点 $M(x,y,z)$ 都满足方程(7-3-1),而不在平面 α 上的点都不满足方程(7-3-1),因此方程(7-3-1)就是平面 α 的方程.

定义 7-3-1　设平面 α 过定点 $M_0(x_0,y_0,z_0)$,且垂直于一个非零向量 $\boldsymbol{n}=(A,B,C)$,则平面 α 的方程为

$$A(x-x_0)+B(y-y_0)+C(z-z_0)=0.$$

将此方程称为平面 α 的**点法式方程**.

【例 1】　设平面 α 过点 $M_0(1,2,3)$,且垂直于一个非零向量 $\boldsymbol{n}=(-2,3,3)$,求平面 α 的方程.

解　因为平面 α 过点 $M_0(1,2,3)$,且垂直于一个非零向量 $\boldsymbol{n}=(-2,3,3)$,所以由平面的点法式方程,得

$$-2(x-1)+3(y-2)+3(z-3)=0,$$

整理,得

$$2x-3y-3z+13=0,$$

所以平面 α 的方程为 $2x-3y-3z+13=0$.

【例 2】　设平面 α 过点 $M_0(1,2,-3)$,且与 xOz 面平行,求平面 α 的方程.

解　因为平面 α 与 xOz 面平行.

所以 $\boldsymbol{n}=(0,1,0)$ 是所求平面的一个法向量.

所以 $0(x-1)+1(y-2)+0(z+3)=0$ 即 $y-2=0$ 是所求平面的方程.

2. 平面的截距式方程

我们知道过三个不共线的点,有且只有一个平面.

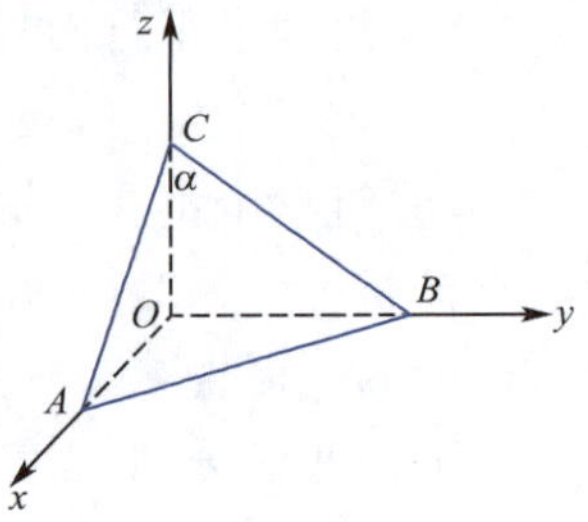

图 7-3-2

假设平面 α 与坐标轴的交点分别是 $A(a,0,0)$，$B(0,b,0)$，$C(0,0,c)$ $(abc\neq 0)$，如图 7-3-2 所示，试求平面 α 的方程.

首先需要创造平面 α 一个非零的法向量 $\boldsymbol{n}$，则 $\boldsymbol{n}\perp\overrightarrow{AB}$，$\boldsymbol{n}\perp\overrightarrow{AC}$，所以可取向量积 $\overrightarrow{AB}\times\overrightarrow{AC}$ 为平面 α 的一个法向量 $\boldsymbol{n}$，即

$$\boldsymbol{n}=\overrightarrow{AB}\times\overrightarrow{AC}.$$

因为　$\overrightarrow{AB}=(-a,b,0)$，$\overrightarrow{AC}=(-a,0,c)$，

所以 $\boldsymbol{n}=\overrightarrow{AB}\times\overrightarrow{AC}=\begin{vmatrix}\boldsymbol{i} & \boldsymbol{j} & \boldsymbol{k}\\ -a & b & 0\\ -a & 0 & c\end{vmatrix}=bc\boldsymbol{i}+ac\boldsymbol{j}+ab\boldsymbol{k}$，

即

$$\boldsymbol{n}=(bc,ac,ab).$$

所以所求平面 α 的方程为

$$bc(x-a)+ac(y-0)+ab(z-0)=0.$$

整理，得

$$bcx+acy+abz-abc=0.$$

由于 $abc\neq 0$，上式两边同除以 abc，整理后，可得

$$\frac{x}{a}+\frac{y}{b}+\frac{z}{c}=1.$$

定义 7-3-2　设平面 α 与坐标轴的交点分别是 $A(a,0,0)$，$B(0,b,0)$，$C(0,0,c)$ $(abc\neq 0)$，则平面 α 的方程为

$$\frac{x}{a}+\frac{y}{b}+\frac{z}{c}=1.$$

将此方程称为平面 α 的**截距式方程**.

【例 3】　设平面 α 在各坐标轴上的截距分别为 $2,-1,3$，求平面 α 的方程.

解　由平面的截距式方程，得

$$\frac{x}{2}+\frac{y}{-1}+\frac{z}{3}=1,$$

即

$$3x-6y+2z-6=0$$

是所求平面的方程.

3. 平面的一般式方程

平面的点法式方程与截距式方程由确定平面的条件命名，接下来我们需要深挖平面的方程与代数方程之间的关系，像我们研究直线的方程与代数方程的关系一样，最终得到了直线的一般式方程.

将平面的点法式方程 $A(x-x_0)+B(y-y_0)+C(z-z_0)=0$，展开整理，得

$$Ax+By+Cz-(Ax_0+By_0+Cz_0)=0.$$

设 $D=-(Ax_0+By_0+Cz_0)$，则有

$$Ax+By+Cz+D=0\quad(A,B,C\text{ 不全为 }0).$$

即任意一个平面的方程都是 x,y,z 的一次方程.

反过来，任意一个含有 x,y,z 的一次方程都表示一个平面.

定义 7-3-3　我们称

$$Ax+By+Cz+D=0 \quad (A,B,C\text{ 不全为 }0)$$

为平面的**一般式方程**，其中平面的一个非零的**法向量** $\boldsymbol{n}$ 为 (A,B,C).

【例 4】　设平面 α 过三个点 $A(1,2,0)$，$B(0,2,-1)$，$C(1,0,-3)$，求平面 α 的方程.

解　设平面 α 的方程为 $Ax+By+Cz+D=0$（A,B,C 不全为 0），则有

$$\begin{cases}A+2B+D=0\\2B-C+D=0\\A-3C+D=0\end{cases},$$

解得 $A=-\dfrac{D}{4}$，$B=-\dfrac{3D}{8}$，$C=\dfrac{D}{4}$. 取 $D=-8$，则 $A=2$，$B=3$，$C=-2$.

所以平面 α 的方程为 $2x+3y-2z-8=0$.

4. 部分特殊的平面方程

过原点的平面方程为 $Ax+By+Cz=0$（A,B,C 不全为 0）.

平行于 z 轴的平面方程为 $Ax+By+D=0$（A,B 不全为 0）.

过 z 轴的平面方程为 $Ax+By=0$（A,B 不全为 0）.

垂直于 z 轴的平面方程为 $Cz+D=0$（$C\neq 0$）.

类似地，可以推出其他的特殊的平面方程.

7.3.2　平面间的关系

空间几何中，两平面的位置关系有相交、平行与重合三种. 那么这三种关系用代数方式如何表示呢？我们用类比平面解析几何的方法来研究，想想两直线的位置关系用代数怎么表示. 然后来讨论两平面间的位置关系.

设有两个平面 α_1 与 α_2，方程分别是

$\alpha_1: A_1x+B_1y+C_1z+D_1=0$（$A_1,B_1,C_1$ 不全为 0）;

$\alpha_2: A_2x+B_2y+C_2z+D_2=0$（$A_2,B_2,C_2$ 不全为 0）.

则它们的法向量分别为 $\boldsymbol{n}_1=(A_1,B_1,C_1)$ 和 $\boldsymbol{n}_2=(A_2,B_2,C_2)$.

容易求证以下结论：

(1) 两平面平行 $\Leftrightarrow \boldsymbol{n}_1 /\!/ \boldsymbol{n}_2 \Leftrightarrow \dfrac{A_1}{A_2}=\dfrac{B_1}{B_2}=\dfrac{C_1}{C_2}\neq\dfrac{D_1}{D_2}$;

(2) 两平面重合 $\Leftrightarrow \dfrac{A_1}{A_2}=\dfrac{B_1}{B_2}=\dfrac{C_1}{C_2}=\dfrac{D_1}{D_2}$;

(3) 两平面垂直 $\Leftrightarrow \boldsymbol{n}_1\perp\boldsymbol{n}_2 \Leftrightarrow A_1A_2+B_1B_2+C_1C_2=0$;

(4) 两平面相交 $\Leftrightarrow A_1,B_1,C_1$ 与 A_2,B_2,C_2 不成比例.

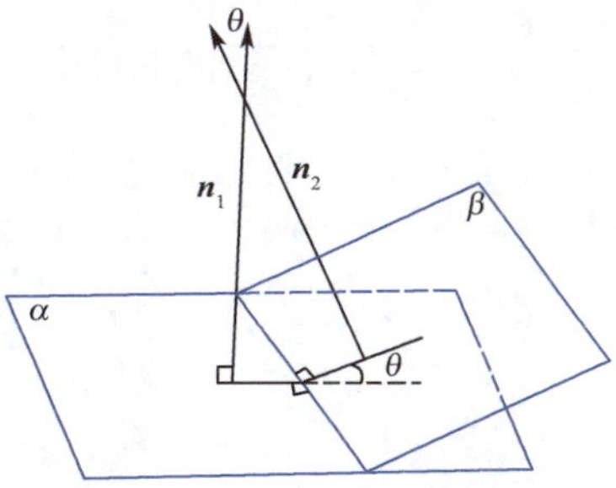

图 7-3-3

当两平面相交时，它们的夹角为 θ，其法向量的夹角恰好也是 θ，如图 7-3-3 所示，且规定 $0\leqslant\theta\leqslant\dfrac{\pi}{2}$，即

$$\cos\theta=\frac{\boldsymbol{n}_1\cdot\boldsymbol{n}_2}{|\boldsymbol{n}_1||\boldsymbol{n}_2|}=\frac{A_1A_2+B_1B_2+C_1C_2}{\sqrt{A_1^2+B_1^2+C_1^2}\times\sqrt{A_2^2+B_2^2+C_2^2}}.$$

【例 5】 设平面 α 过点(2,4,1)且与平面 $2x+5y-z-7=0$ 平行，求平面 α 的方程.

解 设与平面 $2x+5y-z-7=0$ 平行的平面 α 的方程为 $2x+5y-z+D=0$.

因为平面 α 过点(2,4,1). 所以 $2\times2+5\times4-1+D=0$. 即 $D=-23$.

所以平面 α 的方程为 $2x+5y-z-23=0$.

【例 6】 设一平面过点 $A(1,-1,1)$ 和 $B(1,2,3)$，且垂直于平面 $x+y+z=0$，求该平面的方程.

解 设该平面的法向量 $\boldsymbol{n}$ 为 (A,B,C). 因为过点 $(1,-1,1)$，所以可设该平面的方程为

$$A(x-1)+B(y+1)+C(z-1)=0. \tag{7-3-2}$$

因为平面过点 $B(1,2,3)$，所以

$$0\times A+3B+2C=0. \tag{7-3-3}$$

又因为 $\boldsymbol{n}$ 垂直于平面 $x+y+z=0$ 的法向量(1,1,1). 所以

$$A+B+C=0. \tag{7-3-4}$$

由式(7-3-3)(7-3-4)，得 $B=2A, C=-3A$. 代入式(7-3-2)，得

$$A(x-1)+2A(y+1)-3A(z-1)=0 \quad (A\neq0),$$

$$(x-1)+2(y+1)-3(z-1)=0,$$

即

$$x+2y-3z+4=0$$

为所求平面的方程.

【例 7】 求平面 $x+y+\sqrt{2}z=0$ 与 xOy 面的夹角 θ.

解 平面 $x+y+\sqrt{2}z=0$ 的法向量 $\boldsymbol{n}_1=(1,1,\sqrt{2})$，$xOy$ 面的法向量 $\boldsymbol{n}_2=(0,0,1)$. 由夹角的运算公式，得

$$\cos\theta=\frac{\boldsymbol{n}_1\cdot\boldsymbol{n}_2}{|\boldsymbol{n}_1||\boldsymbol{n}_2|}=\frac{\sqrt{2}}{2\times1}=\frac{\sqrt{2}}{2}.$$

所以该夹角 θ 为 $\frac{\pi}{4}$.

7.3.3 点到平面的距离

在空间直角坐标系中，设点 $M_0(x_0,y_0,z_0)$，平面 α：

$$Ax+By+Cz+D=0 \quad (A,B,C\text{ 不全为 }0),$$

则点 M_0 到平面 α 的距离为

$$d=\frac{|Ax_0+By_0+Cz_0+D|}{\sqrt{A^2+B^2+C^2}}.$$

证明略.

【例 8】 求点 $P(3,7,-4)$ 到平面 $x+4y+7z+1=0$ 的距离.

解 由点到平面的距离公式，得

$$d=\frac{|3+4\times7+7\times(-4)+1|}{\sqrt{1^2+4^2+7^2}}=\frac{4}{\sqrt{66}}=\frac{2\sqrt{66}}{33}.$$

【例 9】 求两个平行平面 $x+y+z+6=0$ 与 $x+y+z-6=0$ 间的距离.

解 在平面 $x+y+z+6=0$ 上任取一点 $P(0,0,-6)$，则点 P 到另一平面的距离即两平行平面间的距离，所以

$$d=\frac{|-6-6|}{\sqrt{1^2+1^2+1^2}}=\frac{12}{\sqrt{3}}=4\sqrt{3}.$$

习题 7-3

1. 指出下列平面的法向量.

(1) $2(x-2)-(y+3)+6(z-9)=0$；　(2) $\frac{x}{2}+y+\frac{z}{3}=1$；

(3) $x-y+2z-6=0$；　(4) $4x+y+6z-7=0$.

2. 求过点 $A(6,2,-3)$，且垂直于向量 $\boldsymbol{n}=(1,2,5)$ 的平面方程.

3. 求过三点 $A(1,-1,2)$，$B(3,0,-2)$，$C(0,-3,5)$ 的平面方程.

4. 指出下列平面的位置特点.

(1) $4x-y+5z=0$；　(2) $4x+6z-7=0$；

(3) $y+6z=0$；　(4) $6z-7=0$；

(5) $y=0$；　(6) $y+z-1=0$.

5. 求过点 $A(3,0,-2)$，且平行于平面 $x-y+2z-6=0$ 的平面方程.

6. 设平面 $Ax-2y-z+1=0$ 与平面 $4x+By+2z-9=0$ 平行，求 A 与 B 的值.

7. 求过点 $A(3,1,-1)$，$B(1,-1,0)$，且平行于向量 $\boldsymbol{a}=(1,0,2)$ 的平面方程.

8. 求平面 $x+y+\sqrt{2}z+5=0$ 与 yOz 平面的夹角.

7.4　空间直线的方程

直线是空间的基本元素. 认识空间直线及其方程，对我们探索空间有巨大帮助.

7.4.1　空间直线方程的形式

我们知道，给定一点和一个方向可以唯一确定一条直线. 这样，在空间直角坐标系中，给定一个点 $M_0(x_0,y_0,z_0)$ 和一个方向向量 $\boldsymbol{s}=(m,n,p)$，就能唯一确定一条直线吗？若可以确定，它们与直线的关系如何表示？

1. 直线的点向式方程

如图 7-4-1 所示，直线 l 经过点 $M_0(x_0,y_0,z_0)$，且有一个方向向量 $\boldsymbol{s}=(m,n,p)$. 试求直线 l 的方程.

设 $M(x,y,z)$ 为直线 l 上的任一点，则 $\overrightarrow{M_0M}\parallel\boldsymbol{s}$，且 $\overrightarrow{M_0M}=(x-x_0,y-y_0,z-z_0)$. 假定 $\boldsymbol{s}=(m,n,p)$ 中的 $mnp\neq0$，根据两向量平行的充要条件有

$$\frac{x-x_0}{m}=\frac{y-y_0}{n}=\frac{z-z_0}{p} \qquad (7\text{-}4\text{-}1)$$

因为直线的方向向量 $\boldsymbol{s}=(m,n,p)\neq\boldsymbol{0}$，所以 m,n,p 不全为 0.

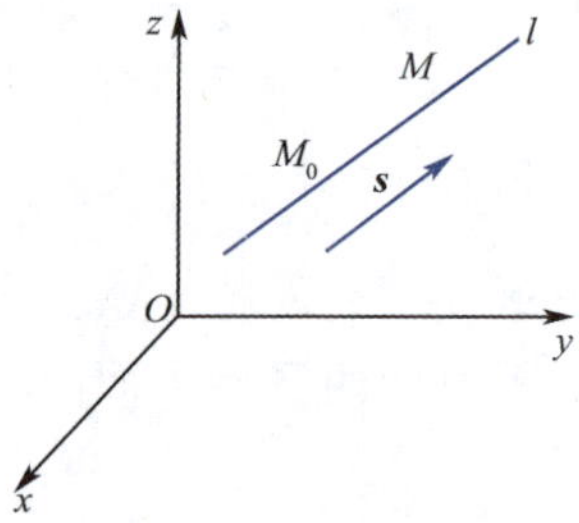

图 7-4-1

当有一个为零时，不妨设 $m=0$，式(7-4-1)应理解为

$$\begin{cases} x-x_0=0 \\ \dfrac{y-y_0}{n}=\dfrac{z-z_0}{p} \end{cases},$$

该直线与 yOz 面平行.

当有两个为零时，不妨设 $m=n=0$，式(7-4-1)应理解为

$$\begin{cases} x-x_0=0 \\ y-y_0=0 \end{cases},$$

该直线与 z 轴平行.

定义 7-4-1 设直线 l 经过点 $M_0(x_0,y_0,z_0)$，且有一个方向向量 $\boldsymbol{s}=(m,n,p)$. 则直线的方程

$$\frac{x-x_0}{m}=\frac{y-y_0}{n}=\frac{z-z_0}{p}$$

称为直线 l 的**点向式(对称式)方程**.

【例 1】 设直线 l 过两点 $A(1,5,2)$，$B(2,3,-4)$，求直线 l 的方程.

解 直线 l 的一个方向向量为 $\overrightarrow{AB}=(1,-2,-6)$.

由直线的点向式方程，可得直线的方程为

$$\frac{x-1}{1}=\frac{y-5}{-2}=\frac{z-2}{-6}.$$

2. 直线的参数方程

由直线的点向式方程容易导出直线的参数方程.

设 $\dfrac{x-x_0}{m}=\dfrac{y-y_0}{n}=\dfrac{z-z_0}{p}=t$，则

$$\begin{cases} x=x_0+mt \\ y=y_0+nt \\ z=z_0+pt \end{cases}.$$

称上式为直线的**参数方程**.

3. 直线的一般式方程

空间几何告诉我们，若两平面有一交点，则它们有且仅有一条过该点的公共直线. 可以说，两个相交平面的公共点集合是一条直线. 所以求空间直线可以通过联立两个平面的方程求公共解.

定义 7-4-2 设两个平面的方程为

$\alpha_1: A_1x+B_1y+C_1z+D_1=0 \quad (A_1,B_1,C_1$ 不全为 0)；

$\alpha_2: A_2x+B_2y+C_2z+D_2=0 \quad (A_2,B_2,C_2$ 不全为 0).

则

$$\begin{cases}A_1x+B_1y+C_1z+D_1=0\\A_2x+B_2y+C_2z+D_2=0\end{cases}\tag{7-4-2}$$

表示一条直线，其中 A_1,B_1,C_1 与 A_2,B_2,C_2 不成比例，称式(7-4-2)为直线的**一般式方程**.

【例 2】 求平面 $x-y+z+5=0$ 与平面 $x+2y+2z-4=0$ 相交的直线方程.

解 两平面的交线方程为 $\begin{cases}x-y+z+5=0\\x+2y+2z-4=0\end{cases}$.

【例 3】 将例 2 中的直线方程化为点向式方程.

解 先求直线上一点 M_0，不妨设 $z=0$，代入直线方程

$$\begin{cases}x-y+5=0\\x+2y-4=0\end{cases},$$

解得 $x=-2,y=3$. 所以 $M_0(-2,3,0)$ 为直线上一点.

再求直线的一个方向向量 $\boldsymbol{s}$. 因为直线与两个平面的法向量 $\boldsymbol{n}_1,\boldsymbol{n}_2$ 都垂直，其中 $\boldsymbol{n}_1=(1,-1,1)$，$\boldsymbol{n}_2=(1,2,2)$，所以用 $\boldsymbol{n}_1\times\boldsymbol{n}_2$ 作为直线的一个方向向量 $\boldsymbol{s}$.

$$\boldsymbol{s}=\boldsymbol{n}_1\times\boldsymbol{n}_2=\begin{vmatrix}\boldsymbol{i}&\boldsymbol{j}&\boldsymbol{k}\\1&-1&1\\1&2&2\end{vmatrix}=-4\boldsymbol{i}-1\boldsymbol{j}+3\boldsymbol{k}.$$

所以，该直线的点向式方程为

$$\frac{x+2}{-4}=\frac{y-3}{-1}=\frac{z}{3}.$$

7.4.2 空间两直线的位置关系与夹角

空间直线间的位置关系有平行、相交、异面 3 种. 下面尝试用代数方式表示这些关系.

1. 空间两直线的位置关系

设两条直线的方程分别为

l_1：$\dfrac{x-x_1}{m_1}=\dfrac{y-y_1}{n_1}=\dfrac{z-z_1}{p_1}$，其中方向向量为 $\boldsymbol{s}_1=(m_1,n_1,p_1)$；

l_2：$\dfrac{x-x_2}{m_2}=\dfrac{y-y_2}{n_2}=\dfrac{z-z_2}{p_2}$，其中方向向量为 $\boldsymbol{s}_2=(m_2,n_2,p_2)$.

由两向量平行、相交和垂直的充要条件，可以得到

(1)两直线平行 $l_1/\!/l_2\Leftrightarrow\boldsymbol{s}_1/\!/\boldsymbol{s}_2\Leftrightarrow\boldsymbol{s}_1\times\boldsymbol{s}_2=\boldsymbol{0}\Leftrightarrow\dfrac{m_1}{m_2}=\dfrac{n_1}{n_2}=\dfrac{p_1}{p_2}$；

(2)两直线相交(或异面)$\Leftrightarrow m_1,n_1,p_1$ 与 m_2,n_2,p_2 不成比例；

(3)两直线垂直

$$l_1\perp l_2\Leftrightarrow\boldsymbol{s}_1\perp\boldsymbol{s}_2\Leftrightarrow\boldsymbol{s}_1\cdot\boldsymbol{s}_2=0\Leftrightarrow m_1m_2+n_1n_2+p_1p_2=0.$$

【例 4】 设直线 l 过点 $A(1,2,3)$，且平行于直线 $\dfrac{x-2}{4}=\dfrac{y}{-1}=\dfrac{z+1}{3}$，求直线 l 的方程.

解 因为直线 l 平行于直线$\frac{x-2}{4}=\frac{y}{-1}=\frac{z+1}{3}$.

所以直线 l 的一个方向向量 $\boldsymbol{s}$ 可以取 $\boldsymbol{s}=(4,-1,3)$.

又因为直线 l 过点 $A(1,2,3)$.

所以直线 l 的方程为$\frac{x-1}{4}=\frac{y-2}{-1}=\frac{z-3}{3}$.

2. 空间两直线的夹角

空间中两直线的夹角与平面中两直线的夹角定义相同,夹角 $\theta\in\left[0,\frac{\pi}{2}\right]$.

设两直线 l_1,l_2 的方向向量分别为 $\boldsymbol{s}_1=(m_1,n_1,p_1),\boldsymbol{s}_2=(m_2,n_2,p_2)$,显然有

$$\cos\theta=\left|\frac{\boldsymbol{s}_1\cdot\boldsymbol{s}_2}{|\boldsymbol{s}_1||\boldsymbol{s}_2|}\right|=\frac{|m_1m_2+n_1n_2+p_1p_2|}{\sqrt{m_1^2+n_1^2+p_1^2}\times\sqrt{m_2^2+n_2^2+p_2^2}}.$$

【例 5】 求直线$\frac{x}{2}=\frac{y-3}{4}=\frac{z+1}{3}$与直线$\frac{x-2}{-1}=\frac{y}{2}=\frac{z-1}{-2}$的夹角 θ.

解 设两直线的方向向量分别为 $\boldsymbol{s}_1=(2,4,3),\boldsymbol{s}_2=(-1,2,-2)$,所以

$$\cos\theta=\left|\frac{\boldsymbol{s}_1\cdot\boldsymbol{s}_2}{|\boldsymbol{s}_1||\boldsymbol{s}_2|}\right|=0$$

所以两直线的夹角 $\theta=\frac{\pi}{2}$.

7.4.3 空间直线与平面的位置关系与夹角

空间直线与平面的位置关系有直线在平面内与直线在平面外(包括直线与平面平行、相交).下面尝试用代数方式表示这些关系.

1. 空间直线与平面的位置关系

设直线 l 与平面 α 的方程分别是

$l:\frac{x-x_0}{m}=\frac{y-y_0}{n}=\frac{z-z_0}{p}$,其中方向向量为 $\boldsymbol{s}=(m,n,p)$;

$\alpha:Ax+By+Cz+D=0$(A,B,C 不全为 0),其中法向量为 $\boldsymbol{n}=(A,B,C)$.

显然有以下结论:

(1)直线与平面平行 $l/\!/\alpha\Leftrightarrow\boldsymbol{s}\perp\boldsymbol{n}\Leftrightarrow\boldsymbol{s}\cdot\boldsymbol{n}=0\Leftrightarrow Am+Bn+Cp=0$;

(2)直线与平面垂直 $l\perp\alpha\Leftrightarrow\boldsymbol{s}/\!/\boldsymbol{n}\Leftrightarrow\boldsymbol{s}\times\boldsymbol{n}=\boldsymbol{0}\Leftrightarrow\frac{m}{A}=\frac{n}{B}=\frac{p}{C}$.

【例 6】 已知直线 l 过点$(1,2,-3)$,且垂直于平面 $3x+y=0$,求该直线 l 的方程.

解 因为直线 l 垂直于平面 $3x+y=0$.

所以直线 l 的方向向量可以直接取值为$(3,1,0)$.

又因为直线 l 过点$(1,2,-3)$,所以根据直线的点向式方程,可得直线的方程为

$$\begin{cases} z=-3 \\ \dfrac{x-1}{3}=\dfrac{y-2}{1} \end{cases}.$$

2. 空间直线与平面的夹角

空间直线与平面的夹角 θ，即直线与它在平面上的投影之间的夹角 $\theta, \theta \in \left[0, \dfrac{\pi}{2}\right]$.

设直线 l 与平面 α 的方程分别是

$l: \dfrac{x-x_0}{m}=\dfrac{y-y_0}{n}=\dfrac{z-z_0}{p}$，其中方向向量为 $\boldsymbol{s}=(m,n,p)$；

$\alpha: Ax+By+Cz+D=0$（A,B,C 不全为 0），其中法向量为 $\boldsymbol{n}=(A,B,C)$.

则直线与平面的法线的夹角为 φ，即 $\theta=\dfrac{\pi}{2}-\varphi$，如图 7-4-2 所示. 所以

$$\sin\theta=|\cos\varphi|=\frac{|\boldsymbol{s}\cdot\boldsymbol{n}|}{|\boldsymbol{s}||\boldsymbol{n}|}$$
$$=\frac{|Am+Bn+Cp|}{\sqrt{m^2+n^2+p^2}\cdot\sqrt{A^2+B^2+C^2}}.$$

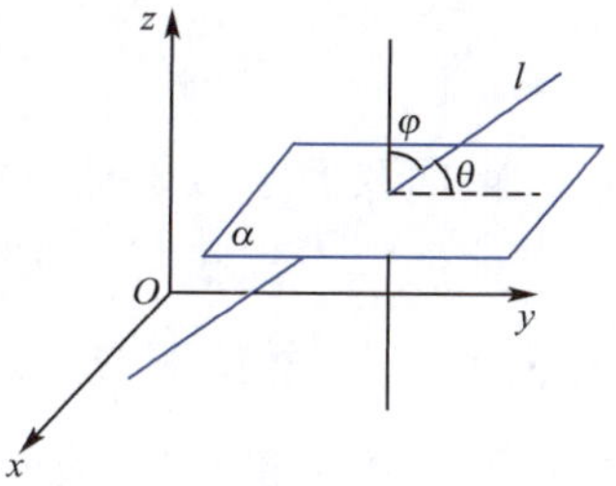

图 7-4-2

【例 7】 求直线 $\begin{cases} 2x-z+5=0 \\ x+y-5=0 \end{cases}$ 与平面 $4x+y-z+5=0$ 的夹角.

解 由 $\begin{vmatrix} \boldsymbol{i} & \boldsymbol{j} & \boldsymbol{k} \\ 2 & 0 & -1 \\ 1 & 1 & 0 \end{vmatrix}=\boldsymbol{i}-\boldsymbol{j}+2\boldsymbol{k}$，得直线的方向向量为 $\boldsymbol{s}=(1,-1,2)$.

又有平面的法向量为 $\boldsymbol{n}=(4,1,-1)$，由夹角公式，得

$$\sin\theta=|\cos\varphi|=\frac{|\boldsymbol{s}\cdot\boldsymbol{n}|}{|\boldsymbol{s}||\boldsymbol{n}|}=\frac{1}{\sqrt{6}\cdot\sqrt{18}}=\frac{\sqrt{3}}{18}.$$

所以所求直线与平面的夹角为 $\arcsin\dfrac{\sqrt{3}}{18}$.

习题 7-4

1. 将直线的点向式方程 $\dfrac{x-1}{1}=\dfrac{y-1}{2}=\dfrac{z-2}{6}$ 化为参数方程.

2. 将直线的一般式方程 $\begin{cases} 2x-y+z+3=0 \\ x+y-4=0 \end{cases}$ 化为点向式方程.

3. 设直线过点 $A(1,5,1)$ 和 $B(-2,0,2)$，求该直线的方程.

4. 设直线是平面 $3x+y-2z+7=0$ 与 yOz 平面的交线，求该直线方程.

5. 设直线不仅垂直于直线 $\dfrac{x-1}{1}=\dfrac{y-1}{2}=\dfrac{z-2}{4}$，也垂直于直线 $\dfrac{x-1}{1}=\dfrac{y-1}{-2}=\dfrac{z-2}{3}$，且过点 $(1,4,-3)$，求该直线的方程.

6. 求过点(1,1,1)且与直线$\frac{x}{1}=\frac{y-1}{-3}=\frac{z+2}{4}$平行的直线的方程.

7. 设直线过点(1,2,−3),且垂直于平面 $3x+y-2z+7=0$,求该直线的方程.

8. 设直线过点(1,5,1),且平行于两个平面 $y-2z+1=0$ 和 $x+3z-1=0$,求该直线的方程.

9. 求直线$\frac{x}{1}=\frac{y}{3}=\frac{z+1}{2}$与直线$\frac{x-2}{4}=\frac{y}{-2}=\frac{z-1}{1}$的夹角 θ.

10. 求直线$\frac{x}{\sqrt{2}}=\frac{y-3}{1}=\frac{z+1}{3}$与 xOy 平面的夹角 θ.

11. 证明:直线$\frac{x}{2}=\frac{y-3}{4}=\frac{z+1}{3}$与平面 $4x+y-z+5=0$ 垂直.

7.5　空间曲面的方程

前面我们学习了平面以及直线的方程.这节我们将一起探讨柱面、球面等常见曲面的方程和空间曲线的方程.

7.5.1　曲面及其方程

与平面解析几何中曲线方程的定义类似,可以定义空间曲面的方程.

定义 7-5-1　如果曲面 Σ 与方程 $F(x,y,z)=0$ 满足:

(1) 曲面 Σ 上每一点的坐标 $M(x,y,z)$ 都满足方程 $F(x,y,z)=0$;

(2) 满足方程 $F(x,y,z)=0$ 的解的坐标点都在曲面 Σ 上.

则称方程 $F(x,y,z)=0$ 为曲面 Σ 的方程,曲面 Σ 为此方程的曲面.

7.5.2　柱　面

定义 7-5-2　在空间中,一条直线 l 沿着一条定曲线 Γ 平行移动所形成的曲面称为**柱面**,其中直线 l 称为柱面的**母线**,定曲线 Γ 称为柱面的**准线**.

一般地,柱面包括平面、圆柱面、椭圆柱面、双曲柱面、抛物柱面五类.其中平面是特殊的柱面,在此不多加说明.

下面将展示常见的圆柱面、椭圆柱面、双曲柱面、抛物柱面这四种柱面.

(1)母线平行于 z 轴的圆柱面 $x^2+y^2=R^2$,其准线为 xOy 面的一个圆,如图 7-5-1 所示.

(2)母线平行于 z 轴的椭圆柱面$\frac{x^2}{a^2}+\frac{y^2}{b^2}=1$,其准线为 xOy 面的一个椭圆,如图 7-5-2 所示.

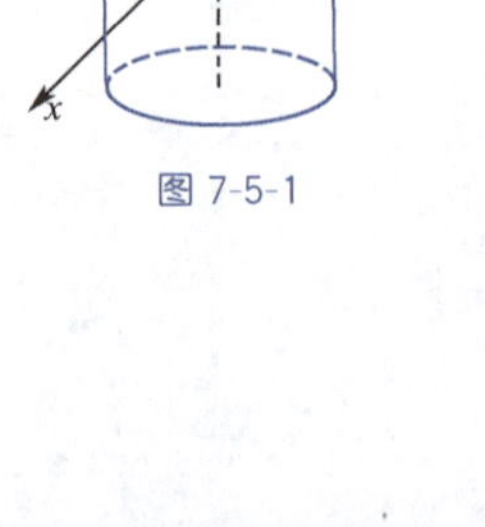

图 7-5-1

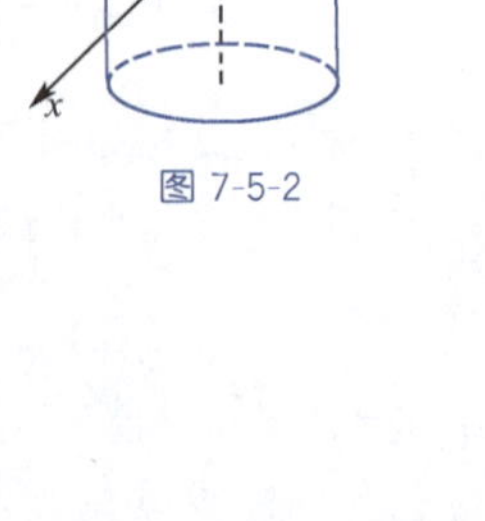

图 7-5-2

(3)母线平行于 z 轴的双曲柱面$\frac{y^2}{a^2}-\frac{x^2}{b^2}=1$，其准线为 xOy 面的一条双曲线，如图 7-5-3 所示.

(4)母线平行于 z 轴的抛物柱面 $y^2=2px$，其准线为 xOy 面的一条抛物线，如图 7-5-4 所示.

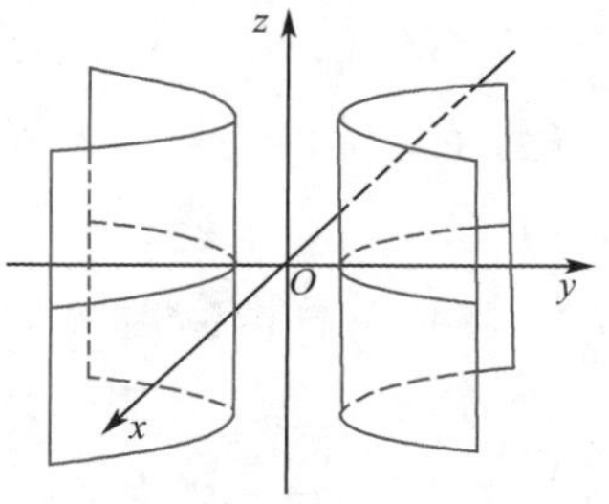

图 7-5-3

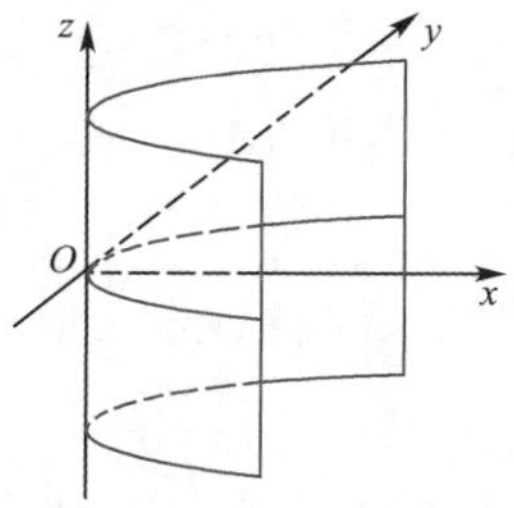

图 7-5-4

类似地，可以推出母线平行于 x 轴或 y 轴的这四类柱面.

【例 1】 指出下列方程在空间直角坐标系中表示的图形.

(1) $(x-1)^2+(y-2)^2=4$；　　(2) $\frac{y^2}{64}+\frac{z^2}{100}=1$；

(3) $\frac{x^2}{5}-\frac{(y-3)^2}{4}=1$；　　(4) $y^2=8x$.

解　(1)因为 $(x-1)^2+(y-2)^2=4$ 在平面直角坐标系 xOy 中是以(1, 2)为圆心，2 为半径的圆，所以此方程在空间直角坐标系中表示一个母线平行于 z 轴的圆柱，其准线为 xOy 平面上以(1,2,0)为圆心，2 为半径的圆.

(2)因为$\frac{y^2}{64}+\frac{z^2}{100}=1$ 在平面直角坐标系 yOz 中是以(0,0)为中心，焦点在 z 轴上的椭圆，所以此方程在空间直角坐标系中表示一个母线平行于 x 轴的椭圆柱，其准线为 yOz 平面上以(0,0,0)为中心，焦点(0,0,6)和(0,0,−6)在 z 轴上的椭圆.

(3)因为$\frac{x^2}{5}-\frac{(y-3)^2}{4}=1$ 在平面直角坐标系 xOy 中是以(0,0)为中心，焦点在 x 轴上的双曲线，所以此方程在空间直角坐标系中表示一个母线平行于 z 轴的双曲柱面，其准线为 xOy 平面上以(0,0,0,0)为中心，焦点(3,0,0)和(−3,0,0)在 x 轴上的双曲线.

(4)因为 $y^2=8x$ 在平面直角坐标系 xOy 中是以(0,0)为顶点，焦点(2,0)在 x 轴上的抛物线，所以此方程在空间直角坐标系中表示一个母线平行于 z 轴的抛物柱面，其准线为 xOy 平面上以(0,0,0)为顶点，焦点(2,0,0)在 x 轴上的抛物线.

7.5.3　球　面

2016 年 9 月 25 日“中国天眼—FAST”落成启用，历时 22 年. FAST 是目前世界上最大单口径、最灵敏的球面射电望远镜. 它能收到 137 亿光年外的电磁信号，首批观测目标锁定在直径 10 万光年的银河系边缘. 它

南仁东（1945—2017）

❖中国天文学家、中国科学院国家天文台研究员，曾任 FAST 工程首席科学家兼总工程师.

❖主要研究领域为射电天体物理和射电天文技术与方法.

对宇宙的深入探测，有助于加深人类对宇宙起源和演化的了解. FAST 最大的技术成就是解决了球面镜随时变抛面镜. 中国是世界上首个掌握该技术的国家.

定义 7-5-3 空间中与某定点 C 的距离等于定长 R 的点的轨迹，称为**球面**，其中定点 C 称为**球心**，定长 R 称为**球的半径**.

设球面上任一点为 $M(x,y,z)$，定点为 $C(x_0,y_0,z_0)$，定长为 R，则根据球面上任一点到定点的距离为定长 R，容易得到球面的标准方程

$$(x-x_0)^2+(y-y_0)^2+(z-z_0)^2=R^2.$$

特别地，球心为坐标原点，半径为 R 的球面的标准方程为

$$x^2+y^2+z^2=R^2.$$

【例 2】 设球的球心为 $C(1,2,0)$，且过点 $M(-2,2,4)$，求该球面的标准方程.

解 设球面的半径为 R. 则

$$R=|MC|=\sqrt{(1+2)^2+(2-2)^2+(0-4)^2}=5,$$

所以该球面的标准方程为

$$(x-1)^2+(y-2)^2+z^2=25.$$

习题 7-5

1. 指出下列方程在平面直角坐标系与空间直角坐标系中分别表示的图形.

(1) $x=1$；　(2) $y=x$；

(3) $x^2+(y-1)^2=4$；　(4) $(y-1)^2+z^2=1$；

(5) $\dfrac{x^2}{9}+\dfrac{y^2}{16}=1$；　(6) $\dfrac{x^2}{4}+\dfrac{(z-2)^2}{9}=1$；

(7) $\dfrac{x^2}{1}-\dfrac{y^2}{4}=1$；　(8) $z^2-y^2=4$；

(9) $y^2=4z$；　(10) $\begin{cases}\dfrac{x^2}{9}+\dfrac{y^2}{16}=1\\ y=4\end{cases}$；

(11) $\begin{cases}2x+y+1=0\\ x-2y-2=0\end{cases}$；　(12) $(x-1)^2+(y-2)^2+(z-2)^2=9$.

2. 求下列球面的球心 C 和半径 R.

(1) $x^2+y^2+z^2=36$；

(2) $(x+2)^2+(y-1)^2+(z-3)^2=17$；

(3) $x^2+y^2+z^2-2x+4y-6z-2=0$.

3. 设球的球心为 $C(1,0,1)$，半径为 5，求该球面的标准方程.

4. 设球的球心为 $C(1,-2,0)$，且过点 $M(-1,2,4)$，求该球面的标准方程.

本章小结

一、思维导图

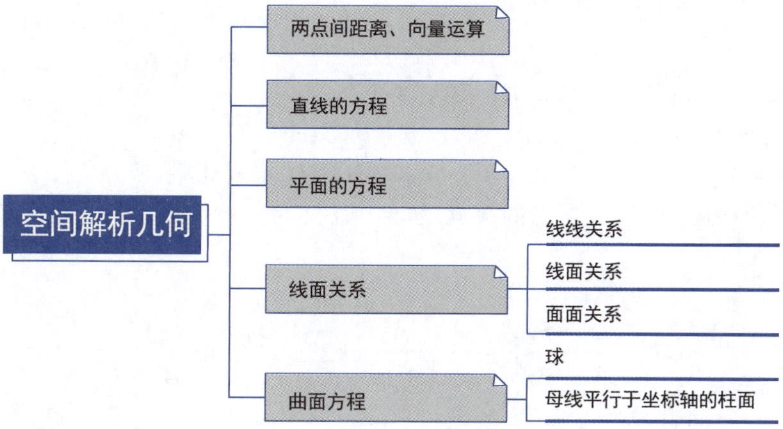

二、主要内容

(一)两点间的距离公式

设空间中任意两点 $A(x_1,y_1,z_1)$ 与 $B(x_2,y_2,z_2)$ 之间的距离为

$$|AB|=\sqrt{(x_2-x_1)^2+(y_2-y_1)^2+(z_2-z_1)^2}.$$

(二)空间向量的坐标表示及其运算的坐标表示

1. 向量 $\overrightarrow{AB}$ 的坐标表示

设起点为点 $A(x_1,y_1,z_1)$，终点为点 $B(x_2,y_2,z_2)$ 的向量 $\overrightarrow{AB}$ 的坐标为

$$\overrightarrow{AB}=(x_2-x_1,y_2-y_1,z_2-z_1).$$

2. 向量运算的坐标表示

设向量 $\boldsymbol{a}=(x_1,y_1,z_1)$ 及 $\boldsymbol{b}=(x_2,y_2,z_2)$，则它们的和、差与数乘向量坐标分别为

$$\boldsymbol{a}+\boldsymbol{b}=(x_1+x_2,y_1+y_2,z_1+z_2),$$
$$\boldsymbol{a}-\boldsymbol{b}=(x_1-x_2,y_1-y_2,z_1-z_2),$$
$$\lambda\boldsymbol{a}=(\lambda x_1,\lambda y_1,\lambda z_1).$$

它们的数量积为

$$\boldsymbol{a}\cdot\boldsymbol{b}=x_1x_2+y_1y_2+z_1z_2.$$

(三)空间平面的方程

1. 平面的点法式方程

设平面 α 过定点 $M_0(x_0,y_0,z_0)$，且垂直于一个非零向量 $\boldsymbol{n}=(A,B,C)$，则平面 α 的方程为

$$A(x-x_0)+B(y-y_0)+C(z-z_0)=0.$$

2. 平面的一般式方程

已知平面的一个非零的法向量 $\boldsymbol{n}=(A,B,C)$，则该平面的一般式方程为

$$Ax+By+Cz+D=0\quad(A,B,C\text{ 不全为 }0).$$

3. 空间两个平面间的位置关系

设两个平面 α_1 与 α_2 的方程分别是

$\alpha_1:A_1x+B_1y+C_1z+D_1=0\quad(A_1,B_1,C_1$ 不全为 $0)$，

$\alpha_2: A_2x+B_2y+C_2z+D_2=0$ （A_2,B_2,C_2 不全为 0）.

则它们的法向量分别为 $\boldsymbol{n}_1=(A_1,B_1,C_1)$ 和 $\boldsymbol{n}_2=(A_2,B_2,C_2)$.

容易求证以下结论：

(1)两平面平行 $\Leftrightarrow \boldsymbol{n}_1 /\!/ \boldsymbol{n}_2 \Leftrightarrow \dfrac{A_1}{A_2}=\dfrac{B_1}{B_2}=\dfrac{C_1}{C_2}\neq\dfrac{D_1}{D_2}$；

(2)两平面重合 $\Leftrightarrow \dfrac{A_1}{A_2}=\dfrac{B_1}{B_2}=\dfrac{C_1}{C_2}=\dfrac{D_1}{D_2}$；

(3)两平面垂直 $\Leftrightarrow \boldsymbol{n}_1 \perp \boldsymbol{n}_2 \Leftrightarrow A_1A_2+B_1B_2+C_1C_2=0$；

(4)两平面相交 $\Leftrightarrow A_1,B_1,C_1$ 与 A_2,B_2,C_2 不成比例.

当两平面相交时，它们的夹角为 θ，其法向量的夹角恰好也是 θ，且规定 $0\leqslant\theta\leqslant\dfrac{\pi}{2}$，即

$$\cos\theta=\frac{\boldsymbol{n}_1\cdot\boldsymbol{n}_2}{|\boldsymbol{n}_1||\boldsymbol{n}_2|}=\frac{A_1A_2+B_1B_2+C_1C_2}{\sqrt{A_1^2+B_1^2+C_1^2}\times\sqrt{A_2^2+B_2^2+C_2^2}}.$$

（四）空间直线的方程

1. 直线的点向式方程

设直线 l 经过点 $M_0(x_0,y_0,z_0)$，且有一个方向向量 $\boldsymbol{s}=(m,n,p)$. 则直线的点向式方程为

$$\frac{x-x_0}{m}=\frac{y-y_0}{n}=\frac{z-z_0}{p}.$$

2. 直线的参数式方程

设直线 l 经过点 $M_0(x_0,y_0,z_0)$，且有一个方向向量 $\boldsymbol{s}=(m,n,p)$. 则直线的参数方程为

$$\begin{cases}x=x_0+mt\\ y=y_0+nt\\ z=z_0+pt\end{cases}.$$

3. 直线的一般式方程

设两个平面的方程为

$\alpha_1: A_1x+B_1y+C_1z+D_1=0$（$A_1,B_1,C_1$ 不全为 0），

$\alpha_2: A_2x+B_2y+C_2z+D_2=0$（$A_2,B_2,C_2$ 不全为 0）.

则直线的一般式方程为

$$\begin{cases}A_1x+B_1y+C_1z+D_1=0\\ A_2x+B_2y+C_2z+D_2=0\end{cases}.$$

其中 A_1,B_1,C_1 与 A_2,B_2,C_2 不成比例.

4. 空间两条直线的位置关系

设两条直线的方程分别为

$l_1: \dfrac{x-x_1}{m_1}=\dfrac{y-y_1}{n_1}=\dfrac{z-z_1}{p_1}$，其中方向向量为 $\boldsymbol{s}_1=(m_1,n_1,p_1)$，

$l_2: \dfrac{x-x_2}{m_2}=\dfrac{y-y_2}{n_2}=\dfrac{z-z_2}{p_2}$，其中方向向量为 $\boldsymbol{s}_2=(m_2,n_2,p_2)$.

由两向量平行、相交和垂直的充要条件，可以得到

(1)两直线平行 $l_1 /\!/ l_2 \Leftrightarrow \boldsymbol{s}_1 /\!/ \boldsymbol{s}_2 \Leftrightarrow \boldsymbol{s}_1\times\boldsymbol{s}_2=\boldsymbol{0} \Leftrightarrow \dfrac{m_1}{m_2}=\dfrac{n_1}{n_2}=\dfrac{p_1}{p_2}$；

(2)两直线相交(或异面)$\Leftrightarrow m_1,n_1,p_1$ 与 m_2,n_2,p_2 不成比例；

(3)两直线垂直

$$l_1\perp l_2\Leftrightarrow \boldsymbol{s}_1\perp \boldsymbol{s}_2\Leftrightarrow \boldsymbol{s}_1\cdot \boldsymbol{s}_2=0\Leftrightarrow m_1m_2+n_1n_2+p_1p_2=0.$$

5.空间直线与平面的位置关系

设直线 l 与平面 α 的方程分别是

$l:\dfrac{x-x_0}{m}=\dfrac{y-y_0}{n}=\dfrac{z-z_0}{p}$，其中方向向量为 $\boldsymbol{s}=(m,n,p)$，

$\alpha:Ax+By+Cz+D=0$(A,B,C 不全为 0)，其中法向量为 $\boldsymbol{n}=(A,B,C)$.

显然有以下结论：

(1)直线与平面平行 $l/\!/\alpha\Leftrightarrow \boldsymbol{s}\perp \boldsymbol{n}\Leftrightarrow \boldsymbol{s}\cdot \boldsymbol{n}=0\Leftrightarrow Am+Bn+Cp=0$；

(2)直线与平面垂直 $l\perp\alpha\Leftrightarrow \boldsymbol{s}/\!/\boldsymbol{n}\Leftrightarrow \boldsymbol{s}\times\boldsymbol{n}=\boldsymbol{0}\Leftrightarrow \dfrac{m}{A}=\dfrac{n}{B}=\dfrac{p}{C}$.

(3)直线与平面相交

若直线与平面的法线的夹角为 φ，则 $\theta=\dfrac{\pi}{2}-\varphi$，

$$\sin\theta=|\cos\varphi|=\frac{|\boldsymbol{s}\cdot\boldsymbol{n}|}{|\boldsymbol{s}||\boldsymbol{n}|}=\frac{|Am+Bn+Cp|}{\sqrt{m^2+n^2+p^2}\cdot\sqrt{A^2+B^2+C^2}}.$$

(五)空间曲面的方程

1.母线平行于坐标轴的柱面

(1)母线平行于 z 轴的圆柱面 $x^2+y^2=R^2$，其准线为 xOy 面的一个圆.

(2)母线平行于 z 轴的椭圆柱面 $\dfrac{x^2}{a^2}+\dfrac{y^2}{b^2}=1$，其准线为 xOy 面的一个椭圆.

(3)母线平行于 z 轴的双曲柱面 $\dfrac{y^2}{a^2}-\dfrac{x^2}{b^2}=1$，其准线为 xOy 面的一条双曲线.

(4)母线平行于 z 轴的抛物柱面 $y^2=2px$，其准线为 xOy 面的一条抛物线.

2.球的方程

设球的球心为 $C(x_0,y_0,z_0)$，半径为 R，则球面的标准方程为

$$(x-x_0)^2+(y-y_0)^2+(z-z_0)^2=R^2.$$

特别地，球心为坐标原点，半径为 R 的球面的标准方程为

$$x^2+y^2+z^2=R^2.$$

复习题 13

一、单项选择题.

1.一平面过点(1,−1,0)且与向量(2,1,3)垂直，则该平面方程为(　　).

A. $2x+y-3z-1=0$　　B. $2x+y+3z-1=0$

C. $2x+y+3z+1=0$　　D. $2x-y-3z-1=0$

2.过点(1,4,3)且方向向量为 $\boldsymbol{S}=(1,-1,1)$ 的直线方程为(　　).

A. $x-y+z+1=0$　　B. $x+4y+3z-8=0$

C. $\frac{x+1}{1}=\frac{y+4}{-1}=\frac{z+3}{1}$　　D. $\frac{x-1}{1}=\frac{y-4}{-1}=\frac{z-3}{1}$

3. 设向量 $\boldsymbol{a}=(1,1,1)$，$\boldsymbol{b}=(0,1,0)$，则 $\boldsymbol{a}\times\boldsymbol{b}=$(　　).

A. $(1,1,1)$　　B. $(-1,0,1)$

C. $(1,0,1)$　　D. $(1,1,0)$

4. 设平面 π 的方程为 $2x-y+z-2=0$，直线 l 的方程为 $\frac{x-1}{1}=\frac{y+2}{3}=\frac{z+2}{1}$，则 π 与 l 的位置关系是(　　).

A. 垂直　　B. 不平行也不垂直

C. l 在 π 上　　D. 平行

5. 在空间直角坐标系中方程 $y^2=x$ 表示的是(　　).

A. 抛物线　　B. 平面

C. 抛物柱面　　D. 旋转抛物面

6. 若平面 $Ax+By+Cz+D=0$ 平行于 xOy 面，则(　　).

A. $A=B=0$　　B. $A=C=0$

C. $A=D=0$　　D. $B=D=0$

7. 直线 $\frac{x-3}{1}=\frac{y}{-1}=\frac{z+2}{2}$ 与平面 $x-y+2z-2=0$ 的关系是(　　).

A. 垂直　　B. 相交但不垂直

C. 直线在平面上　　D. 平行

8. 一平面 π 过点 $(1,0,-3)$ 且与直线 $\frac{x+1}{3}=\frac{y-2}{-4}=\frac{z+3}{1}$ 垂直，则平面 π 的一般方程为(　　).

A. $3x-4y+z=0$

B. $3(x-1)-4y+(z+3)=0$

C. $3(x+1)-4(y-2)+(z+3)=0$

D. $3x-4y+z+11=0$

9. 在空间直角坐标系中方程 $y^2-x^2=0$ 表示的是(　　).

A. 两个平面　　B. 双曲柱面

C. 抛物柱面　　D. 圆柱面

10. 空间两点 $A(1,1,0)$ 和 $B(0,-1,2)$ 间的距离是(　　).

A. 1　　B. 2　　C. 3　　D. 4

二、填空题.

1. 已知向量 $\boldsymbol{c}=(2,k,-6)$ 同时垂直于向量 $\boldsymbol{a}=(2,1,-1)$ 和 $\boldsymbol{b}=(1,-1,2)$，则 $k=$________.

2. 过点 $(0,2,0)$ 且与 zOx 面平行的平面方程为________.

3. 若 $|\boldsymbol{a}|=3$，$|\boldsymbol{b}|=4$，且 $\boldsymbol{a}\perp\boldsymbol{b}$，则 $|(\boldsymbol{a}+\boldsymbol{b})\times(\boldsymbol{a}-\boldsymbol{b})|=$________.

4. 过原点的平面方程为________________________.

5. 向量 $\boldsymbol{a}=(-1,\sqrt{3},2)$ 与 z 轴的夹角是________.

6. 平面 $x-2y+z-1=0$ 与平面 $x+y+z-1=0$ 的位置关系是________.

7. 直线$\frac{x-3}{1}=\frac{y-2}{2}=\frac{z-3}{1}$与平面 $2x+y+z-6=0$ 的交点是________.

8. 在空间直角坐标系下方程组$\begin{cases}x+y-z-5=0\\x^2+y^2=4\end{cases}$表示的图形是________.

9. 在空间直角坐标系中，点(1,3,−4)关于原点的对称点是________.

10. 设 $\boldsymbol{a}$ 与 $\boldsymbol{b}$ 是两个非零向量，那么 $\boldsymbol{a}/\!/\boldsymbol{b}$ 的充分必要条件是________.

三、解答题.

1. 求球面 $x^2+y^2+z^2-2y+4z-11=0$ 的球心与半径.

2. 求过点(−1,2,1)且平行于直线$\begin{cases}x+y-2z-1=0\\x+2y-z+1=0\end{cases}$的直线方程.

复习题 14

一、单项选择题.

1. 直线 l:$\frac{x-1}{1}=\frac{y+2}{3}=\frac{z+2}{1}$与平面 π:$x-5y+6z-7=0$ 的位置关系是(　　).

A. l 在 π 上　　B. $l\perp\pi$

C. l 与 π 平行　　D. l 与 π 相交，但不垂直

2. 已知$|\boldsymbol{a}|=2$，$|\boldsymbol{b}|=2$，$\langle\boldsymbol{a},\boldsymbol{b}\rangle=\frac{\pi}{3}$，则$|2\boldsymbol{a}-3\boldsymbol{b}|=$(　　).

A. $\sqrt{61}$　　B. 61　　C. $\sqrt{39}$　　D. 39

3. 在空间直角坐标系中，点(1,1,−1)关于原点对称的点是(　　).

A. (−1,−1,1)　　B. (−1,−1,−1)

C. (−1,1,−1)　　D. (1,−1,−1)

4. 下列向量与向量 $\boldsymbol{a}=(1,-2,1)$垂直的是(　　).

A. $b_1=(-1,1,1)$　　B. $b_2=(1,-1,1)$

C. $b_3=(1,1,-1)$　　D. $b_4=(1,1,1)$

5. 点(1,2,3)关于 x 轴的对称点是(　　).

A. (−1,−2,−3)　　B. (1,−2,−3)

C. (−1,2,−3)　　D. (−1,−2,3)

6. 方程 $x=0$ 表示的几何图形为(　　).

A. xOy 平面　　B. xOz 平面　　C. yOz 平面　　D. x 轴

7. 方程 $z=y^2+x^2$ 表示的二次曲面是(　　).

A. 球面　　B. 双曲柱面

C. 圆锥面　　D. 旋转抛物面

8. 点 $M(1,-1,2)$到平面 $-2x+y-2z+1=0$ 的距离为(　　).

A. −2　　B. 0　　C. 1　　D. 2

9. 空间两点 $A(2,1,0)$和 $B(1,-1,2)$间的距离为(　　).

A. 1　　B. 2　　C. 3　　D. 4

10. 若直线 l:$\frac{x+2}{2}=\frac{y-4}{-1}=\frac{z-2}{-2}$与直线 l:$\frac{x-2}{4}=\frac{y+1}{-2}=\frac{z}{k}$平行，则 $k=$(　　).

A. −4　　B. −2　　C. 2　　D. 4

二、填空题.

1. 设向量 $\boldsymbol{a}=(1,3,-2)$ 与向量 $\boldsymbol{b}=(2,6,\lambda)$ 平行，则 $\lambda=$________.

2. 已知 $|\boldsymbol{a}|=1$，$|\boldsymbol{b}|=2$，$\boldsymbol{a}$ 与 $\boldsymbol{b}$ 的夹角是 $\frac{\pi}{6}$，则 $|(\boldsymbol{a}-\boldsymbol{b})\times(\boldsymbol{a}+2\boldsymbol{b})|$ $=$________.

3. 过点 $M_0(-1,2,1)$ 且平行于直线 $\begin{cases}2x+y=4\\ y+2z=0\end{cases}$ 的直线方程是________.

4. 点 $(1,-1,0)$ 到平面 $2x+2y-z-6=0$ 的距离 $d=$________.

5. 直线 $\frac{x-3}{2k}=\frac{y+1}{k+2}=\frac{z-3}{-5}$ 与直线 $\frac{x-1}{3}=\frac{y+5}{1}=\frac{z+2}{k}$ 垂直，则常数 $k=$________.

6. 若向量 $(1,k,1)$ 与向量 $(1,0,k)$ 垂直，则常数 $k=$________.

7. 若向量 $(k,1,0)$ 垂直于 xOz 平面，则常数 $k=$________.

8. 平面 $x+2y-4z+7=0$ 与直线 $\frac{x-1}{2}=\frac{y-2}{3}=\frac{z+1}{1}$ 的交点坐标是________.

三、计算题.

1. 已知 $A(-1,1,2)$，$B(1,-1,1)$ 两点，求过点 $C(2,0,2)$ 且与向量 $\overrightarrow{AB}$ 垂直的平面方程.

2. 求过点 $(1,-1,2)$ 且与直线 $\frac{x-3}{1}=\frac{y-2}{2}=\frac{z+1}{-1}$ 垂直的平面方程.

3. 求过直线 l：$\frac{x-2}{1}=\frac{y-3}{2}=\frac{z}{1}$ 与平面 π：$2x+y+z-2=0$ 的交点，且与直线 l 垂直的平面方程.

4. 直线 l_1 满足以下条件：(1) 过点 $(-1,0,4)$；(2) 平行于平面 π：$3x-4y+z-10=0$；(3) 与直线 l_1：$\frac{x+1}{1}=\frac{y-3}{-1}=\frac{z}{2}$ 相交，求 l_1 的方程.

5. 求同时垂直于平面 π_1：$5x-2y+6z-9=0$ 和 π_2：$3x-y+2z-1=0$，且过点 $(3,-2,2)$ 的平面方程.

6. 设向量 $\boldsymbol{a}=(3,0,-1)$，$\boldsymbol{b}=(2,-1,1)$，求：(1) 向量 $\boldsymbol{n}=2\boldsymbol{a}-\boldsymbol{b}$；(2) 以向量 $\boldsymbol{n}$ 为法向量且过点 $(1,-2,-1)$ 的平面方程.

7. 已知点 $M(3,-1,1)$，直线 l：$\begin{cases}x=4t-2\\ y=-t+1\\ z=2t-1\end{cases}$，求：(1) 过点 M 且平行于直线 l 的直线方程；(2) 过点 M 且垂直于直线 l 的平面方程.

8. 求过直线 l：$\begin{cases}x=5t-1\\ y=-3t+2\\ z=2t-2\end{cases}$ 与 xOy 面的交点且与直线 l 垂直的平面方程.

参考文献

[1] (美)史蒂夫·斯托加茨(著),任烨(译).微积分的力量[M].北京:中信出版集团.2012.1.

[2] 张丽清,刘秀芬,赵家才.课程思政背景下高职数学课程设计研究[J].太原城市职业技术学院学报.2021(6):156-159.

[3] 王美娜,杨孝斌.常微分方程课程思政实施路径研究[J].辽宁师专学报(自然科学版).2023,25(02):27-31.

[4] 郑欣欣,薛冬梅.常微分方程课程思政与教学实践[J].吉林化工学院学报.2022,39(04):52-55.

[5] (美)Adrian Banner(著),杨爽,赵晓婷,高璞(译).普林斯顿微积分读本(2 版)[M].北京:人民邮电出版社.2016.10.

[6] 周俊东,姚树颖.空间解析几何课程思政教学与探索[J].黄山学院学报.2022,24(05):92-95.

期末模拟卷

一、单项选择题

1. 函数 $f(x)$ 与 $g(x)$ 相同的是(　　).

A. $f(x)=\dfrac{(x+2)(x-2)}{x-2}$, $g(x)=x+1$

B. $f(x)=\ln(x+1)^2$, $g(x)=2\ln(x+1)$

C. $f(x)=\sqrt{(x+2)(x-2)}$, $g(x)=\sqrt{(x+2)}\cdot\sqrt{(x-2)}$

D. $f(x)=\sin^2 x+\cos^2 x$, $g(x)=1$

2. 若函数 $f(x)=\begin{cases}-1, & x<-2\\ 0, & -2\leqslant x<2\\ 1, & x\geqslant 2\end{cases}$,则 $f[f(2)]=$(　　).

A. -1　　B. 1　　C. 2　　D. 0

3. 下列极限运算正确的是(　　).

A. $\lim\limits_{x\to\infty}\left(1-\dfrac{1}{x}\right)^x=\mathrm{e}$　　B. $\lim\limits_{x\to 0}\left(1+\dfrac{1}{x}\right)^x=\mathrm{e}$　　C. $\lim\limits_{x\to 0}\dfrac{\sin x}{x}=1$　　D. $\lim\limits_{x\to 0}x\sin\dfrac{1}{x}=1$

4. 已知 $f(x)=\dfrac{(x+2)(x-3)}{(x-2)(x-3)}$ 的所有间断点是(　　).

A. $x=2, x=3, x=-2$　　B. $x=2, x=3$

C. $x=2$　　D. $x=-2, x=3$

5. 已知函数 $y=2x^{50}-3x^{20}-1$,则 $\dfrac{\mathrm{d}^{50}y}{\mathrm{d}x^{50}}=$(　　).

A. 0　　B. 100　　C. 50!　　D. 2・50!

6. 条件 $f'(x_0)=0$ 是函数 $y=f(x)$ 在 $x=x_0$ 处取得极值的(　　).

A. 必要条件　　B. 充分条件　　C. 充要条件　　D. 无关条件

7. 若 $F'(x)=f(x)$,则下列结果成立的是(　　).

A. $\int f(x)\mathrm{d}x=F(x)$　　B. $\int_a^b f(x)\mathrm{d}x=F(a)-F(b)$

C. $\left(\int_a^b f(x)\mathrm{d}x\right)'=f(x)$　　D. $\left(\int f(x)\mathrm{d}x\right)'=f(x)$

8. 设函数 $y=5x^2-x-1$，则函数在(1,3)处的切线方程为(　　).

A. $10x-y-1=0$　　B. $9x-y-9=0$

C. $9x-y-6=0$　　D. $9x-y-26=0$

9. 下列积分可以用牛顿-莱布尼茨公式进行计算的是(　　).

A. $\int_0^2 x e^x \mathrm{d}x$　　B. $\int_0^2 \frac{1}{1-x}\mathrm{d}x$

C. $\int_{\frac{1}{e}}^{e} \frac{1}{x\ln x}\mathrm{d}x$　　D. $\int_{-1}^{1} \frac{1}{1-x^2}\mathrm{d}x$

10. 若淄博某个老板烧烤串数 y 随时间 t(单位:min)的变化关系为 $y=2t^3-150t-1$，请问什么时间开始烧烤速度会变得越来越快？(　　)

A. 2 min　　B. 3 min　　C. 4 min　　D. 5 min

二、判断题

1. 函数 $y=5x^2$ 是偶函数.　(　　)
2. $U(0,2)=(-2,0)\cup(0,2)$.　(　　)
3. 函数在 x_0 极限值存在，则该函数在 x_0 必定有定义.　(　　)
4. 变量 $f(x)=x+1$ 是在 $x\to 1$ 的变化过程中的无穷小量.　(　　)
5. 导数的物理意义是曲线在相应点的切线的斜率.　(　　)
6. 二阶及二阶以上的导数称为高阶导数.　(　　)
7. $\int_0^{+\infty} x\,\mathrm{d}x$ 是发散的.　(　　)
8. 极值点一定是驻点或不可导点.　(　　)
9. $\sin x\,\mathrm{d}x=\mathrm{d}\cos x$.　(　　)
10. $y^{(4)}-2y'''+3y'=2xy$ 是六阶常微分方程.　(　　)

三、填空题

1. 设函数 $f(2x+1)=\frac{x}{x-1}$，则 $f(x)=$________.
2. 微分方程 $y'=e^{-x}$ 的通解是________
3. 函数 $f'(x)=(x-1)^7(x-2)^6$，则 $f(x)$ 的极值点为________.
4. $\int x f''(x)\mathrm{d}x=$________.
5. 用定积分的几何意义计算 $\int_{-2}^{2}\sqrt{4-x^2}\,\mathrm{d}x=$________.

四、计算题

1. 若函数 $f(x)=\begin{cases}\dfrac{1-e^{\sin x}}{\arctan\dfrac{x}{2}}, & 0<x\leqslant 2\\ a e^{2x}, & x\leqslant 0\end{cases}$ 在点 $x=0$ 处连续，求 a 的值.

2. 求$\lim\limits_{x\to 0}\dfrac{\int_0^x (t-\sin t)\mathrm{d}t}{\mathrm{e}^{x^4}-1}$.

3. 若 $x^2+y-\mathrm{e}^{xy}=1$,求$\dfrac{\mathrm{d}y}{\mathrm{d}x}$.

4. 求$\int_0^{\pi} x\sin x\,\mathrm{d}x$.

五、应用题

1. 设曲线 $x=y^2$ 和直线 $x=y+2$ 所围成的平面图形为 D,求:

(1)D 的面积;

(2)D 绕 y 轴旋转一周所得旋转体的体积.

2. 某同学在上网时,通过下载一个文件对自家的网速进行简单的测量,假设下载量 y 与时间 t 的函数关系为 $y=320t-5t^2+\dfrac{1}{3}t^3$(KB),试求 t 为何值时,下载的速度最小.

专升本真题卷

一、单项选择题

1. 函数 $f(x)$ 与 $g(x)$ 相同的是(　　).

A. $f(x)=\sqrt{x^2}$, $g(x)=x$

B. $f(x)=\dfrac{x^2}{x}$, $g(x)=x$

C. $f(x)=\sin^2 x+\cos^2 x$, $g(x)=1$

D. $f(x)=(\sqrt{x})^2$, $g(x)=x$

2. 下列函数对中互为反函数的是(　　).

A. $y=\sin x$, $y=\cos x$

B. $y=3^x$, $y=3^{-x}$

C. $y=\tan x$, $y=\cot x$

D. $y=x^3$, $y=\sqrt[3]{x}$

3. 当 $x\to 0$ 时,下列函数为无穷小量的是(　　).

A. $\dfrac{\sin x}{x}$

B. $x\sin x$

C. $\dfrac{\cos x}{x}$

D. $1-\sin x$

4. 已知 $f(x)=\dfrac{(x+2)(x-1)}{(x-1)(x-5)}$ 的所有间断点是(　　).

A. $x=-2, x=1, x=5$

B. $x=1, x=5$

C. $x=-2$

D. $x=-2, x=5$

5. 已知函数 $y=\sin 2x$,则 $\dfrac{\mathrm{d}^2 y}{\mathrm{d}x^2}=$(　　).

A. $2\cos 2x$

B. $-4\sin 2x$

C. $4\cos 2x$

D. $-2\cos 2x$

6. 若 x_0 是函数 $f(x)$ 的极值点,则(　　).

A. $f'(x_0)$ 必定存在,且 $f'(x_0)=0$

B. $f'(x_0)$ 必定存在,但 $f'(x_0)$ 不一定等于 0

C. $f'(x_0)$ 可能不存在

D. $f'(x_0)$ 必定不存在

7. 设 $F(x)$、$G(x)$ 都是 $f(x)$ 的原函数,则必有(　　).

A. $F(x)=G(x)$

B. $F(x)=CG(x)$

C. $F(x)=G(x)+C$

D. $CF(x)=G(x)$

8. 设 $2x$ 为 $f(x)$的一个原函数，则 $f(x)=$(　　).

A. 0　　　　B. 2

C. x^2　　　　D. x^2+C

9. 点 $M(1,-1,2)$到平面 $-2x+y-2z+1=0$ 的距离等于(　　).

A. -2　　　　B. -1

C. 0　　　　D. 2

10. 微分方程 $y''+6y'+9y=0$ 的通解是(　　).

A. $y=Ce^{-3x}$　　　　B. $y=Cxe^{3x}$

C. $y=(C_1+C_2x)e^{-3x}$　　　　D. $y=(C_1+C_2x)e^{3x}$

二、填空题

11. 设函数 $g(x)=\sin x$，$f(x)=2+x^2$，则复合函数 $f\left[g\left(\frac{\pi}{2}\right)\right]=$________.

12. 设函数 $f(x)$在点 x_0 处连续，且 $\lim\limits_{x\to x_0}f(x)=5$，则 $f(x_0)=$________.

13. 函数 $y=\ln\sqrt{4-x^2}$ 的定义域为________.

14. $f(x)=x\ln x$，$f''(1)=$________.

15. $\int\frac{1}{x^2}\,dx=$________.

16. 微分方程 $xy'''+(y')^3\sin x+2y^4=\cos(\ln x)$的阶数是________.

三、计算题

17. 求$\lim\limits_{x\to 0}\left(\frac{1}{x}-\frac{1}{e^x-1}\right)$.

18. 求$\int\cos^2x\sin^3x\,dx$.

19.已知函数 $f(x)=\begin{cases} x^3\sin\dfrac{1}{x}, & x>0 \\ b, & x=0 \\ a+e^x, & x<0 \end{cases}$ 在点 $x=0$ 处连续,求 a、b 的值.

20.已知参数方程 $\begin{cases} x=2t \\ y=\sin t \end{cases}$.

(1)求 $t=0$ 时,x 和 y 的取值;

(2)求 $\dfrac{dx}{dt}$ 和 $\dfrac{dy}{dt}$;

(3)求该参数方程所确定的曲线在点 $t=0$ 处的切线方程.

21.已知点 $M(3,-1,1)$,直线 l:$\begin{cases} x=4t-2 \\ y=-t+1 \\ z=2t-1 \end{cases}$,求:

(1)过点 M 且平行于直线 l 的直线方程;

(2)过点 M 且垂直于直线 l 的平面方程.

22.求微分方程 $y'-y=2xe^x$ 满足 $y\big|_{x=0}=2$ 的特解.

四、应用题

23.设曲线 $y=\sqrt{x+1}$ 和直线 $y=x+1$ 所围成的平面图形为 D,求:

(1)D 的面积;

(2)D 绕 x 轴旋转一周所得旋转体的体积.

24.设函数 $f(x)=xe^{-x}$.

(1)求函数 $f(x)$的定义域和单调区间;

(2)若曲线 $y=f(x)$与直线 $y=m$ 有两个交点,写出 m 的取值范围.

参考答案

第 1 章

习题 1-1

1. $f(0)=0$；$f(-x)=-\dfrac{x}{1+x}$；$f(x+1)=-\dfrac{x+1}{x}$.

2. $f(0)=1$；$f(-2)=-1$；$f(1)=0$.

3. (1) $(-\infty,-1)\cup(-1,5)\cup(5,+\infty)$；　(2) $[-1,0)\cup(0,1]$；　(3) $(-1,1)$；
   (4) $(-\infty,-1)\cup(4,+\infty)$；　(5) $[-1,+\infty)$；　(6) $(-\infty,0)\cup(0,+\infty)$.

4. $f(-x)=-f(x)$；$f(-x)=f(x)$；原点；y 轴.

5. ③④⑥⑦⑩；　①⑨；　②⑤⑧.

6. ①③④⑧；　②⑤；　⑥⑦.

7. ①②③⑥；　④⑤.

习题 1-2

1. ④⑦⑧；　①⑨；　②⑩；　③⑤；　⑥.

2-11. DBCAB　CCCCD.

习题 1-3

1. (1) $y=u^{10}$，$u=x^3-2x-1$；　(2) $y=u^3$，$u=\tan x$；　(3) $y=\cos u$，$u=\dfrac{3x}{2}$；
   (4) $y=\arcsin u$，$u=1-x^2$.

2. ④⑤⑧⑨⑩；　①②③⑥⑦.

3. (1) $[-1,1]$；　(2) $\left[2k\pi-\dfrac{\pi}{2},2k\pi+\dfrac{\pi}{2}\right]$，$k\in\mathbf{Z}$；　(3) $[-2,-1]$；　(4) $\left[\dfrac{1}{4},\dfrac{3}{4}\right]$.

复习题 1

一、选择题.

1-5. BACCD.　6-10. BDCAB.

二、填空题.

1. $(3,+\infty)$.　2. $y=\sqrt{\sin x}$.　3. $y=\tan u$，$u=1+e^x$.　4. $y=x-2$.　5. 1.

三、简答题.

1. $(-\infty,3)$.　2. $y=v^3, v=\sin u, u=2x+2$.

复习题 2

一、选择题.

1-5. BADDD.　6-10. DBCCB.

二、填空题.

1. $[-11,11)$.　2. π.　3. $y=v^3, v=\arcsin u, u=\ln t, t=x^2-1$.　4. $y=\ln^2 5^x$.　5. 4.

6. $y=\dfrac{10^x}{10^x+1}, x\in(-\infty,+\infty)$.　7. 2π.　8. $1,\pi$.

三、计算题.

1. (1) $[-1,+\infty)$;　(2) $[-2,-1)\cup(-1,1)\cup(1,+\infty)$;　(3) $[-2,0)\cup(1,+\infty)$;
(4) $[-2,-1)$.

2. (1) $\left[\dfrac{3}{2},2\right]$;　(2) $[-3,-1]$.

3. (1) $f(x)=\dfrac{1}{4}-x$;　(2) $f(x)=2-x^2$.

4. (1)偶;　(2)奇.

5. (1) $f(x)=\sin(x-2)-3$;　(2) $f(x)=-\sqrt{4-(x-1)^2}$.

6. (1) $y=u^{10}, u=1+2x$;　(2) $y=\cos u, u=4x+2$.

第 2 章

习题 2-1

1. (1)0;　(2)∞;　(3)0;　(4)0;　(5)∞;　(6)极限不存在.

2. (1)$\dfrac{2}{3}$;　(2)0;　(3)极限不存在;　(4)$-\infty$.

习题 2-2

1. (1)(2.99,3.01);　(2)(−1.03,−0.97);　(3)$(-1,1)\cup(1,3)$;　(4)不必要不充分;
(5)1;　(6)−1;　(7)4;　(8)−6;　(9) $\lim\limits_{x\to x_0^-}f(x)=\lim\limits_{x\to x_0^+}f(x)=A$.

2. (1)图形略;　(2) $\lim\limits_{x\to 1^-}x^2=1$, $\lim\limits_{x\to 1^+}(x+1)=2$;　(3)因为函数在 $x=1$ 处的左右极限不相等,所以极限不存在.

3. (1) $\lim\limits_{x\to 1^-}f(x)=2$; $\lim\limits_{x\to 1^+}f(x)=2$, $\lim\limits_{x\to 1}f(x)=2$;
(2) $\lim\limits_{x\to 0^-}f(x)=1$; $\lim\limits_{x\to 0^+}f(x)=2$, $\lim\limits_{x\to 0}f(x)$不存在;
(3) $\lim\limits_{x\to 5^-}f(x)=8$; $\lim\limits_{x\to 5^+}f(x)=8$, $\lim\limits_{x\to 5}f(x)=8$;
(4) $\lim\limits_{x\to 2^-}f(x)=4$; $\lim\limits_{x\to 2^+}f(x)=5$, $\lim\limits_{x\to 2}f(x)$不存在.

提示:一点极限存在的充要条件:左极限等于右极限.

习题 2-3

1. (1)$-\dfrac{7}{3}$;　(2)0;　(3)$\dfrac{3}{2}$;　(4)$\dfrac{1}{2}$;　(5)0;　(6)$\dfrac{2}{3}$;　(7)−1;　(8)$-\dfrac{3}{4}$;　(9)0;
(10)0.

2. D.

3. (1)1；(2)1；(3)0；(4)∞.

4. BDAC.

习题 2-4

1. (1)7；(2)$\frac{2}{5}$；(3)1；(4)2；(5)0；(6)$\sqrt{2}$.

2. (1)$e^{\frac{1}{2}}$；(2)e^{-3}；(3)e^2；(4)e^3；(5)e^{-4}；(6)e.

习题 2-5

1. (1)$\lim\limits_{\Delta x\to 0}\Delta y=0$；(2)$\lim\limits_{x\to x_0}f(x)=f(x_0)$；(3)$\lim\limits_{x\to x_0^+}f(x)=\lim\limits_{x\to x_0^-}f(x)=f(x_0)$.

2. ×√√√.

3. CBA.

4. $k=3$.

5. $k=-\frac{1}{6}$.

6. 证明略(提示:令 $f(x)=x^5-3x-1$).

复习题 3

一、选择题.

1-5. AAABA. 6-10. CCDAD.

二、计算题.

1. $\frac{4}{5}$. 2. $\frac{1}{5}$. 3. 2. 4. e^8. 5. $\frac{3}{2}$.

6. $\lim\limits_{x\to 1^-}f(x)=0$,$\lim\limits_{x\to 1^+}f(x)=2$,所以 $x=1$ 是跳跃间断点.

三、应用题.

(1)约 85 天；(2)10^6 人.

四、证明题.

证明:因为 $f(1)f(2)=-4\times 1=-4<0$,而函数 $f(x)$ 在 $[1,2]$ 上连续.

所以,方程 $x^3-2x=3$ 至少有一个根介于 1 和 2 之间.

复习题 4

一、选择题.

1-5. DCBDA. 6-10. AABAC.

二、填空题.

1. e^{-2}. 2. 3. 3. 3. 4. 高. 5. 0. 6. 2. 7. $(-1,1)$. 8. 0,二.

三、计算题.

1. (1)1；(2)$\frac{1}{2}$；(3)$\frac{1}{6}$；(4)0；(5)e^2；(6)e^{-1}.

2. $\lim\limits_{x\to 0}f(x)$不存在，$\lim\limits_{x\to 1}f(x)=3$.

3. $a=1,b=-1$.

4. $a=-1$.

5. 因为 $\lim\limits_{x\to 0^+}f(x)=\lim\limits_{x\to 0^+}\frac{\cos x}{x+4}=\frac{1}{4}$,$\lim\limits_{x\to 0^-}f(x)=\lim\limits_{x\to 0^+}\frac{2-\sqrt{4-x}}{x}=\frac{1}{4}$,所以 $f(x)$在定义域内连续.

第 3 章

习题 3-1

1.(1)1； (2)1； (3)2； (4)$\frac{8}{5}$.

2.(1)0； (2)$\frac{2}{3}x^{-\frac{1}{3}}$； (3)$11x^{10}$； (4)$-\frac{1}{x^2}$； (5)$\frac{1}{x\ln 0.5}$； (6)0； (7)$3^x\ln 3$； (8)0；

(9)$\frac{7}{8}x^{-\frac{1}{8}}$； (10)0； (11)$\frac{5}{12}x^{-\frac{7}{12}}$； (12)0.

3.(1)AD； (2)A； (3)B.

4.75(m/s).

5.切线方程:$x-4y+4=0$； 法线方程:$4x+y-18=0$.

6.切线方程:$y=\frac{1}{\mathrm{e}}x$； 法线方程:$y=-\mathrm{e}x+\mathrm{e}^2+1$.

7.$x_0=2$.

8.均不可导.

9.$x=0$ 处连续,不可导.

10.$a=2,b=\frac{1}{2}$.

习题 3-2

1.(1)$u'(x)\pm v'(x)$； (2)$u'(x)\cdot v(x)+u(x)\cdot v'(x)$； (3)$\frac{u'(x)v(x)-u(x)v'(x)}{v^2(x)}$；

(4)$Cu'(x)$； (5)$f'(g(x))\cdot g'(x)$.

2.(1)$y'=6x-1$； (2)$y'=3x^2+2^x\ln 2$； (3)$y'=3\mathrm{e}^x-\frac{1}{x}$； (4)$y'=\frac{1}{\sqrt{1-x^2}}$；

(5)$y'=2x-a-b$； (6)$y'=\ln x+1$； (7)$y'=\mathrm{e}^x(\sin x+\cos x)$；

(8)$y'=\tan x+x\cdot\sec^2 x+\csc^2 x$； (9)$y'=4x\arcsin x+\frac{2x^2}{\sqrt{1-x^2}}$；

(10)$y'=4(2x-1)$； (11)$y'=\frac{x\cos x-\sin x}{x^2}$； (12)$y'=\frac{1-\ln x}{x^2}$；

(13)$y'=\frac{\cos x-\sin x}{x}-\frac{\sin x+\cos x}{x^2}$； (14)$y'=\frac{2\mathrm{e}^x}{(\mathrm{e}^x+1)^2}$.

3.(1)$y'=400(2x+1)^{199}$； (2)$y'=\frac{2}{x}$； (3)$y'=\mathrm{e}^{\sin x}\cdot\cos x$； (4)$y'=4\tan^3 x\cdot\sec^2 x$；

(5)$y'=-\tan 2x\cdot\sqrt{\cos 2x}$； (6)$y'=\frac{\sqrt{x^2-1}}{x(x^2-1)}$.

4.(1)$y'=6\,069\mathrm{e}^{2\,023x}-\frac{3}{1+9x^2}$； (2)$y'=\frac{4x}{1+x^2}-21\cos 7x$；

(3)$y'=2x\log_2(x^2+x+1)+\frac{x^2(2x+1)}{(x^2+x+1)\ln 2}$； (4)$y'=-\mathrm{e}^{-\frac{x}{2}}\left(\frac{1}{2}\cos 3x+3\sin 3x\right)$；

(5)$y'=\frac{\ln x\cdot\sqrt{1+\ln^2 x}}{x(1+\ln^2 x)}$； (6)$y'=\frac{2\mathrm{e}^{2x}(x^2-x-1)}{(x^2+x)^3}$.

5. (1) -4； (2) $\operatorname{arccot}1-\frac{3}{2}$； (3) 1； (4) 1； (5) $-\frac{1}{18}$.

6. (1) $12-gt$； (2) $\frac{6}{5}\left(或\frac{12}{g}\right)$.

7. 切线方程：$y=-\frac{\sqrt{3}}{3}x+\frac{2\sqrt{3}}{3}$；法线方程：$y=\sqrt{3}x$.

8. $a=-\frac{1}{2}$；$b=1$.

9. $a=-2$.

习题 3-3

1. (1) $y'=-\frac{x}{y}$； (2) $y'=-\frac{2x+y}{x+2y}$； (3) $y'=\frac{1}{x+y-1}$； (4) $y'=\frac{(1+y^2)\arctan y}{1-x+y^2}$；

   (5) $y'=\frac{e^y}{1-xe^y}$； (6) $y'=\frac{\cos x-\sin(x-y)}{1-\sin(x-y)}$.

2. (1) $y'=(\ln x)^x\left(\ln\ln x+\frac{1}{\ln x}\right)$； (2) $y'=x^{\tan x}\cdot\frac{x\sec^2 x\ln x+\tan x}{x}$；

   (3) $y'=\frac{\sin x\cdot\sqrt{x+1}}{(x^3+1)(x+2)}\cdot\left(\cot x+\frac{1}{2(x+1)}-\frac{3x^2}{x^3+1}-\frac{1}{x+2}\right)$；

   (4) $y'=\frac{1}{3}\sqrt[3]{\frac{(x-1)(x-2)^2}{(x-3)(x-4)}}\cdot\left(\frac{1}{x-1}+\frac{2}{x-2}-\frac{1}{x-3}-\frac{1}{x-4}\right)$.

3. (1) $\frac{dy}{dx}=\frac{\ln t+1}{6t^2}$； (2) $\frac{dy}{dx}=-\frac{3e^{3t}}{4\sin t}$； (3) $-\frac{1}{3}$； (4) $\frac{2\sqrt{2}}{2+\pi}$.

4. (1) $y''=\frac{1}{x}$； (2) $y''=2e^x+xe^x$； (3) $y''=-\frac{\sqrt{1+x}}{4(1+x)^2}$； (4) $y''=-2\sin x-x\cos x$；

   (5) $y''=2\cos 2x$； (6) $y''=2e^{-x}\sin x$.

5. $y'=6x^2+2x+1$，$y''=12x+2$，$y'''=12$，$y^{(4)}=0$，$y^{(2019)}=0$.

6. $y^{(100)}=7\cdot 100!$，$y^{(101)}=0$.

7. (1) $y^{(n)}=e^{ax}a^n$； (2) $y^{(n)}=ne^x+xe^x$； (3) $y^{(n)}=\begin{cases}\ln x+1, & x=1\\(-1)^{n-2}\cdot(n-2)!\,x^{-(n-1)}, & x\geqslant 2\end{cases}$；

   (4) $y^{(n)}=(-1)^n\frac{n!}{(x+a)^{n+1}}$.

8. 切线方程：$y=\frac{e}{3}x+\frac{2}{3}e$； 法线方程：$y=-\frac{3}{e}x+\frac{3}{e}+e$.

9. 切线方程：$y=-2x+3$； 法线方程：$y=\frac{1}{2}x+3$.

习题 3-4

1. (1) $y'dx$； (2) $f'(x_0)dx$； (3) $0dx$； (4) $\cos x\,dx$； (5) $(10x^4-3\sec^2 x)dx$.

2. $\Delta y=0.030\,2$； $dy=0.03$； $\Delta y-dy=0.000\,2$.

3. (1) $dy\big|_{x=2}=12dx$； (2) $dy\big|_{x=\pi}=0dx$； (3) $dy=\left(-\frac{1}{x^2}+\frac{\sqrt{x}}{x}\right)dx$；

   (4) $dy=(\sin 2x+2x\cos 2x)dx$； (5) $dy=\frac{\sqrt{x^2+1}}{(x^2+1)^2}dx$； (6) $dy=-\frac{2\ln(1-x)}{1-x}dx$；

(7) $dy=e^{2x}\left(2\sin\ln x+\frac{\cos\ln x}{x}\right)dx$； (8) $dy=\frac{(x-1)\cdot\sqrt[3]{x+2}}{(x-3)^2e^{2x}}\left(\frac{1}{x-1}+\frac{1}{3(x+2)}-\frac{2}{x-3}-2\right)dx$；

(9) $dy=e^{\frac{1}{\sin x}}\left(-\frac{1}{\sin^2 x}\right)\cos x\,dx$； (10) $dy=\frac{f'(\ln u)}{u}du$.

4. (1) 0.795； (2) 0.484 9； (3) 0.05； (4) 1.987 5.

复习题 5

一、选择题.

1-5. BDBCA. 6-10. BDCBC.

二、填空题.

1. $2f'(x_0)$. 2. 3. 3. $\frac{2}{3}$. 4. e^x+ex^{e-1}. 5. $\frac{2x}{(x^2+1)\ln 10}$. 6. $y=-2x+1$. 7. e^x.

8. $\sec^2 x$. 9. 1. 10. 0.

三、计算题.

1. (1) $10x^9-10^x\ln 10$； (2) $\frac{\sin x-1}{x}+\ln x\cos x+\cos x$； (3) $-\frac{2}{(1+x)^2}$；

(4) $\cot x$； (5) $-\frac{1}{1+x^2}$； (6) $-\frac{\sin(x+y)}{e^y+\sin(x+y)}$； (7) $(\sin x)^{\cos x}\left(-\sin x\ln\sin x+\frac{\cos^2 x}{\sin x}\right)$.

2. (1) $2\cos x-x\sin x$； (2) $2\arctan x+\frac{2x}{1+x^2}$.

3. 切线方程：$y=x+1$；法线方程：$y=-x+1$.

4. (1) $\cos(x+1)dx$； (2) $\frac{1}{2(x-1)}dx$； (3) $e^x(\cos x-\sin x)dx$； (4) $\frac{1+x^2}{(1-x^2)^2}dx$.

5. 解：方程两边对 x 求导，得 $2y\cdot y'+2y'+1=0$ 即 $(2y+2)y'=-1$，故 $y'=-\frac{1}{2y+2}$.

在点(0,0)处的切线斜率为 $y'\Big|_{\substack{x=0\\y=0}}=-\frac{1}{2}$，故可求得切线方程为 $y=-\frac{1}{2}x$；

在点(0,0)处的法线斜率为 $k=2$，故可求得法线方程为 $y=2x$.

复习题 6

一、选择题.

1-5. CDAAD. 6-10. ADBBC.

二、填空题.

1. $(-\sin x+2xe^{x^2})dx$. 2. $-\sin x$. 3. 1. 4. $-2\sin 2x\,e^{\cos 2x}$. 5. $f'(\arctan x)\frac{1}{1+x^2}$.

6. $-\frac{\sqrt{5}}{5}$.

三、计算题.

1. $f(0)=0$，$f'(0)=1$. 2. $a=e$，$b=0$.

3. (1) $y'=-\frac{1}{x^2}-\frac{4}{x^3}-\frac{3}{x^4}$； (2) $y'=x^{e^x}\left(e^x\ln x+\frac{e^x}{x}\right)$； (3) $y'=-\frac{1}{1+\sin x}$；

(4) $y'=\frac{\arcsin\frac{x}{2}}{\sqrt{1-\left(\frac{x}{2}\right)^2}}$； (5) $y'=\frac{1}{4x\sqrt{\ln x}\sqrt{1+\sqrt{\ln x}}}$； (6) $y'=\frac{e^x}{1+e^{2x}}$；

(7) $y'=\frac{1}{\sqrt{a^2+x^2}}$； (8) $y'=-\frac{1}{2\sqrt{x(1-x)}}$； (9) $\frac{2}{1+x^2}$.

4. (1) $\frac{e^x-y}{x+e^y}$； (2) $\frac{ay-x^2}{y^2-ax}$； (3) $\frac{1-\cos(x+y)}{\cos(x+y)}$； (4) $\frac{e^x+y}{e^y-x}$.

5. $\frac{\cos t-\sin t}{e^t(1+t)}$.

6. (1) $\frac{6x(2x^3-1)}{(x^3+1)^3}$； (2) $\frac{e^x(x^2-2x+2)}{x^3}$；

(3) $-\frac{x}{\sqrt{(1+x^2)^3}}$； (4) $\frac{\sin(x+y)}{[\cos(x+y)-1]^3}$.

7. (1) $\frac{2}{x-1}\ln(1-x)\mathrm{d}x$； (2) $(\sin 2x+2x\cos 2x)\mathrm{d}x$； (3) $-e^x\tan e^x\mathrm{d}x$； (4) $\frac{\mathrm{d}x}{2\sqrt{x-x^2}}$.

8. (1) $\frac{e^y}{1-xe^y}\mathrm{d}y$； (2) $\frac{e^x-y}{e^y+x}\mathrm{d}x$； (3) $\frac{xy\ln y-y^2}{xy\ln x-x^2}\mathrm{d}x$； (4) $\frac{x+y}{x-y}\mathrm{d}x$.

第 4 章

习题 4-1

1. (1) 条件：在闭区间 $[a,b]$ 上连续，在开区间 (a,b) 内可导，$f(a)=f(b)$.

结论：那么在 (a,b) 内至少存在一点 $\xi(a<\xi<b)$，使得 $f'(\xi)=0$.

(2) 条件：在闭区间 $[a,b]$ 上连续，在开区间 (a,b) 内可导.

结论：那么在 (a,b) 内至少存在一点 $\xi(a<\xi<b)$，使得 $f'(\xi)=\frac{f(b)-f(a)}{b-a}$.

2-5. BBDC.

6. (1) 满足，$\xi=\frac{7}{2}$； (2) 满足，$\xi=4$； (3) 不满足.

7. (1) 不满足； (2) 满足，$\xi=\frac{1}{2}\ln\left(\frac{e^2-1}{2}\right)$； (3) 满足，$\xi=\frac{5}{4}$； (4) 满足，$\xi=\frac{\pi}{2}$.

8. 方程 $f'(x)=0$ 有 3 个实数根，分别在区间 $(2,3)$，$(3,4)$，$(4,5)$.

9. 证明略.

习题 4-2

(1) 2； (2) $\cos 2$； (3) -1； (4) 0； (5) 0； (6) 1； (7) $-\frac{1}{2}$； (8) $\frac{2}{3}$； (9) -1； (10) 1；

(11) e^{-1}； (12) e.

习题 4-3

1. (1)-(5) ×××√×； (6)-(10) ×√√√√.

2. (1)-(5) DDABD； (6)-(9) DBDB.

3. (1) 在 $(-\infty,+\infty)$ 单调增加，没有极值； (2) 在 $\left(-\frac{1}{2},+\infty\right)$ 单调增加，没有极值；

(3) 在 $(-\infty,-2)$ 和 $(3,+\infty)$ 单调增加，在 $(-2,3)$ 单调减少；极小值 $f(3)=-\frac{25}{2}$，极大值 $f(-2)=\frac{25}{3}$；

(4)在$(-\infty,-4)$和$(4,+\infty)$单调增加,在$(-4,0)$和$(0,4)$单调减少;极小值$f(4)=8$,极大值$f(-4)=-8$;

(5)在$\left(0,\frac{2}{5}\right)$单调增加,在$(-\infty,0)$和$\left(\frac{2}{5},+\infty\right)$单调减少;极小值$f(0)=0$,极大值$f\left(\frac{2}{5}\right)=\frac{3}{5}\cdot\sqrt[3]{\frac{4}{25}}$;

(6)在$(-1,1)$单调增加,在$(-\infty,-1)$和$(1,+\infty)$单调减少;极小值$f(-1)=-\frac{5}{2}$,极大值$f(1)=-\frac{3}{2}$.

4. $a=-1,b=4$.

习题 4-4

1. (1)-(5)×√×××; (6)-(9)√×√√.

2. (1)最大值$f(2)=1$,最小值$f(1)=-4$; (2)最大值$f(1)=-4$,最小值$f\left(\frac{1}{4}\right)=-\frac{41}{8}$;

(3)最大值$f\left(\frac{\pi}{2}\right)=0$,最小值$f\left(\frac{3\pi}{2}\right)=-2$; (4)最大值$f(0)=1$,最小值$f(4)=-47$;

(5)只有最小值$f(0)=1$; (6)没有最值.

3. (1)设$AD=x$,则$x=15$时,才能使得从B到C的运费最少;

(2)长为24 cm,宽为18 cm时用纸最省; (3)8 cm; (4)$t=5$; (5)7 500台;

(6)$q=320$件,$p=260$元.

习题 4-5

1-4. ACDB.

5. (1)曲线的水平渐近线为$y=0$,铅垂渐近线为$x=-2$;

(2)曲线的水平渐近线为$y=\pm\frac{\pi}{2}$;

(3)曲线的水平渐近线为$y=0$,铅垂渐近线为$x=1,x=2$.

6. (1)函数在$(-\infty,+\infty)$内都是凹的,没有拐点;

(2)凸区间为$(-\infty,-1)$和$(1,+\infty)$,凹区间为$(-1,1)$,拐点为$(-1,\ln 2)$,$(1,\ln 2)$;

(3)凸区间为$(0,1)$,凹区间为$(1,+\infty)$,拐点为$(1,3)$;

(4)递增区间为$(-\infty,-1)$和$(0,+\infty)$,递减区间为$(-1,0)$,极大值为$f(-1)=1$,极小值为$f(0)=-1$,凸区间为$(-\infty,-1)$,凹区间为$(-1,+\infty)$,拐点为$(-1,1)$,最大值为$f(2)=19$,最小值为$f(0)=-1$;

(5)$a=-3,b=1$.

复习题 7

一、选择题.

1-5. DADDC. 6-10. DCDCC. 11-12. AD.

二、填空题.

1. $\frac{3}{2}$. 2. 递减,充分不必要. 3. $f(a)$. 4. $\frac{1}{2}$. 5. $a=0,b=-1,c=3$. 6. $x=\frac{20}{13}$.

三、解答题.

1. (1)0; (2) 108.

2. 递增区间为$(-\infty,-2)$和$(0,+\infty)$，递减区间为$(-2,-1)$和$(-1,0)$，极大值 $f(-2)=-4$，极小值 $f(0)=0$.

3. 最大值为 1，最小值为 $1-\sqrt[3]{4}$.

4. 解：(1)平均成本 $\overline{C}(x)=\dfrac{C(x)}{x}=\dfrac{25\ 000}{x}+200+\dfrac{x}{40}$，$\overline{C}'(x)=-\dfrac{25\ 000}{x^2}+\dfrac{1}{40}$，令 $\overline{C}'(x)=0$，得到 $x=1\ 000$. 根据实际意义，此唯一驻点必为最小值点.

答：要使平均成本最小，应生产 1 000 件产品.

(2)总利润 $L(x)=R(x)-C(x)=500x-25\ 000-200x-\dfrac{x^2}{40}=300x-\dfrac{x^2}{40}-25\ 000$，

$L'(x)=300-\dfrac{x}{20}$，令 $L'(x)=0$，得 $x=6\ 000$，根据实际意义，此唯一驻点必为最大值点.

答：要使利润最大，应生产 6 000 件产品.

复习题 8

一、选择题.

1-5. BCDAD.　6-12. ACDBBAB.

二、填空题.

1. 16，0.　2. $f'(1)>f(1)-f(0)>f'(0)$.　3. $\dfrac{31}{16}$，2.　4. $(-\infty,+\infty)$.　5. 0.　6. 2.

7. $(1,-7)$.　8. $[-2,2]$.　9. $\left(\dfrac{1}{2},+\infty\right)$.　10. $\ln(\mathrm{e}-1)$.

三、解答题.

1. (1)$-\dfrac{1}{8}$；　(2)$\dfrac{m}{n}a^{m-n}(a\neq0)$；　(3)1；　(4)3；　(5)1；　(6)$-\dfrac{1}{6}$；　(7)$\mathrm{e}^{-4}$；　(8)$\mathrm{e}^{-\frac{1}{2}}$.

2. (1)在$(-1,0]$单调减少，在$[0,+\infty)$单调增加；.　(2)在$(-\infty,+\infty)$单调增加.

3. (1)极小值 $f(1)=-\dfrac{1}{2}$；　(2)极小值 $y(0)=0$.

4. (1)最大值 $f(4)=6$，最小值 $f(0)=0$；　(2)最大值 $f(3)=11$，最小值 $f(2)=-14$.

5. (1)凹区间为$(-\infty,0]$和$\left[\dfrac{2}{3},+\infty\right)$，凸区间为$\left[0,\dfrac{2}{3}\right]$，拐点为$(0,2)$和$\left(\dfrac{2}{3},\dfrac{38}{27}\right)$；

(2)凹区间为$[2,+\infty)$，凸区间为$(-\infty,2]$，拐点为$\left(2,\dfrac{2}{\mathrm{e}^2}\right)$；

(3)没有拐点，处处是凹的.

6. $a=2$，$f\left(\dfrac{\pi}{3}\right)=\sqrt{3}$.

7. $a=-3$，$b=0$，$c=5$.

8. $r=\sqrt[3]{\dfrac{V}{2\pi}}$，$h=2\sqrt[3]{\dfrac{V}{2\pi}}$，$d:h=1:1$.

9. 证明：令 $f(x)=\ln x-x+1(x>0)$，$f'(x)=\dfrac{1}{x}-1=\dfrac{1-x}{x}$.

当 $0<x<1$ 时，$f'(x)>0$，$f(x)$在$(0,1)$上单调递增. 当 $x>1$ 时，$f'(x)<0$，$f(x)$在$(1,+\infty)$上单调递减. 因此 $\ln x\leqslant x-1$，当且仅当 $x=1$ 时等号成立.

因为 $0<b<a$，所以$\dfrac{a}{b}>1$，$0<\dfrac{b}{a}<1$，所以 $\ln\dfrac{a}{b}<\dfrac{a}{b}-1=\dfrac{a-b}{b}$，$\ln\dfrac{b}{a}<\dfrac{b}{a}-1=\dfrac{b-a}{a}$，所以

$\frac{a-b}{a}<\ln\frac{a}{b}$，所以$\frac{a-b}{a}<\ln\frac{a}{b}<\frac{a-b}{b}$.

综上所述，结论是：$\frac{a-b}{a}<\ln\frac{a}{b}<\frac{a-b}{b}$.

第5章

习题 5-1

1. (1)$5x+C$； (2)$2\int f(x)\mathrm{d}x-3\int g(x)\mathrm{d}x$； (3)$6\sin x+C$； (4)$\arctan x$；

(5)$g(x)+C$； (6)$f(x)+C$； (7)$f(x)\mathrm{d}x$.

2. (1)-(5)CDDBC.

3. 曲线方程为 $y=x^3+x$.

4. (1)$\frac{1}{6}x^6+C$； (2)$\frac{3^x}{\ln 3}+C$； (3)$\mathrm{e}^{x+1}+C$； (4)$\sin x+\cos x+C$； (5)$5\arctan x+C$；

(6)$-2\arcsin x+C$； (7)$\mathrm{e}^x+\frac{3}{4}x^{\frac{4}{3}}+C$； (8)$\tan x-\cot x+C$； (9)$-\frac{1}{x}+\arctan x+C$；

(10)$\arcsin x+C$.

习题 5-2

1. 略.

2. (1)$\frac{1}{2}\ln|2x-1|+C$； (2)$-\frac{1}{3}\sin(2-3x)+C$； (3)$-\frac{3^{1-x}}{\ln 3}+C$； (4)$\frac{1}{42}(2x+3)^{21}+C$；

(5)$\frac{1}{10}\cdot\frac{1}{(3-5x)^2}+C$； (6)$\ln|\arctan x|+C$； (7)$\ln|\arcsin x|+C$；

(8)$\frac{2}{3}[\ln(1+\mathrm{e}^x)]^{\frac{3}{2}}+C$； (9)$\frac{\sqrt{2}}{2}\arctan\frac{\sqrt{2}}{2}x+C$； (10)$\arcsin\frac{x}{2}+C$； (11)$\frac{1}{2}\ln^2 2x+C$；

(12)$\frac{1}{6}\sin^6 x+C$； (13)$\sin x-\frac{1}{3}\sin^3 x+C$； (14)$\frac{1}{2}\mathrm{e}^{x^2-1}+C$； (15)$\frac{1}{2}x^2+2\sin\sqrt{x}+C$；

(16)$-\sqrt{1-x^2}+C$； (17)$\frac{1}{2}\arcsin x^2+C$； (18)$\frac{1}{4}\ln\left|\frac{2+x}{2-x}\right|+C$.

3. (1)$4\sqrt{x}+4\ln|\sqrt{x}-1|+C$； (2)$2\sqrt{x+1}+\ln\left|\frac{\sqrt{x+1}-1}{\sqrt{x+1}+1}\right|+C$；

(3)$\frac{4}{3}(1+x)^{\frac{3}{2}}-4(1+x)^{\frac{1}{2}}+C$； (4)$2\sqrt{1+\mathrm{e}^x}+\ln\left|\frac{\sqrt{1+\mathrm{e}^x}-1}{\sqrt{1+\mathrm{e}^x}+1}\right|+C$；

(5)$2\sqrt{x}-3\sqrt[3]{x}+6\sqrt[6]{x}-6\ln(1+\sqrt[6]{x})+C$； (6)$8\arcsin\frac{x}{4}+\frac{1}{2}x\sqrt{16-x^2}+C$；

(7)$\frac{1}{4}\frac{x}{\sqrt{4+x^2}}+C$.

4. 关键是认清是什么函数，依照“反、对、幂、三、指”的顺序，排在前面的函数留在原位作为 u，排在后面的函数拉入 $\mathrm{d}x$ 作为 v.

5. (1)$x\arcsin x+\sqrt{1-x^2}+C$； (2)$x\arctan x-\frac{1}{2}\ln(1+x^2)+C$； (3)$x\ln 2x-x+C$；

(4)$(4x+1)\sin x+4\cos x+C$； (5)$\frac{1}{2}(x^2\arctan x-x+\arctan x)+C$；

(6) $-\frac{\ln x}{x}-\frac{1}{x}+C$； (7) $-\frac{1}{3}x\cos 3x+\frac{1}{9}\sin 3x+C$； (8) $\frac{1}{2}e^{x}(\sin x+\cos x)+C$.

习题 5-3

1. (1) 0； (2) $\frac{\pi R^2}{2}$； (3) 0； (4) 1.

2. (1) $\int_{-3}^{4}|x|\mathrm{d}x=\int_{-3}^{0}(-x)\mathrm{d}x+\int_{0}^{4}x\mathrm{d}x$；

(2) $\int_{-3}^{4}|x-1|\mathrm{d}x=\int_{1}^{4}(x-1)\mathrm{d}x+\int_{-3}^{1}(1-x)\mathrm{d}x$；

(3) $\int_{-3}^{4}|x+3|\mathrm{d}x=\int_{-3}^{4}(x+3)\mathrm{d}x$； (4) 0； (5) 0； (6) $A_1-A_2+A_3$.

3. 解：根据函数 $y=x^4-8x^3+5$ 的一阶导数，得

函数在 $[-1,1]$ 上单调递减，当 $x=-1$ 时，取到最大值 14；当 $x=1$ 时，取到最小值 -2.

所以由积分估值性质，得

$$-2(1+1)\leqslant\int_{-1}^{1}(x^4-8x^3+5)\mathrm{d}x\leqslant 14(1+1),$$

即

$$-4\leqslant\int_{-1}^{1}(x^4-8x^3+5)\mathrm{d}x\leqslant 28.$$

4. 由积分的比较性质可知(1)正确；(2)是不定积分，不可比较.

习题 5-4

1. (1) $\int_{a}^{b}f(x)\mathrm{d}x=F(b)-F(a)$； (2) 1； (3) -1； (4) -1； (5) $-3e^{-3x}$；

(6) $\int_{a}^{x}f(t)\mathrm{d}t+xf(x)$.

2. A.　3. B.　4. (1) 1； (2) $\frac{17}{4}$； (3) 4.

5. (1) $\frac{1}{101}$； (2) $\frac{14}{3}$； (3) $e-1$； (4) $\frac{99}{\ln 100}$； (5) 1； (6) $\frac{4}{3}+\frac{\pi}{4}$.

6. (1) $-\frac{1}{\pi}$； (2) 1； (3) $\frac{1}{24}$； (4) $\frac{35}{2}$； (5) $\frac{\pi}{4}+3$； (6) x^2+x-4.

习题 5-5

1. (1) $\frac{2}{3}$； (2) 0； (3) 0； (4) 0； (5) 2； (6) $\frac{2}{3}$.

2. (1) $\frac{26}{3}$； (2) 0； (3) $\frac{1}{2}(\cos 3-\cos 5)$； (4) $\frac{1}{3}\left(e^2-\frac{1}{e}\right)$； (5) $\arcsin\frac{1}{3}$；

(6) $\frac{1}{3}\arctan\frac{1}{3}$； (7) $\frac{1}{2}e^2-\sin 1-\frac{1}{2}$； (8) $2\ln 3-3\ln 2$； (9) e^2-1；

(10) $\cos\frac{1}{2}-\cos 1$； (11) $\frac{1}{11}$； (12) $\frac{20}{3}$； (13) $\frac{1}{2}\ln 2$； (14) $\frac{\pi}{2}-1$.

3. (1) $\frac{2}{3}(2-\sqrt{2})$； (2) $3\ln 3$； (3) $\sqrt{3}-\frac{\pi}{3}$； (4) $\frac{\pi}{2}$.

4. (1) $\frac{\pi}{2}-1$； (2) $\frac{\pi}{4}-\frac{1}{2}\ln2$； (3) $\frac{5}{3}\ln5-\frac{2}{3}\ln2-1$； (4) $\frac{1}{2}\left(\frac{\pi}{2}-1\right)$； (5) $2\ln2-\frac{3}{4}$；
(6) $\frac{\pi}{3}$； (7) $\frac{4}{3}\pi-\sqrt{3}$； (8) $4e^3-2e^2$.

习题 5-6

1. (1) $k\leqslant1$； (2) $a>3$； (3) $a\leqslant0$； (4) $a\in\mathbf{R}$.

2. (1) $+\infty$,发散； (2)不存在,发散； (3) e,收敛； (4) $\frac{\pi}{2}$,收敛； (5) $\frac{1}{3}$,收敛；
(6) $\frac{1}{2e^2}$,收敛； (7) $+\infty$,发散； (8) $+\infty$,发散； (9) $\frac{\pi}{10}$,收敛； (10) π,收敛；
(11) $\frac{\pi}{4}$,收敛； (12) $\frac{\pi}{2}$,收敛.

习题 5-7

1. 图形略. 2. 4. 3. 4. 4. $2\sqrt{2}-2$. 5. (1) $e-1$； (2) $\frac{\pi}{2}(e^2-1)$.

6. (1) $\frac{1}{6}$； (2) $\frac{\pi}{6}$. 7. (1) $\frac{1}{6}$； (2) $\frac{\pi}{30}$. 8. (1) $\frac{9}{2}$； (2) $\frac{72\pi}{5}$.

9. (1) $A=\frac{4}{3}$； (2) $V_x=\frac{28}{15}\pi$； (3) $V_y=\frac{8}{3}\pi$.

10. (1) $A=\frac{7}{6}$； (2) $V_x=\frac{5}{6}\pi$； (3) $V_y=\frac{32}{15}\pi$.

11. (1) $A=2\ln2-1$； (2) $V_x=2\pi\ln^2 2-4\pi\ln2+2\pi$； (3) $V_y=\left(4\ln2-\frac{3}{2}\right)\pi$.

12. 274 4 焦耳. 13. 1 250$g\pi$ 焦耳. 14. $C(x)=3x^3-x^2+300x+900$.

15. $R(x)=50x-\frac{3}{2}x^2$.

复习题 9

一、选择题.

1-5. CBCBA. 6-10. DDCCC.

二、填空题.

1. $2x$. 2. $\ln|2+x|$. 3. $\ln x$. 4. $-\cos(x-3)$. 5. $\frac{6}{11}x^{\frac{11}{6}}+C$. 6. $\frac{45}{2}$ m.

7. 2. 8. $\frac{9}{2}$.

三、计算题.

1. $\frac{\sin^2 x}{2}+C$. 2. $x^2e^x-2xe^x+2e^x+C$. 3. $\frac{1}{2}e^{2x}+C$. 4. $\ln\frac{3}{2}$. 5. $\frac{8}{3}$.

四、解答题.

1. $\frac{9}{4}$. 2. $\frac{9}{4}$. 3. $\frac{44}{15}\pi$.

复习题 10

一、选择题.

1-5. CCBBA. 6-10. CBBBD.

二、填空题.

1. $x+C$.　2. 10.　3. $x=1$.　4. $2\sqrt{2}$.　5. 6.　6. 2.　7. $x-\frac{1}{2}\cos 2x+C$.

三、计算题.

1. 1.　2. $\frac{26}{3}$.　3. $\frac{1}{6}(2x+1)^3+C$.　4. $-\frac{1}{2}\cos(2x-1)+C$.

5. $\frac{x^3\arctan x}{3}-\frac{1}{6}[x^2-\ln(x^2+1)]+C$.　6. $\frac{\pi}{6}$.　7. $-\frac{1}{3}\cos^3 x+\frac{1}{5}\cos^5 x+C$.　8. $2-\frac{\pi}{2}$.

9. $\frac{1}{2}\left(x\sin 2x+\frac{1}{2}\cos 2x\right)+C$.　10. $\frac{1}{3}$.

四、解答题.

1. $e-1-\frac{1}{2\ln 2},\pi\left(\frac{e^2-1}{2}-\frac{3}{8\ln 2}\right)$.　2. $\frac{5}{6},\frac{11}{6}\pi$.　3. $\frac{22}{3},\frac{32}{3}\pi$.　4. $\frac{1}{6},\frac{\pi}{6}$.　5. $\frac{9}{2},\frac{72}{5}\pi$.

6. $\frac{1}{6},\frac{\pi}{30}$.　7. $2,\frac{\pi^2}{2}$.　8. $\frac{6}{5},\frac{68}{45}\pi$.　9. $\frac{3}{4}-\ln 2,\frac{\pi}{12}$.

第 6 章

习题 6-1

1. ①③⑤⑥.　2. BACC.　3. 略.

4. (1) $y=x^2+C$；　(2) $y=x^2+3$；　(3) $y=x^2+4$；　(4) $y=x^2+\frac{5}{3}$.

5. $y=Ce^{\frac{x^2}{2}}$.

6. $\cos y=-e^x+C$.

习题 6-2

1. (1) $(y^2+2)^{\frac{3}{2}}=C(x^2+1)$；　(2) $\sqrt{y^2+1}=-\sqrt{x^2+1}+C$；　(3) $\ln y=\frac{C}{x}$；

　(4) $\frac{y^2}{2}=\ln(e^x+1)+C$.

2. (1) $y=x^3$；　(2) $\frac{y^3}{3}=-\frac{x^2}{2}-x+\frac{1}{3}$；　(3) $y=\frac{3}{2}e^{-x}+\frac{1}{2}e^x$；　(4) $y=\frac{1}{2}\left(x-\frac{1}{x}\right)$.

3. (1) $y=Ce^{-\sin x}+\sin x-1$；　(2) $y=(x+1)(C+e^x)$；　(3) $y=Ce^{-x^2}-(x^2-1)$；

　(4) $y=C(1-x^2)^{\frac{1}{4}}-\frac{1}{3}(1-x^2)$.

4. (1) $y=2e^x-e^{-x}$；　(2) $y=e^{2-x}-2(x-1)$；　(3) $y=1$.

5. $M=e^{0.0125t}$.

习题 6-3

(1) $y=\frac{1}{2}x-\frac{1}{4}\sin 2x+C_1x+C_2$；　(2) $y=C_1e^x-\frac{x^2}{2}-x+C_2$；　(3) $y=\frac{C_1e^{2x}}{2}+C_2$；

(4) $y=\frac{1}{2x}+C_1x+C_2$.

习题 6-4

1. (1) 线性无关；　(2) 线性无关；　(3) 线性相关；　(4) 线性无关.

2. (1) $y=C_1e^{-3x}+C_2e^{x}$； (2) $y=(C_1x+C_2)e^{2x}$； (3) $y=e^{-x}(C_1\cos2x+C_2\sin2x)$.

3. (1) $y=xe^{-x}$； (2) $S=(4+2t)e^{-t}$； (3) $y=e^{x}-e^{-x}$.

4. (1) $y=C_1e^{-x}+C_2e^{3x}-x+\frac{1}{3}$； (2) $y=C_1e^{2x}+C_2e^{3x}-\frac{1}{2}(x^2+2x)e^{2x}$；

(3) $y=C_1+C_2e^{-2x}-\frac{3}{2}xe^{-2x}$.

5. (1) $y=e^{x}+e^{2x}+2$； (2) $y=e^{-2x}+e^{-3x}+e^{-x}$； (3) $y=1-xe^{-x}$.

复习题 11

一、选择题.

1-5. BCBDA.　6-10. CBCAB.

二、填空题.

1. $x^2+y^2=25$.　2. $y=\frac{x^3}{5}+\frac{x^2}{2}+C$.　3. $y=e^{Cx}$.　4. $y=Ce^{-x}+xe^{-x}$.　5. $\frac{x^3}{3}-xy=C$.

6. $y=\frac{x^3}{6}-\sin x+C_1x+C_2$.　7. $y=C_1e^{x}-\frac{x^2}{2}-x+C_2$.　8. $y=C_1+C_2e^{4x}$.

9. $y=C_1e^{x}+C_2e^{-2x}$.　10. $y=C_1e^{2x}+C_2xe^{2x}$.

三、计算题.

1. $y=Ce^{x}-1$.　2. $y=e^{-\cos x}(2x+C)$.　3. $y=(C_1+C_2t)e^{\frac{5}{2}t}$.　4. $y=C_1e^{-3x}+C_2e^{2x}$.

四、求下列微分方程满足所给初始条件的特解.

1. $e^{y}=\frac{1}{2}e^{2x}+\frac{1}{2}$.　2. $y=e^{-x^2}(x^2+1)$.　3. $y=2e^{3x}+4e^{x}$.

复习题 12

一、选择题.

1-5. BAADA.　6-10. ABBDA.

二、填空题.

1. 三.　2. $y'-\frac{1}{x}y=x$.　3. $f(x)=9e^{2x}$.　4. $y=\frac{1}{(x+C)\cos x}$.　5. $x^2(ax+b)e^{3x}$.

6. $y^*=x(A\cos2x+B\sin2x)$.　7. $y=C_1+C_2e^{x}+x$.　8. $y=C_1e^{x}+C_2e^{3x}$.

9. $y=(C_1+C_2x)e^{-5x}+x^2e^{-5x}$.　10. $y=C_1\cos x+C_2\sin x+x\sin x$.

三、解答题.

1. $y=x^3+2$.　2. $y=\frac{2x-1}{2\arcsin x}$.　3. $y=x^4+4x+1$.　4. $y=C_1\cos x+C_2\sin x+x+\frac{x}{2}\sin x$.

第 7 章

习题 7-1

1. 略.

2. 点(1,2,3)在 xOy 面的投影点的坐标为(1,2,0)；

点(1,2,3)在 xOz 面的投影点的坐标为(1,0,3)；

点(1,2,3)在 yOz 面的投影点的坐标为(0,2,3).

3. (1)$\sqrt{17}$； (2)$3\sqrt{11}$.

4. 点$(1,-2,4)$与原点的距离是$\sqrt{21}$.

点$(1,-2,4)$与xOy、xOz、yOz面的距离分别是$4,2,1$.

点$(1,-2,4)$与x、y、z轴的距离分别是$2\sqrt{5}$、$\sqrt{17}$、$\sqrt{5}$.

习题 7-2

1. $\overrightarrow{AB}=(3,-1,1)$，$\overrightarrow{BC}=(-9,0,-1)$，$\overrightarrow{CA}=(-6,-1,0)$.

2. $\boldsymbol{a}+\boldsymbol{b}=(1,4,-4)$，$\boldsymbol{a}-\boldsymbol{b}=(1,0,2)$，$2\boldsymbol{a}-3\boldsymbol{b}=(2,-2,7)$.

3. $\boldsymbol{a}\cdot\boldsymbol{b}=3\times4\times\cos\dfrac{\pi}{3}=6$；$(2\boldsymbol{b}-\boldsymbol{a})\cdot\boldsymbol{a}=3$；$|\boldsymbol{a}-\boldsymbol{b}|=\sqrt{(\boldsymbol{a}-\boldsymbol{b})^2}=\sqrt{13}$.

4. $-\boldsymbol{F}_{合}=-4\boldsymbol{i}+0\boldsymbol{j}+\boldsymbol{k}$.

5. $\boldsymbol{a}\cdot\boldsymbol{b}=-4$，$|\boldsymbol{a}|=2\sqrt{2}$，$|\boldsymbol{b}|=2\sqrt{2}$，$\theta=120^\circ$.

6. (1)$\boldsymbol{a}\cdot\boldsymbol{b}=18$； (2)$|\boldsymbol{a}|=\sqrt{13}$； (3)$\cos\theta=\dfrac{9\sqrt{2}}{13}$.

7. $\boldsymbol{a}\times\boldsymbol{b}=\begin{vmatrix}\boldsymbol{i} & \boldsymbol{j} & \boldsymbol{k}\\ 1 & 2 & 3\\ 1 & 0 & 4\end{vmatrix}=8\boldsymbol{i}-\boldsymbol{j}-2\boldsymbol{k}$. 8. $\dfrac{\sqrt{2}}{2}\boldsymbol{i}-\dfrac{\sqrt{2}}{2}\boldsymbol{j}+0\boldsymbol{k}$.

习题 7-3

1. (1)$(2,-1,6)$； (2)$(3,6,2)$； (3)$(1,-1,2)$； (4)$(4,1,6)$.

2. $x+2y+5z+5=0$. 3. $5x+2y+3z-9=0$.

4. (1)平面过原点； (2)平面平行于y轴； (3)平面过x轴； (4)平面垂直于z轴；(5)平面是xOz面； (6)平面平行于x轴.

5. $x-y+2z+1=0$. 6. $A=-2,B=4$. 7. $4x-5y-2z-9=0$. 8. $\dfrac{\pi}{3}$.

习题 7-4

1. $\begin{cases}x=1+t\\ y=1+2t\\ z=2+6t\end{cases}$. 2. $\dfrac{x}{-1}=\dfrac{y-4}{1}=\dfrac{z-1}{3}$. 3. $\dfrac{x-1}{3}=\dfrac{y-5}{5}=\dfrac{z-1}{-1}$.

4. $\begin{cases}3x+y-2z+7=0\\ x=0\end{cases}$或$\begin{cases}\dfrac{y+3}{2}=\dfrac{z-2}{1}\\ x=0\end{cases}$. 5. $\dfrac{x-1}{14}=\dfrac{y-4}{1}=\dfrac{z+3}{-4}$.

6. $\dfrac{x-1}{1}=\dfrac{y-1}{-3}=\dfrac{z-1}{4}$. 7. $\dfrac{x-1}{3}=\dfrac{y-2}{1}=\dfrac{z+3}{-2}$. 8. $\dfrac{x-1}{3}=\dfrac{y-5}{-2}=\dfrac{z-1}{-1}$.

9. $\dfrac{\pi}{2}$. 10. $\dfrac{\pi}{3}$. 11. 略.

习题 7-5

1. (1)$x=1$在平面直角坐标系xOy中表示一条垂直于x轴的直线；在空间直角坐标系中表示一个垂直于x轴的平面.

(2)$y=x$在平面直角坐标系xOy中表示一条与x轴成45°角的直线；在空间直角坐标系中

表示一个过 z 轴,且与 x 轴成 45°角的平面.

(3)$x^2+(y-1)^2=4$ 在平面直角坐标系 xOy 中是以(0,1)为圆心,2 为半径的圆,所以此方程在空间直角坐标系中表示一个母线平行于 z 轴的圆柱,其准线为 xOy 平面上以(0,1,0)为圆心,2 为半径的圆.

(4)$(y-1)^2+z^2=1$ 在平面直角坐标系 yOz 中是以(1,0)为圆心,1 为半径的圆,所以此方程在空间直角坐标系中表示一个母线平行于 x 轴的圆柱,其准线为 yOz 平面上以(0,1,0)为圆心,1 为半径的圆.

(5)$\frac{x^2}{9}+\frac{y^2}{16}=1$ 在平面直角坐标系 xOy 中是以(0,0)为中心,焦点在 y 轴上的椭圆,所以此方程在空间直角坐标系中表示一个母线平行于 z 轴的椭圆柱,其准线为 xOy 平面上以(0,0,0)为中心,焦点(0,5,0)和(0,−5,0)在 y 轴上的椭圆.

(6)$\frac{x^2}{4}+\frac{(z-2)^2}{9}=1$ 在平面直角坐标系 xOz 中是以(0,2)为中心,焦点在 z 轴上的椭圆,所以此方程在空间直角坐标系中表示一个母线平行于 y 轴的椭圆柱,其准线为 xOz 平面上以(0,0,2)为中心,焦点$(0,0,\sqrt{5})$和$(0,0,-\sqrt{5})$在 z 轴上的椭圆.

(7)$\frac{x^2}{1}-\frac{y^2}{4}=1$ 在平面直角坐标系 xOy 中是以(0,0)为中心,焦点在 x 轴上的双曲线,所以此方程在空间直角坐标系中表示一个母线平行于 z 轴的双曲柱面,其准线为 xOy 平面上以(0,0,0)为中心,焦点$(\sqrt{5},0,0)$和$(-\sqrt{5},0,0)$在 x 轴上的双曲线.

(8)$z^2-y^2=4$ 在平面直角坐标系 yOz 中是以(0,0)为中心,焦点在 z 轴上的双曲线,所以此方程在空间直角坐标系中表示一个母线平行于 x 轴的双曲柱面,其准线为 yOz 平面上以(0,0,0)为中心,焦点$(0,0,2\sqrt{2})$和$(0,0,-2\sqrt{2})$在 z 轴上的双曲线.

(9)$y^2=4z$ 在平面直角坐标系 yOz 中是以(0,0)为顶点,焦点(0,1)在 z 轴上的抛物线,所以此方程在空间直角坐标系中表示一个母线平行于 x 轴的抛物柱面,其准线为 yOz 平面上以(0,0,0)为顶点,焦点(0,0,1)在 z 轴上的抛物线.

(10)$\begin{cases}\frac{x^2}{9}+\frac{y^2}{16}=1\\ y=4\end{cases}$ 在平面直角坐标系 xOy 中表示一个以(0,0)为中心,焦点在 y 轴上的椭圆与一条垂直于 y 轴的直线的交点,交点有两点(−3,4)和(3,4);此方程在空间直角坐标系中表示一个母线平行于 z 轴的圆柱与一个垂直于 y 轴的平面的交线,交线为$\begin{cases}x=-3\\ y=4\end{cases}$或$\begin{cases}x=3\\ y=4\end{cases}$.

(11)$\begin{cases}2x+y+1=0\\ x-2y-2=0\end{cases}$ 在平面直角坐标系中表示两条直线的交点(0,−1);在空间直角坐标系中表示两个平行于 z 轴的平面的交线.

(12)$(x-1)^2+(y-2)^2+(z-2)^2=9$ 在空间直角坐标系中表示球心为(1,2,2),半径为 3 的球面.

2.(1)$x^2+y^2+z^2=36$ 的球心为(0,0,0),半径为 6;

(2) $(x+2)^2+(y-1)^2+(z-3)^2=17$ 的球心为 $(-2,1,3)$，半径为 $\sqrt{17}$；

(3) $x^2+y^2+z^2-2x+4y-6z-2=0$ 的球心为 $(1,-2,3)$，半径为 4.

3. $(x-1)^2+y^2+(z-1)^2=25$.

4. $(x-1)^2+(y+2)^2+z^2=36$.

复习题 13

一、单项选择题.

1-5. BDBCC.　6-10. AAAAC.

二、填空题.

1. -10.　2. $y-2=0$.　3. 24.　4. $Ax+By+Cz=0$ (A,B,C 是不全为 0 的常数).　5. $\frac{\pi}{4}$.

6. 垂直.　7. $(2,0,2)$.　8. 一条椭圆曲线.　9. $(-1,-3,4)$.　10. $\boldsymbol{a}\times\boldsymbol{b}=\boldsymbol{0}$.

三、解答题.

1. 球心为 $(0,1,-2)$，半径为 4.

2. $\frac{x+1}{3}=\frac{y-2}{-1}=\frac{z-1}{1}$.

复习题 14

一、选择题.

1-5. DAADB.　6-10. CDDCA.

二、填空题.

1. -4.　2. 3.　3. $\frac{x+1}{1}=\frac{y-2}{-2}=\frac{z-1}{1}$.　4. 2.　5. -1.　6. -1.　7. 0.

8. $(-7,-10,-5)$.

三、计算题.

1. $2x-2y-z-2=0$.　2. $x+2y-z+3=0$.　3. $x+2y+z-2=0$.　4. $\frac{x+1}{16}=\frac{y}{11}=\frac{z-4}{-4}$.

5. $2x+8y+z+8=0$.　6. (1) $(4,1,-3)$；(2) $4x+y-3z-5=0$.

7. (1) $\frac{x-3}{4}=\frac{y+1}{-1}=\frac{z-1}{2}$；(2) $4x-y+2z-15=0$.　8. $5(x-4)-3(y+2)+2z=0$.

期末模拟卷

一、单项选择题

1-5. DDCBD.　6-10. DDCAD.

二、判断题

1-5. √××××.　6-10. √√√××.

三、填空题

1. $\frac{x-1}{x-3}$.　2. $y=-e^{-x}+C$.　3. $x=1$.　4. $xf'(x)-f(x)+C$.　5. 2π.

四、计算题

1. 解：因为 $f(x)$ 在 $x=0$ 处连续，所以 $\lim\limits_{x\to0^-}f(x)=f(0)=\lim\limits_{x\to0^+}f(x)$. 又因为

$$\lim_{x\to 0^-} f(x)=\lim_{x\to 0^-}\frac{1-e^{\sin x}}{\arctan\frac{x}{2}}=\lim_{x\to 0^-}\frac{-\sin x}{\frac{x}{2}}=-2,$$

$$f(0)=ae^0=a,$$

所以 $a=-2$.

2. 解：$\lim\limits_{x\to 0}\dfrac{\int_0^x (t-\sin t)\mathrm{d}t}{e^{x^4}-1}=\lim\limits_{x\to 0}\dfrac{\int_0^x (t-\sin t)\mathrm{d}t}{x^4}=\lim\limits_{x\to 0}\dfrac{x-\sin x}{4x^3}$

$$=\lim_{x\to 0}\frac{1-\cos x}{12x^2}=\lim_{x\to 0}\frac{\sin x}{24x}=\frac{1}{24}.$$

3. 解：方程两边同时对 x 求导得

$$2x+y'-e^{xy}(y+xy')=0,$$

所以

$$y'(1-xe^{xy})=ye^{xy}-2x,$$

$$y'=\frac{ye^{xy}-2x}{1-xe^{xy}}.$$

4. 解：$\int_0^\pi x\sin x\,\mathrm{d}x=-\int_0^\pi x\,\mathrm{d}\cos x=-x\cos x\Big|_0^\pi+\int_0^\pi \cos x\,\mathrm{d}x$

$$=-\pi\cos\pi+\sin x\Big|_0^\pi=\pi.$$

五、应用题

1. 解：(1) 图形略，取 y 为积分变量，则面积

$$A=\int_{-1}^2 (y+2-y^2)\mathrm{d}y=\left(\frac{1}{2}y^2+2y-\frac{1}{3}y^3\right)\Big|_{-1}^2=\frac{9}{2}.$$

(2) 取 y 为积分变量，则体积

$$V_y=\pi\int_{-1}^2[(y+2)^2-(y^2)^2]\mathrm{d}y=\pi\int_{-1}^2(-y^4+y^2+4y+4)\mathrm{d}y$$

$$=\pi\left(-\frac{1}{5}y^5+\frac{1}{3}y^3+2y^2+4y\right)\Big|_{-1}^2=\frac{72}{5}\pi.$$

2. 解：因为

$$v=\frac{\mathrm{d}y}{\mathrm{d}t}=320-10t+t^2,$$

所以

$$v'=-10+2t.$$

令 $v'=0$，得驻点 $t=5$，又因为 $v''(5)=2>0$. 所以当 $t=5$ 时，速度 v 有极小值也就是最小值 295.

专升本真题卷

一、单项选择题

1-5. CDBBB.　6-10. CCBDC.

二、填空题

11. 3.　12. 5.　13. $[-2,2]$.　14. 1.　15. $-\dfrac{1}{x}+C$.　16. 三阶.

三、计算题

17. 解：$\lim\limits_{x\to 0}\dfrac{e^x-1-x}{x(e^x-1)}=\lim\limits_{x\to 0}\dfrac{e^x-1-x}{x^2}=\lim\limits_{x\to 0}\dfrac{e^x-1}{2x}=\lim\limits_{x\to 0}\dfrac{x}{2x}=\dfrac{1}{2}.$

18. 解：$\int \cos^2 x \sin^3 x \, dx = -\int \cos^2 x \sin^2 x \, d(\cos x) = -\int \cos^2 x (1-\cos^2 x) \, d(\cos x)$

$$= -\int (\cos^2 x - \cos^4 x) \, d(\cos x) = -\frac{1}{3}\cos^3 x + \frac{1}{5}\cos^5 x + C.$$

19. 解：因为 $f(x)$ 在点 $x=0$ 处连续，故 $f(0^-)=f(0^+)=f(0)$.

$f(0^-)=\lim\limits_{x\to 0^-}(a+e^x)=a+1$，$f(0^+)=\lim\limits_{x\to 0^+}x^3\sin\frac{1}{x}=0$，$f(0)=b$，得到：$a+1=0=b$，即 $a=-1$，$b=0$.

20. 解：(1) 求 $t=0$ 时，$x=2t=2\times 0=0$，$y=\sin t=\sin 0=0$；

(2) $\frac{dx}{dt}=(2t)'=2$，$\frac{dy}{dt}=(\sin t)'=\cos t$；

(3) 在点 $t=0$ 处，切点为(0,0).

切线斜率：$\left.\frac{dy}{dx}\right|_{t=0}=\left.\frac{\frac{dy}{dt}}{\frac{dx}{dt}}\right|_{t=0}=\left.\frac{\cos t}{2}\right|_{t=0}=\frac{1}{2}$.

故在点 $t=0$ 处，曲线的切线方程为 $y-0=\frac{1}{2}(x-0)$ 整理得 $y=\frac{1}{2}x$.

21. 解：(1) 设直线 l 的方向向量为 $\boldsymbol{s}$，所求直线 l_1 的方向向量为 $\boldsymbol{s}_1$，因为 $l \parallel l_1$，故 $\boldsymbol{s} \parallel \boldsymbol{s}_1$. 令 $\boldsymbol{s}=\boldsymbol{s}_1=(4,-1,2)$，又因为 $M\in l$，则 l_1 的方程为 $\frac{x-3}{4}=\frac{y+1}{-1}=\frac{z-1}{2}$；

(2) 设所求平面 π 的方向量为 $\boldsymbol{n}$，因为 $l\perp\pi$，故 $\boldsymbol{n}\parallel\boldsymbol{s}$. 令 $\boldsymbol{n}=\boldsymbol{s}=(4,-1,2)$，又因为 $M\in\pi$，则 π 的方程为 $4x-y+2z-15=0$.

22. 解：该微分方程可整理成

$$y'+(-1)y=2xe^x.$$

则 $p(x)=-1$，$q(x)=2xe^r$. 代入通解公式：

$$y=e^{-\int p(x)dx}\left(\int q(x)e^{\int p(x)dx}dx+C\right)$$
$$=e^{-\int(-1)dx}\left(\int 2xe^x e^{\int(-1)dx}dx+C\right)$$
$$=e^x\left(\int 2xe^x e^{-x}dx+C\right)$$
$$=e^x\left(\int 2x\,dx+C\right)$$
$$=e^x(x^2+C).$$

四、应用题

23. 解：(1) 取 x 为积分变量，则面积

$$A=\int_{-1}^{0}\left[\sqrt{x+1}-(x+1)\right]dx=\int_{-1}^{0}\sqrt{x+1}\,d(x+1)-\int_{-1}^{0}(x+1)d(x+1)$$
$$=\frac{2}{3}(x+1)^{\frac{3}{2}}\Big|_{-1}^{0}-\frac{1}{2}(x+1)^2\Big|_{-1}^{0}=\frac{1}{6};$$

(2) 取 x 为积分变量，则体积

$$V=\pi\int_{-1}^{0}\left[(\sqrt{x+1})^2-(x+1)^2\right]dx=\pi\int_{-1}^{0}(x+1)d(x+1)-\int_{-1}^{0}(x+1)^2d(x+1)$$

$$=\pi\left[\frac{1}{2}(x+1)^2\Big|_{-1}^{0}-\frac{1}{3}(x+1)^3\Big|_{-1}^{0}\right]=\frac{\pi}{6}.$$

24. 解：(1) 定义域为 $\mathbf{R}$，$f'(x)=(x)'e^{-x}+x(e^{-x})'=e^{-x}(1-x)$，令 $f'(x)=0$，得 $x=1$.

列表可得，$f(x)$ 在 $(-\infty,1]$ 上单调递增，在 $[1,+\infty)$ 上单调递减；

(2) $f''(x)=[e^{-x}(1-x)]'=e^{-x}(x-2)$，则当 $f''(x)<0$，即 $x<2$ 时，曲线为凸的，当 $f''(x)<0$，即 $x<2$ 时，曲线为凹的，取点 $f(0)=0$ 且有 $f(1)=e^{-1}$ 为极大值. 同时在 $x\to+\infty$ 过程中，因为 $\lim\limits_{x\to+\infty}xe^{-x}=0$ 故 $y=0$ 为曲线在 $x\to+\infty$ 过程中的渐近线，结合函数的单调性，可知曲线 $y=xe^{-x}$ 的图形，若曲线 $y=f(x)$ 与直线 $y=m$ 有两个交点，则 $0<m<e^{-1}$.